装备科技译著出版基金　　雷达与探测前沿技术译丛

调频连续波雷达设计

FMCW Radar Design

[美] 穆海德·杰克尔曼（M. Jankiraman）　著
胡伟东　陈实　刘阳　丰志妍　　译
伍捍东　任宇辉　孙厚军　　　　审校

国防工业出版社

·北京·

内容简介

本书分为四篇：第一篇包含六章，介绍了调频连续波雷达理论、雷达噪声和目标检测；第二篇涉及放大器、混频器和无源器件等硬件问题，而且还研究了不同类型的射频架构；第三篇讨论雷达信号处理，研究多普勒现象、动目标显示和动目标检测雷达；最后，第四篇详细说明雷达的设计方法，研究了警戒雷达、舰载导航雷达、导引头和高度计的设计。

本书主要内容是作者多年从事雷达系统工程的提炼，技术水平较高，实用性较强。非常适合于雷达系统设计师和工程师重点掌握，也适合于研究生学习和使用。

著作权合同登记　图字：军－2021－031号

图书在版编目（CIP）数据

调频连续波雷达设计/（美）穆海德·杰克尔曼（M. Jankiraman）著；胡伟东等译. —北京：国防工业出版社，2024.1

书名原文：FMCW Radar Design
ISBN 978－7－118－12882－6

Ⅰ. ①调… Ⅱ. ①穆… ②胡… Ⅲ. ①调频连续波雷达－设计　Ⅳ. ①TN958

中国国家版本馆 CIP 数据核字（2023）第 147889 号

FMCW Radar Design by Mohinder Jankiraman
ISBN:978－1－63081－567－7
© Artech House 2018

All rights reserved. This translation published under Artech House license. No part of this book may be reproduced in any form without the written permission of the original copyrights holder.

本书简体中文版由 Artech House 授权国防工业出版社独家出版。
版权所有，侵权必究。

国防工业出版社出版发行
（北京市海淀区紫竹院南路23号　邮政编码100048）
北京虎彩文化传播有限公司印刷
新华书店经售

开本 710×1000　1/16　印张 21¾　字数 375 千字
2024年1月第1版第1次印刷　印数 1—1200 册　　定价 168.00 元

（本书如有印装错误，我社负责调换）

国防书店：(010)88540777　　书店传真：(010)88540776
发行业务：(010)88540717　　发行传真：(010)88540762

译者序

调频连续波雷达具有低截获能力和较高的距离分辨率,且不易受干扰杂波影响,因此,调频连续波雷达属于低截获概率雷达。第二次世界大战后,调频连续波雷达技术由于军事的需求发展起来。本书从理论与实践两个方面详细总结了此类雷达技术。

《调频连续波雷达设计》一书非常全面,涵盖了基本理论、射频工程、数字信号处理、具体的设计方法和新颖的应用场景。全书共四篇:第一篇是雷达的基础理论知识;第二篇讲述了雷达系统的硬件及架构;第三篇讨论雷达信号处理;第四篇展现调频连续波雷达的设计。因此,初学者或工程师可以由浅入深,从理论到实践学习调频连续波雷达系统的全貌和细节。

全书附有软件程序,每一种类型的雷达均具有 SystemVue 仿真文件,读者可以运行程序对基本原理进行更深入的理解。仿真由 2016.08 版本的 SystemVue 和 Matlab Release 14 测试,方便读者对照学习。另外原作者维护了一个网站:http://www.jankiraman.comlerrata_radar_3,读者可获得书中相关程序。

随着毫米波太赫兹技术的发展,调频连续波雷达再次迎来应用的热潮。汽车雷达、人体安检、材料检测、生物医疗等领域都在采用调频连续波体制,在未来的无人驾驶、智能交通领域,其快速扫频和高分辨率的特点可以满足许多场景的需求。因此,调频连续波雷达被称为"未来的雷达"。本书的基本理论仍然适用,对于这些新型雷达技术的发展,便于读者系统地掌握该领域的知识。

本书可作为从事雷达专业的高年级本科生、研究生的教学参考书,也可为雷达工程师全面掌握雷达理论与技术,为研发新产品提供有力的支撑。

全书翻译工作主要由北京理工大学毫米波与太赫兹技术北京市重点实验室的师生完成,胡伟东负责翻译第 1~5 章,伍捍东负责翻译第 6 章和 7 章,陈实负责翻译第 8 章,刘阳、丰志妍负责翻译第 9 章,胡伟东负责翻译第 10 章和 11 章,全书由胡伟东统稿,伍捍东、任宇辉、孙厚军负责校对。

限于译者水平,不当之处甚多,敬请读者不吝指正。

译者
2023 年 6 月

前　言

我在 2007 年出版的第一本书是 *Design of Multifrequency CW Radars*(《多频连续波雷达设计》)，在雷达类图书中连续占据销售排行榜前列，表明连续波雷达已经引起人们的极大关注。多频连续波常用于超宽带雷达，如采用步进频率连续波设计的探地雷达和穿墙雷达等。因此，雷达专家广泛地研究了连续波雷达。目前，热门的连续波雷达是调频连续波(FMCW)雷达。

本书完全是针对窄带雷达设计而编写的，如基于 FMCW 波形的战场监视雷达或者导弹导引头。调频连续波雷达被称为"未来的雷达"，其不仅具有独特的隐身性能，而且具有同频脉冲多普勒雷达无法比拟的极高距离分辨率，对于多普勒这种负面效应也具有高度的适应能力，有利于对快速目标进行跟踪。高距离分辨率有利于降低杂波，提高清晰度。隐身就是在探测目标时自身不被检测到，在军事应用中这是最关键的要素，特别是对于战场监视雷达，其位置不能被敌方截获，船舶导航雷达需要在靠近敌方水域具有近海导航能力。FMCW 雷达的另一优势是部件少，便于后续加工生产，结构紧凑，体积小。因此，FMCW 雷达也用作铁路雷达，既可以安装在隧道中，也可布设于铁路沿线空间狭小的地方。

目前，有关 FMCW 雷达的书籍不多，即使有一些，也未能对雷达系统逐步展开论述，给出雷达设计全过程。因此，非常有必要以最少的复杂数学公式、硬件问题和射频模拟来简化设计者的工作。本书实现了这个目标。本书涵盖了 FMCW 雷达的基本理论、射频工程、数字信号处理、可行的设计方法和新颖的应用场景。

读者应当熟悉基本数字信号处理的概念、射频系统工程和概率论。编写本书时尽可能保留了简单的专业术语，尽可能以令人信服的传统方式解释基本概念。

全书共四篇：第一篇包括六章，涵盖 FMCW 雷达理论、雷达噪声和目标检测；第二篇包括硬件设计，如放大器、混频器以及无源器件，同时研究不同类型的射频体系结构；第三篇讨论雷达信号处理，说明动目标显示和动目标检测雷达的多普勒现象；第四篇给出 FMCW 雷达的详细设计，研究战场监视雷达、船舶导航雷达、导弹导引头和测高仪设计。在分析过程中，介绍射频仿真软件 SystemVue，这款软件大大简化了设计者的工作。进一步讨论射频发射机和接收机的仿真，我相信这是第一次从该角度介绍雷达设计，其他仿真工具则采用 Matlab 软件。

仿真软件可以大大增强教学效果，第四篇讨论的每一种类型的雷达均具有 SystemVue 仿真文件，读者可以运行程序对基本原理进行更深入的理解。读者可按需要修改这些文件。熟练使用，SystemVue(版本是 2016.08 和 Matlab Release14(带有信号处理工具箱)软件)，用户需要详细了解一个工程的代码和运算，同时通过解决问题去学习数学知识。

本书为避免过度的数学环节，专业符号较为一致，着重于物理概念的理解，使读者对设计过程更加清晰。

本书的一些公式可参见 PDF 文件或者 color.pdf，这样做是因为某些公式不适合在书中展开推导。读者可以使用随书提供的可下载软件包中的 color.pdf 文件，然后在计算机上检查以解决这个问题。

书中错误在所难免，我已尽力发现和改正，如有不当之处，深表遗憾。为了应对这些问题，我维护了一个网站 https://us.artechhouse.com/mobile/FMCW - Radar - Design - P1962.aspx，这不仅将提供最新的下载软件，还将根据读者的意见保持更新。

致 谢

正如一句谚语所说"孤掌难鸣",本书也是大家合力的结果,这里不可能一一列出,谨于此感谢本书所有参与者!感谢荷兰泰利斯公司的 Frank van de Wiel 允许我使用 Squire 雷达和 SCOUT® 雷达的资料,感谢 Saab AB(瑞典)的 Johan Mangsen 允许我使用其公司 RBS15 反舰导弹的资料(第 11 章),感谢 IET (英国)的 Paul Deards 同意我使用《多频连续波雷达设计》中的内容,感谢智能微波传感器的 Ralph Mende(德国布伦瑞克)允许我使用有关其高度计的资料(第 11 章),感谢 Mervin Budge 和 German Shawn 允许我在第 5 章匹配滤波器中使用其资料,感谢约翰·霍普金斯大学应用物理实验室的 Erin Richardson 允许我在第 11 章中使用其论文中的资料(该论文发表在 Johns Hopkins APL Technical Digest 中)。

我还要感谢 Artech House 编辑委员会对本书的审阅,并提出了改进建议。非常感谢董事会的耐心和辛苦的工作,特别是在圣诞节假期之前的短暂时间里。

感谢 Keysight Technologies 的 Anurag Bhargava 在本书中对 SystemVue 软件的极大帮助。他非常勤奋努力,每次都及时快速地回答我所有的疑问。多年来,Anurag 在很大程度上帮助我熟悉 SystemVue 软件,并且帮助我调试了本书所附的软件,非常感谢他的帮助。

我还要感谢 Larsen&Toubro 的 Divya Thomas 的帮助。她知道的很多技巧简化了我的生活。

此外,我想借此机会感谢我的导师丹麦奥尔胡斯大学的 Ramjee Prasad 教授,我在荷兰代尔夫特理工大学获得了雷达工程硕士学位后,他鼓励我继续攻读 OFDM – CDMA 无线通信博士学位。

我还想感谢帮助我的出版商。感谢 Artech House London 的销售总监 Aileen Starry 鼓励我完成本书。感谢 Artech House(伦敦)的编辑助理 Soraya Nair 耐心地处理我稿件中并不是很清楚的地方。感谢 Artech House 对本出版项目的大力支持和高效处理。

这样的工作往往需要超常的毅力和决心。最后,我要感谢我的孩子 Pavan 和 Pallavi,以及我全家人的耐心和鼓励。

目 录

第一篇 低截获概率雷达设计的基本原理

第1章 调频连续波雷达的出现 ········· 003
1.1 隐身需求 ········· 003
1.2 低截获能力的基本要求 ········· 004
1.3 伪低截获概率雷达 ········· 004
1.4 连续波传输 ········· 005
1.5 雷达探测距离和截获距离 ········· 006
1.6 雷达截获距离 ········· 010
1.7 地面监视雷达 ········· 010
1.8 低截获概率雷达的其他用途 ········· 012
    1.8.1 高度计 ········· 012
    1.8.2 着陆系统 ········· 013
    1.8.3 列车雷达 ········· 013
1.9 本书的结构 ········· 013
参考文献 ········· 015

第2章 调频连续波波形 ········· 017
2.1 引言 ········· 017
2.2 调频连续波雷达 ········· 017
2.3 线性调频波形 ········· 018
2.4 线性锯齿调频连续波 ········· 019
2.5 线性三角调频连续波 ········· 024
    2.5.1 单一目标 ········· 025
    2.5.2 双目标 ········· 026
2.6 分段线性调频连续波 ········· 026
2.7 扫描带宽的推导 ········· 027
2.8 测距计算 ········· 027
2.9 匹配滤波器 ········· 028

2.10 存储副本 ·· 029
2.11 时间-带宽积 ·· 030
2.12 波形压缩 ··· 030
　　2.12.1 线性调频波形压缩 ··· 031
　　2.12.2 相关处理 ·· 033
　　2.12.3 拉伸处理 ·· 034
2.13 线性调频系统的旁瓣和加权 ·· 041
2.14 调频连续波雷达的基本方程 ·· 041
2.15 调频连续波雷达测距方程 ··· 042
2.16 扫描时间对距离分辨率的影响 ··· 043
2.17 仪表范围的概念 ··· 044
2.18 调频波形的非线性 ··· 044
2.19 固有处理间隔 ·· 045
2.20 小结 ··· 046
参考文献 ··· 046

第3章 雷达模糊函数 ·· 048
3.1 引言 ·· 048
3.2 模糊函数的例子 ·· 049
　　3.2.1 单频脉冲 ·· 049
　　3.2.2 线性调频脉冲 ··· 051
3.3 距离-多普勒耦合 ··· 054
3.4 相位编码信号 ·· 054
参考文献 ·· 055

第4章 雷达接收机中的噪声 ··· 056
4.1 引言 ·· 056
4.2 噪声表征 ·· 056
　　4.2.1 基础知识 ·· 056
　　4.2.2 噪声带宽 ·· 057
4.3 噪声源 ··· 057
　　4.3.1 热噪声 ·· 057
　　4.3.2 电阻噪声特性 ·· 059
　　4.3.3 散粒噪声 ·· 060
　　4.3.4 闪烁噪声 ·· 061
　　4.3.5 白噪声 ·· 062

	4.3.6 相位噪声	062
	4.3.7 雪崩噪声	064
	4.3.8 突发噪声	064
4.4	噪声系数	064
4.5	等效噪声温度	066
4.6	多级系统的噪声系数	066
4.7	其他设备的噪声系数	068
4.8	降噪方案	069
4.9	噪声系数测量	069
	4.9.1 增益方法	069
	4.9.2 Y 因子法	070
	4.9.3 噪声系数计	071
4.10	小结	071
参考文献		072

第5章 雷达探测 073

5.1	引言	073
5.2	检测问题	073
	5.2.1 奈曼–皮尔逊引理	074
5.3	噪声概率密度函数	076
5.4	虚警概率	077
5.5	检测概率	078
5.6	匹配滤波器	080
5.7	有色噪声匹配滤波器	083
5.8	相干接收机	087
5.9	波动目标	089
5.10	脉冲的积累	091
	5.10.1 相干积累	092
	5.10.2 非相干积累	102
	5.10.3 积累检测概率	109
5.11	恒虚警率处理	112
5.12	积分平均恒虚警率	114
5.13	船用导航雷达设计	115
5.14	小结	119
参考文献		120

第二篇 雷达射频硬件及架构

第6章 雷达系统部件 ·············· 123
6.1 引言 ·············· 123
6.2 功率放大器 ·············· 123
6.3 放大器类型 ·············· 124
6.4 放大器特性 ·············· 125
6.4.1 1dB 压缩点 ·············· 125
6.4.2 互调产物 ·············· 126
6.4.3 动态范围和无杂散动态范围 ·············· 127
6.4.4 增益压缩和灵敏度减弱 ·············· 130
6.4.5 单频调制 ·············· 132
6.4.6 双频互调 ·············· 133
6.4.7 交叉调制 ·············· 134
6.4.8 功率放大器的非线性 ·············· 134
6.5 混频器 ·············· 136
6.5.1 下变频 ·············· 137
6.5.2 上变频 ·············· 138
6.5.3 混频器指标 ·············· 138
6.5.4 混频器互调产物 ·············· 139
6.5.5 混频器性能 ·············· 139
6.5.6 混频器硬件问题 ·············· 142
6.5.7 混频器类型 ·············· 145
6.6 锁相环合成器相位噪声 ·············· 148
6.7 相位噪声的含义 ·············· 149
6.8 无源器件 ·············· 150
6.9 小结 ·············· 150
参考文献 ·············· 150

第7章 雷达发射机/接收机结构 ·············· 151
7.1 引言 ·············· 151
7.2 接收机结构 ·············· 151
7.2.1 一次变频超外差接收机 ·············· 151
7.2.2 二次变频超外差接收机 ·············· 154
7.2.3 直接变频接收机 ·············· 155

  7.2.4 Hartley 结构——镜像抑制接收机 …… 160
  7.2.5 Weaver 结构 …… 163
  7.2.6 数字中频接收机 …… 165
 7.3 模/数转换 …… 166
  7.3.1 奈奎斯特采样 …… 167
  7.3.2 带通采样 …… 170
  7.3.3 采样率的影响 …… 172
  7.3.4 带通采样定理 …… 173
  7.3.5 整数带欠采样技术 …… 173
  7.3.6 带通采样位置 …… 179
  7.3.7 ADC 带通采样信噪比 …… 183
 7.4 低中频接收 …… 184
 7.5 接收机信号分析 …… 185
 7.6 发射机架构 …… 187
  7.6.1 直接转换发射机:零差 …… 187
  7.6.2 发射机结构:外差 …… 189
 7.7 小结 …… 190
 参考文献 …… 190

第三篇 调频连续波雷达信号处理

第 8 章 多普勒处理 …… 193

 8.1 引言 …… 193
 8.2 多普勒频移 …… 193
 8.3 脉冲频率谱 …… 194
 8.4 多普勒模糊 …… 195
  8.4.1 多普勒效应 …… 196
 8.5 雷达杂波 …… 197
 8.6 脉冲重复频率权衡 …… 198
 8.7 脉冲压缩 …… 199
 8.8 多普勒处理 …… 201
 8.9 动目标显示的起源 …… 202
  8.9.1 动目标显示 …… 204
 8.10 动目标显示技术 …… 205
  8.10.1 不模糊距离 …… 206

  8.10.2 延迟线对消器 ·················· 206
  8.10.3 多普勒模糊 ···················· 210
  8.10.4 动目标显示盲相 ················ 211
  8.10.5 动目标显示改善因子 ············ 212
  8.10.6 动目标显示对消器 ·············· 214
 8.11 交错脉冲重复频率 ··················· 216
 8.12 动目标显示性能的限制 ··············· 217
 8.13 数字动目标显示 ····················· 217
 8.14 动目标探测 ························· 218
  8.14.1 脉冲多普勒雷达 ················ 218
  8.14.2 动目标雷达与脉冲多普勒雷达的区别 ··· 219
  8.14.3 动目标探测示意图 ·············· 221
 8.15 机场监视雷达 ······················· 221
 8.16 小结 ······························· 223
 参考文献 ································· 224

第四篇 调频连续波雷达设计指南

第9章 调频连续波战场监视雷达的设计与开发 ··· 227
 9.1 引言 ································ 227
 9.2 地面监视雷达的特点 ················· 227
 9.3 地面监视雷达规格 ··················· 230
 9.4 距离分辨率 ························· 230
 9.5 扫描带宽 ··························· 230
 9.6 雷达工作频率和发射机选择 ··········· 231
 9.7 扫描重复间隔 ······················· 231
 9.8 单元平均恒虚警率 ··················· 233
 9.9 功率输出控制 ······················· 233
 9.10 中频带宽 ·························· 233
 9.11 消隐 ······························ 236
 9.12 原理图详细信息(SystemVue) ········ 239
 9.13 性能评估 ·························· 241
 9.14 信号处理 ·························· 243
 9.15 距离向快速傅里叶变换 ·············· 244
 9.16 质心跟踪 ·························· 247

9.17 恒虚警率和阈值 …………………………………………………… 247
9.18 天线 ………………………………………………………………… 247
9.19 雷达跟踪 …………………………………………………………… 249
 9.19.1 雷达跟踪器 ……………………………………………… 249
 9.19.2 一般方法 ………………………………………………… 250
 9.19.3 图迹关联 ………………………………………………… 250
 9.19.4 跟踪启动 ………………………………………………… 251
 9.19.5 跟踪维护 ………………………………………………… 251
 9.19.6 轨迹平滑 ………………………………………………… 251
 9.19.7 Alpha – Beta 跟踪器 …………………………………… 252
 9.19.8 卡尔曼滤波器 …………………………………………… 252
 9.19.9 多假设跟踪器 …………………………………………… 252
 9.19.10 交互多模型 …………………………………………… 253
 9.19.11 非线性跟踪算法 ……………………………………… 253
 9.19.12 扩展卡尔曼滤波器 …………………………………… 253
 9.19.13 非线性卡尔曼滤波器 ………………………………… 253
 9.19.14 粒子滤波器 …………………………………………… 253
 9.19.15 商业跟踪软件 ………………………………………… 254
参考文献 ………………………………………………………………… 254

第 10 章　调频连续波船用导航雷达的设计与开发 …………………… 256
10.1 引言 ………………………………………………………………… 256
10.2 问题描述 …………………………………………………………… 256
10.3 侦察雷达 …………………………………………………………… 257
10.4 距离分辨率 ………………………………………………………… 259
10.5 扫描带宽 …………………………………………………………… 260
10.6 雷达工作频率及发射机选择 ……………………………………… 260
10.7 扫描重复间隔 ……………………………………………………… 260
10.8 中频滤波器带宽的选择 …………………………………………… 261
10.9 雷达杂波与杂波映射 ……………………………………………… 263
10.10 功率输出 …………………………………………………………… 264
10.11 性能评估 …………………………………………………………… 266
10.12 信号处理 …………………………………………………………… 268
10.13 天线 ………………………………………………………………… 271
10.14 使用 SystemVue 设计射频系统的基本准则 …………………… 271
参考文献 ………………………………………………………………… 273

第11章 反舰导弹导引头 274

- 11.1 引言 274
- 11.2 RBS15 Mk3 导弹系统 274
  - 11.2.1 主要操作功能 275
  - 11.2.2 主要技术指标 275
- 11.3 RBS15 Mk3 导弹制导系统 276
- 11.4 RBS15 Mk3 SSM 的弹头和推进装置 276
- 11.5 导弹高度计 276
- 11.6 主动雷达导引头 276
- 11.7 导引头技术指数(推测) 277
- 11.8 操作程序 277
- 11.9 系统性能(推测) 277
  - 11.9.1 目标检测和识别 277
  - 11.9.2 飞行剖面图 278
  - 11.9.3 雷达前端 279
  - 11.9.4 天线与天线扫描 280
  - 11.9.5 信号处理 284
  - 11.9.6 海杂波中的性能 286
  - 11.9.7 目标识别 287
- 11.10 寻的制导的基本原理 288
  - 11.10.1 寻的分析 288
  - 11.10.2 交战运动学 289
  - 11.10.3 比例导引制导律的发展 291
  - 11.10.4 模拟 292
  - 11.10.5 视距角速度的提取 292
  - 11.10.6 天线罩设计要求 294
- 11.11 进一步的研究 295
- 11.12 导弹射击结果 295
- 11.13 高度计 296
- 11.14 调频中断连续波雷达 296
- 11.15 调频中断连续波高度计的设计 298
- 11.16 测量策略 300
- 11.17 雷达控制器 301
- 11.18 信号处理 301
- 11.19 微型雷达高度计 302

11.20　25GHz 高度计 ……………………………………………………… 304
参考文献 ………………………………………………………………………… 304

附录 A　调频连续波雷达"设计师"——GUI …………………………… 306

附录 B　雷达中信噪比计算 ………………………………………………… 310
B.1　引言 ……………………………………………………………………… 310
B.2　相参积累 ………………………………………………………………… 310
B.3　非相参积累 ……………………………………………………………… 311
B.4　动目标指示雷达 ………………………………………………………… 312
B.5　动目标显示雷达与线性调频脉冲雷达相比 …………………………… 313
B.6　动目标检测雷达 ………………………………………………………… 313
B.7　战场监视雷达分析 ……………………………………………………… 315
　　B.7.1　作为动目标指示的战场监视雷达 ……………………………… 315
　　B.7.2　作为动目标探测的战场监视雷达 ……………………………… 315
B.8　动态范围复查 …………………………………………………………… 316
B.9　ADC 9255 ………………………………………………………………… 320
　　B.9.1　ADC 输入 −65dBm 的实测本底噪声 ………………………… 322
参考文献 ………………………………………………………………………… 322

附录 C　抗混叠滤波器 ……………………………………………………… 324
C.1　引言 ……………………………………………………………………… 324
C.2　带宽问题 ………………………………………………………………… 325

作者简介 ……………………………………………………………………… 328

第一篇

低截获概率雷达设计的基本原理

第1章
调频连续波雷达的出现

1.1 隐身需求

谍报活动的基本原则是在不被发现的前提下探测敌情。纵观人类历史上的谍报活动,不少是非常出色的,也是笨拙的。在战争中最好的发明是雷达,其罕见之处是一个发明可以拯救一个国家。罗伯特·沃森·瓦特(Robert Watson Watt)开发了世界上第一部脉冲雷达。雷达是无线电探测和测距(radio detection and ranging, Radar)的缩写。正如最初设想的那样,无线电波用于检测目标是否存在,并确定其距离或范围。第二次世界大战中这种雷达提前探测到德国的轰炸机,阻止了希特勒空军的支援,使英国皇家空军能够将其有限的战斗机资源集中起来保护平民,消除机械战争巨大的潜在威胁。雷达对于空军来说如虎添翼,但是德国对此的反应迟缓,当他们开始使用自己的雷达和雷达辐射探测器(现称为截获接收机)时,已经太晚而无法影响战争的最终结果。

第二次世界大战结束后,世界各地的雷达工程师立即致力于开发雷达辐射探测器,这项技术在随后的冷战期间得到了广泛应用。这就促使雷达设计者寻找新的应对方案,使截获接收机无法获取雷达信号,进而诞生了低截获概率(low probability of interception, LPI)雷达,雷达信号可以被截获,但概率很低。该技术采用连续波信号代替脉冲信号,本章后续内容中将分析具体原因。之前,本书作者出版了一本关于超宽带多频连续波雷达的图书[1],如探地雷达(ground-penetrating radar, GPR)和穿墙雷达(wall-penetrating radar, WPR)。本书中将重点关注具有低截获能力的窄带调频连续波雷达的设计,如监视雷达和导弹导引头。

调频连续波雷达通常称为"未来雷达"。这是因为几乎所有的雷达,尤其是工作在X波段和更高频率的雷达都使用了这项技术。原因很明显,调频连续波雷达实现了极高的距离分辨率,其典型的压缩系数达到50000,而线性调频脉冲雷达仅为1000。这一特征使雷达不易受干扰杂波影响,且具有低截获概率。为了实现较远的工作距离,通常在S波段或L波段仍然使用线性调频脉冲雷达,因为调频连续波雷达难以实现远距离探测。由于优越的隐身特性,调频连续波雷达广泛用于军事领域和海上导航,尤其是沿海导航。它们能在不暴露自身的位置信息的情况下发现目标。出于类似的原因,这些雷达也广泛用于隐身飞机和战舰。由于调频连续波雷达的普及,迫切需要有一本专著来概述雷达隐身技术的发展,并讨论低截获概率雷达的设计方法,本书正是基于这一需求而编写的。

1.2 低截获能力的基本要求

低截获概率雷达具有低功率、宽频带和频率捷变等特点,且极难被无源的截获接收机检测。低识别概率(low probability of identification,LPID)雷达可用指代具有特定波形的低截获概率雷达,这种波形使截获接收机极难识别雷达参数和类型。LPI 和 LPID 雷达的设计使得它们能够在比截获接收机的作用距离远得多的情况下探测目标,并进行侦察或阻击。实际上 LPI 雷达设计的成功与否是通过截获接收机检测或拦截其发射信号的难度来衡量的[1-2]。值得注意的是,随着截获接收机的性能的增强,LPI 雷达的能力也随之提高。

通过以下基本要求,可以实现雷达的 LPI 功能[1-4]。

(1)设计具有极低副瓣的天线。

(2)优化天线扫描模式。非扫描波束(无限的驻留时间)以尽可能小的发射功率来检测目标,波束长时间驻留时可使有效辐射功率(effective radiated power,ERP)降至最低。当截获接收机灵敏度较低时,此方法是有效的。但如果使用高灵敏度的截获接收机,尽可能减少波束停留时间,必要时使用更高的功率。基于这样的事实,极短的驻留时间会使截获接收机扫描目标位置和雷达扫描同时存在的可能性降低。这类雷达设计的问题将在本书的第四篇进行研究。

(3)采用连续波传输而不是通常的脉冲信号传输。脉冲信号虽然可以提供较远的探测距离,但由于较高的峰值发射功率很容易被截获接收机截获。连续波信号可以实现低发射功率,小于 5W 的平均功率通常是连续波 LPI 雷达的标准,可确保低截获概率。

(4)将发射功率控制到恰当的水平,以便能够在期望的范围内进行目标检测。例如,使用 LPI 有源导引头的导弹,其在接近目标时会降低功率。截获接收机依赖于检测临近导弹发射功率的增加,因此会导致探测出现错误。

(5)较高工作频率的电磁波(毫米波)在传播时容易被大气吸收,这对 LPI 雷达提出了更高功率要求,因此毫米波 LPI 雷达适用于近距离探测。

(6)将 LPI 雷达模式与红外传感器交替使用,减少射频发射的时间。

1.3 伪低截获概率雷达

调频连续波雷达的概念早已为人所知,但是由于技术的局限性,缺乏合适的器件使调频连续波雷达的研制陷入了困境。在这些器件出现之前,LPI 技术是由线性调频脉冲雷达和脉冲多普勒雷达实现的,即通过控制峰值发射功率使平均发射功率小于 5W。这种雷达在业界称为伪 LPI,而不是真正的连续波 LPI。显然,由于伪 LPI 较低的峰值发射功率,所以探测距离有限。事实上,正是调频连续波雷达的出现导致了伪 LPI 雷达的消亡。例如,PJT-531 短程战场警戒雷达就是一款伪 LPI 雷达,其峰值功率为 5W,占空比为 0.1。它工作在 J 波段(10~20GHz)。根据公布的数据,其可以探测到 3km 处的行人和 14km 处的重型车辆[5]。荷兰泰勒斯公司的 Squire 雷达是调频连续波雷达,其工作在 I/J 波段(8~12GHz),平均发射功率仅为 1W,可分别在 10km 和 24km 处发现类似的目标[7]。第 9 章将详细讨论 Squire 雷达。

1.4 连续波传输

脉冲雷达使用相干脉冲序列来测量距离和多普勒。然而,脉冲序列所表现出的峰均功率比(占空比的倒数)大于 1,平均功率决定了雷达的探测性能。如果为了高分辨率而减小脉冲宽度(对于脉冲雷达忽略脉冲压缩技术),则发射机需要具有高的平均功率。反过来,意味着高峰值功率,这需要用真空管和高电压来实现。高峰值功率也很容易被敌方截获接收机检测到,占空比定义为

$$d_c = \frac{P_{avg}}{P_t} = \frac{\tau_R}{T_R} \quad (1.1)$$

式中:T_R 为脉冲重复间隔(脉冲之间的时间间隔);τ_R 为发射机的脉冲宽度。

通常,占空比 $d_c = 0.1$,即平均功率为峰值功率的 1/10。

在调制的连续波信号中,平均峰值功率比是 1% 或 100% 的占空比,使得能采用低发射功率来实现与脉冲雷达相同的探测距离。还可以使用更轻、更易于集成的固态发射机。图 1.1 说明了脉冲雷达和连续波雷达之间的区别[1]。

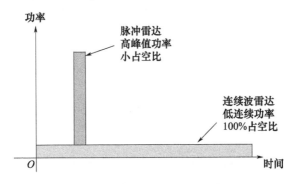

图 1.1 脉冲和连续波雷达的对比

由于使用低发射功率的连续波信号,与使用高峰值功率的脉冲雷达具有相同的探测距离,这一重要优势可以使这种连续波雷达具有 LPI 功能。1.6 节将对此进一步讨论。然而连续波信号本身是没有带宽的单频信号,因此无法识别探测距离内的目标。此外,它也可以被截获接收机检测,但不像脉冲雷达那么容易。为了解决这一难题,必须对连续波信号进行调制,即使用脉冲雷达中的信号压缩技术产生大带宽和小分辨率单元。

常用的信号压缩技术包括:
(1)线性、非线性频率调制;
(2)相位调制或相移键控(PSK);
(3)跳频或频移键控(FSK);
(4)PSK 和 FSK 技术的结合;
(5)随机信号调制。

这些技术用于改变雷达的特性,并有助于迷惑截获接收机。宽带信号使得截获更加困难[1],为了解调截获的信号,必须知道接收机使用的特定调制技术,这在实际中很难做到。因此,在设计 LPI 雷达时根据所需距离分辨率来选择带宽,根据不模糊距离选择调制码,所做的一切必须不影响 100% 的占空比这个基本要求。

1.5 雷达探测距离和截获距离

本节将根据最大可探测距离讨论经典连续波雷达的性能,所有推导基于文献[1]。低功率连续波雷达具有 100% 的占空比。图 1.2 显示了 LPI 雷达及其拦截场景。

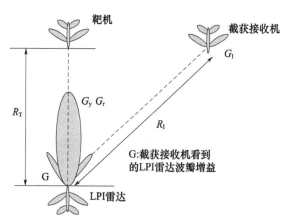

图 1.2　LPI 雷达和截获接收机方案[2]

各向同性天线在 R 距离上的功率密度为[4]

$$\mathrm{PD} = \frac{P_{\mathrm{CW}}}{4\pi R^2} \quad (\mathrm{W/m^2}) \tag{1.2}$$

式中：P_{CW} 为连续波的平均发射功率（W）。

如果沿着视轴使用增益 G_t 的定向天线，则雷达 R 范围内的定向功率密度为

$$\mathrm{PD_D} = \frac{P_{\mathrm{CW}} G_t L_1}{4\pi R^2} \quad (\mathrm{W/m^2}) \tag{1.3}$$

式中：$L_1(<1)$ 为单程大气传输系数，且有

$$L_1 = \mathrm{e}^{-\alpha R_k} \tag{1.4}$$

式中：R_k 为距离或路径长度（km）；α 为单程功率衰减系数（$\mathrm{N_p/km}$）。作为频率函数的单程衰减系数如图1.3所示，单位为 dB/km。将图1.3中的衰减系数乘以 8.69① 即可将 dB/km 转换为 $\mathrm{N_p/km}$。

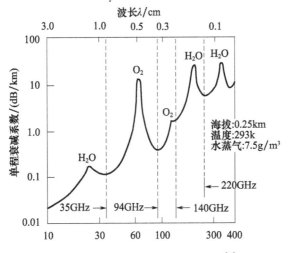

图 1.3 毫米波光谱中大气吸收峰[6]

在距离 R_T 处，经雷达散射面为 σ_T 的目标反射后再次回到雷达处的功率密度为

$$\mathrm{PD_{DR}} = \frac{P_{\mathrm{CW}} G_t L_2}{4\pi R_T^2} \left(\frac{\sigma_T}{4\pi R_T^2}\right) (\mathrm{W/m^2}) \tag{1.5}$$

式中：R_T 为 LPI 雷达和目标之间的距离；$L_2(<1)$ 是双向大气传输因子，且有

$$L_2 = \mathrm{e}^{-2\alpha R_k} \tag{1.6}$$

LPI 雷达使用接收天线接收被反射的能量，雷达接收机从目标接收的信号功率为

---

① 译者注：原文是 0.23，应该为 8.69。

$$P_{\text{RT}} = \frac{P_{\text{CW}} G_{\text{t}} L_2}{4\pi R_{\text{T}}^2 L_{\text{RT}} L_{\text{RR}}} \left(\frac{\sigma_{\text{T}}}{4\pi R_{\text{T}}^2}\right) A_{\text{e}} \tag{1.7}$$

式中:L_{RT}为雷达发射机和天线之间的损耗;L_{RR}为雷达天线和接收机之间的损耗;A_{e}为接收机天线的有效面积,其与接收天线增益 G_{r} 有关,即

$$A_{\text{e}} = \frac{G_{\text{r}} \lambda^2}{4\pi} \tag{1.8}$$

将式(1.8)代入式(1.7)得到雷达接收到的目标反射功率为

$$P_{\text{RT}} = \frac{P_{\text{CW}} G_{\text{t}} G_{\text{r}} \lambda^2 L_2 \sigma_{\text{T}}}{(4\pi)^3 R_{\text{T}}^4 L_{\text{RT}} L_{\text{RR}}} \tag{1.9}$$

现在需要确定接收机可以检测和处理的最小输入信号功率,即接收机灵敏度δ_{R}。在式(1.9)中用接收机灵敏度代替 P_{RT},则 LPI 雷达可以检测目标的最大作用距离为

$$R_{\text{Rmax}} = \left[\frac{P_{\text{CW}} G_{\text{t}} G_{\text{r}} \lambda^2 \sigma_{\text{T}} L_2}{(4\pi)^3 \delta_{\text{R}} L_{\text{RT}} L_{\text{RR}}}\right]^{1/4} \tag{1.10}$$

灵敏度是接收机输入带宽中所需的最小信噪比(SNR_{Ri})与噪声功率的乘积,即

$$\delta_{\text{R}} = kT_0 F_{\text{R}} B_{\text{Ri}} (\text{SNR}_{\text{Ri}}) \tag{1.11}$$

式中:k 为玻耳兹曼常数,$k = 1.38 \times 10^{-23} \text{J/K}$;$T_0$为标准噪声温度($T_0 = 290\text{K}$);$F_{\text{R}}$为接收机噪声系数(见第 4 章);$B_{\text{Ri}}$为雷达接收机的输入带宽(Hz),并且通常与正在发送的特定波形匹配,即接收机作为匹配滤波器工作。

还可以将灵敏度表示为检测所需的输出SNR_{Ro}和输出带宽 B_{Ro} 的函数,即

$$\delta_{\text{R}} = kT_0 F_{\text{R}} B_{\text{Ro}} (\text{SNR}_{\text{Ro}}) \tag{1.12}$$

这种灵敏度表达式更受欢迎,本书中也采用了这种方式。

根据式(1.12),雷达的最大检测距离可表示为

$$R_{\text{Rmax}} = \left[\frac{P_{\text{CW}} G_{\text{t}} G_{\text{r}} \lambda^2 \sigma_{\text{T}} L_2}{(4\pi)^3 kT_0 F_{\text{R}} B_{\text{Ro}} (\text{SNR}_{\text{Ro}}) L_{\text{RT}} L_{\text{RR}}}\right]^{1/4} \tag{1.13}$$

雷达的处理增益定义为

$$\text{PG}_{\text{R}} = \frac{\text{SNR}_{\text{Ro}}}{\text{SNR}_{\text{Ri}}} \tag{1.14}$$

其取决于 LPI 雷达使用的特定波形特征和集成技术。这里 SNR_{Ri} 是接收机输入端的 SNR。

下面由式(1.13)推导雷达设计人员通常使用的另一个表达式,将式(1.14)代入式(1.13),并使用接收机输入带宽 B_{Ri},可得

$$R_{\text{Rmax}} = \left[\frac{P_{\text{CW}} G_{\text{t}} G_{\text{r}} \lambda^2 \sigma_{\text{T}} L_2}{(4\pi)^3 kT_0 F_{\text{R}} B_{\text{Ri}} (\text{SNR}_{\text{Ri}}) L_{\text{RT}} L_{\text{RR}}}\right]^{1/4} \tag{1.15}$$

进一步,可得

$$R_{\text{Rmax}} = \left[\frac{P_{\text{CW}} G_{\text{t}} G_{\text{r}} \lambda^2 \sigma_{\text{T}} L_2}{(4\pi)^3 k T_0 F_R B_{\text{Ri}} (\text{SNR}_{\text{Ro}} / \text{PG}_R) L_{\text{RT}} L_{\text{RR}}} \right] \quad (1.16)$$

此外,调频连续波(FMCW)雷达的处理增益由时间和带宽乘积给出,即

$$\text{PG}_R = B_{\text{Ri}} T_s \quad (1.17)$$

将式(1.17)代入式(1.16),可得

$$R_{\text{Rmax}} = \left[\frac{P_{\text{CW}} G_{\text{t}} G_{\text{r}} \lambda^2 \sigma_{\text{T}} L_2 T_s}{(4\pi)^3 k T_0 F_R (\text{SNR}_{\text{Ro}}) L_{\text{RT}} L_{\text{RR}}} \right]^{1/4}$$

由扫描重复频率 $\text{SRF} = 1/T_s$,可得

$$R_{\text{Rmax}} = \left[\frac{P_{\text{CW}} G_{\text{t}} G_{\text{r}} \lambda^2 \sigma_{\text{T}} L_2}{(4\pi)^3 k T_0 F_R (\text{SNR}_{\text{Ro}}) L_{\text{RT}} L_{\text{RR}} \text{SRF}} \right]^{1/4} \quad (1.18)$$

以上分析根据输出 SNR 和扫描重复频率表示了雷达距离方程,其中式(1.13)和式(1.18)是最常用的两种形式。接下来介绍由荷兰泰利斯制造的地面监视雷达,它是采用 FMCW 信号的 Ku 频段战场监视 LPI 雷达[5]。在此阶段,有必要基于数值例子对这种雷达的设计方法进行说明。本书后面的第四篇对该雷达及其显著参数进行详细研究,讨论在确定该雷达参数时的设计考虑,以及在这类雷达的开发中出现的噪声控制和校准等问题。图 1.4 为该雷达的性能参数,其中损耗为 8.9dB($L_2 = 1$)。可见,当 $\text{SNR}_{\text{Ro}} = 8\text{dB}$,$B_{\text{Ro}} = 244\text{Hz}$ 时,系统可以在 10km 的范围内检测到 1m^2 的目标。对于这样的雷达来说,此性能非常好。但是,LPI 的优势在这个例子中并不明显。为了理解这一点,需要将此距离与截获接收机的距离进行比较。

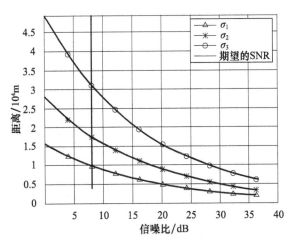

图 1.4 噪声限制的地面监视雷达性能,当 σ_T 为 1m^2、10m^2、100m^2 时的最大检测距离

1.6 雷达截获距离

图 1.5 为某截获接收机的原理框图[1],系统的工作分成检测前阶段和检测后阶段。三个主要器件包括带宽为 B_{IR} 的预检测射频(RF)放大器、平方律检波器和带宽为 B_{IV} 的检测后视频放大器。

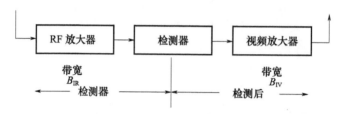

图 1.5 截获接收机原理框图

在截获接收机设计中,将前端射频带宽 B_{IR} 与预期的最大相关带宽相匹配,并将视频带宽 B_{IV} 与预期的最小雷达相干积分时间的倒数相匹配[1]。为了实现 100% 的截获,许多系统使用 0 增益的宽波束天线和几千兆赫带宽的接收机。这种系统通常在 Ku 频段最小可检测信号电平约为 −60dBm,有效接收孔径约 −40dBm²。最小可检测功率密度约为 −50dBW/m²。假设采用地面监视雷达,天线增益为 32dB,功率输出为 1W,那么可以得到相应的探测距离

$$R = \sqrt{\frac{P_{CW} G_t}{T_{threshold} 4\pi}} = \sqrt{\frac{1 \times 1584}{10^{(-50/10)} \times 4\pi}} = 1123(\text{m}) \qquad (1.19)$$

与之相比较,使用由同一家公司制造 BORA 550 型脉冲多普勒雷达,其峰值功率约为 20W,系统探测距离达 5km,计算中传播损耗忽略不计。因此,像地面监视雷达这样的 FMCW 雷达可以在 10km 距离上探测到雷达散射截面积(RCS)为 1m² 的飞机,但目标飞机的电子对抗(ESM)系统在距离地面监视雷达 5km 之前无法侦收到雷达发射信号。因此,为了它自身的安全,带有 ESM 系统的飞机在其作用距离内不能预警,地面监视雷达实际上是无法被 ESM 系统检测到的。

1.7 地面监视雷达

地面监视(Squire)雷达(图 1.6)坚固耐用且便于携带,并提供远程目标探测能力。该雷达适合于很多应用场景,如边境监视、基础设施保护、隐私保护、部队保护和战场监视。

图 1.6 地面监视雷达的构成设备[7]

这种最先进的固态 FMCW 雷达可自动检测到 48km 外的移动目标,通过多普勒快速傅里叶变换(FFT)处理实现固定目标消除、子杂波检测和出入境指示。FMCW 的低功率输出提高了雷达的可靠性并减少了辐射危害。

地面监视雷达具有极高的平均故障间隔时间(MTBF)和非常低的平均修复时间(MTTR)。高 MTBF 确保地面监视雷达的生命周期成本显著低于同类系统。地面监视雷达可与电视红外结合组成指挥与控制系统,提供多传感器监视功能。

即使在杂波环境中,地面监视雷达也可以通过高检测概率和极低的误报率来降低人力需求。其优点如下:

(1)在现实世界的恶劣任务环境中已验证其可靠性;
(2)能够探测到 48km 外的移动目标,同时最大输出功率仅 1W;
(3)可适应独立或集成系统,可以用于边境监视、基础设施和部队保护、战场监视;
(4)具有 Microsoft Windows ® XP 专业操作系统的计算机;
(5)便携式;
(6)低功耗;
(7)电池($24V_{DC}$)或外部电源供电;
(8)用于联网和目标提示的外部接口;
(9)自动监视和检测;
(10)自动目标跟踪和分类。

此外,地面监视雷达的一般特征如下:

(1)质量:16kg;
(2)电源:24V 直流;
(3)雷达单元尺寸:65cm(宽)×47cm(高)×24cm(直径);
(4)操作单元尺寸:35cm(宽)×7cm(高)×28cm(直径);
(5)三脚架有效高度:120cm。

天线和接收器特性如下：
(1)水平波束宽度:2.8°；
(2)垂直波束宽度:7.5°；
(3)输出功率:1W,100mW,10mW；
(4)频率:I/J波段；
(5)传输模式:连续/扇区；
(6)方位角限制:±270°；
(7)扫描扇区10°~360°；
(8)扫描速度7(°)/s；
(9)仰角:在-200~400mm之间倾斜；
(10)功耗:40W(正常运行)。

视频处理器特性如下：
(1)范围单元:512；
(2)最小径向目标速度:0.5m/s；
(3)仪表可见:3km,6km,12km,24km,48km。

范围性能如下：
(1)自由空间检测范围：$P_{fa}=10^{-6}$, $P_d=90\%$；
(2)行人(RCS=1m²):10km；
(3)吉普车(RCS=10m²):15km；
(4)直升机(RCS=5m²):15km；
(5)坦克式车辆(RCS=50m²):24km。

网络设置如下：
(1)外部接口:以太网；
(2)操作系统:Windows XP Professional；
(3)无线功能:是；
(4)地图显示和叠加:是；
(5)数据记录和重播:是。

1.8 低截获概率雷达的其他用途

1.8.1 高度计

低截获概率(LPI)雷达在高度计中广泛用于测量飞机的飞行高度。在连续波技术出现之前，高度计曾使用脉冲雷达，这些高度计在高度很高时运作良好。然而，这对巡航导弹等低空飞行平台来说是一个问题，因为脉冲雷达在近距离有探测盲区。盲区大小是发送脉冲宽度的函数。对于脉冲宽度 $0.1\mu s$ 的发射信号,雷达不能检测到 50(1 英尺 = 0.3048m)内的目标。

因此对于低空飞行的飞行器,希望测量低至 0 英尺的高度,FMCW 雷达提供了解决方案。在典型的 FMCW 雷达高度计中,发射机的载波频率范围为 4.24～4.36GHz,信号在 120MHz 调制带宽内线性变化[1]。发射机连续工作以产生连续波输出,且以锯齿波或三角波方式按照恒定速率改变频率。固定的宽波束天线系统用于辐射大面积的地形,宽波束允许在导弹俯仰和滚转的正常范围内进行正确操作。表面反射的信号与发射信号的样本相关,混频后的差是与被测量距离成比例的低频差拍信号。然后通过滤波器从频谱中选择最强的信号以产生高度信息(距离)。该系统还通过控制发射功率来获得 LPI 能力,以便不触发敌方截获接收机。文献[1]中介绍了不同类型的高度计,第 11 章研究导弹 FMCW 高度计。

1.8.2 着陆系统

用于无人飞行器自动精确着陆的系统可发射信标并协助登陆行动,这些系统必须保持必要的低截获概率,因为它们在战场上必不可少,战场监视设备和火控雷达也是如此。本书在此不再赘述这些内容,但感兴趣的读者可以参阅文献[1,4]。

1.8.3 列车雷达

雷达传感器使用 FMCW 雷达体制能够可靠地检测移动或静止目标,包括极端天气条件下的汽车、列车、卡车和货物。雷达传感器是理想的防撞车载移动设备,如伸臂式堆垛机、叉车和采矿车辆,以及港口机械运输车、搬运车和托运车。同样的应用在列车雷达中也被广泛认可。

列车雷达在铁路上已被广泛应用。遵守限速的规定不仅适用于道路交通中的车辆,也适用于分流车辆,这是保护和优化操作程序的重要措施。这种雷达专为铁路运输而开发,以提高性能和效率。该雷达装置适用于铁路车辆调车编组时的速度监测。在隧道内,由于烟雾和灰尘的存在,很难观察到经过的列车,但 FMCW 雷达已经成功地应用于这些环境。

1.9 本书的结构

第 1 章介绍 LPI 雷达系统的概念,并讨论它们的优缺点。接下来探讨 LPI 雷达的组成,并介绍连续波雷达距离方程。此外,本章详细介绍截获接收机的概念,通过实例说明这种接收机的 LPI 能力。最后介绍一些著名的 LPI 雷达,如地面监视雷达。讨论该系统的显著特征,并简要介绍高度计和着陆系统等 LPI 技术的进一步应用。

第 2 章研究 FMCW 波形,详细地说明了锯齿波形和三角波形两种主要类型,并描述它们存在多个目标时的性能。接下来探讨匹配滤波器和 LFM 信号的时间-带宽乘积的概念。此外,介绍 LFM 波形压缩技术,特别强调相关和拉伸处理。总之,阐述了 FMCW 方程以及 LFM 波形中非线性的含义。

第 3 章详细介绍雷达模糊函数的原理,包括单脉冲和 LFM 脉冲的模糊函数。接下来介绍距离-多普勒耦合的最重要现象,以及如何在整体雷达设计中消除其不利影响。

第 4 章讨论雷达接收机噪声的重要问题。首先介绍噪声特性及其对带宽的影响,然后讨论各种噪声源,解释噪声系数的概念及其计算和测量。

第 5 章介绍了雷达探测问题,首先定义 Neyman-Pearson 准则,然后研究虚警和探测概率,引出匹配滤波器和相关接收器的讨论。接下来阐明波动目标和 Swerling 模型,并讨论了脉冲积分,同时介绍相干和非相干积分。在恒虚警率(CFAR)条件下研究行为非常重要,讨论单元平均 CFAR 作为 CFAR 实施的最常见技术之一。最后以 FMCW 海上导航雷达为例进行总结。

第二篇深入研究雷达组件和射频架构,因为读者需要牢固掌握的雷达信道设计的常用技术。为此第 6 章介绍雷达组件,特别是放大器和混频器,研究基本的放大器传输特性以及射频工程实践中使用的放大器类型。特别强调研究放大器特性中的各种压缩点及其对接收机通道性能的影响。此外,定义接收机中的动态范围和无杂散动态范围(SFDR)及其对系统性能的影响。接下来研究 RF 阻塞现象以及它们如何影响接收机性能、混频器及其属性和拓扑结构、镜像抑制混频器及其需求。总结锁相环(PLL)合成器及其相位噪声影响的研究。

第 7 章涉及雷达发射机和接收机架构,从基础层面开始,并检查对超外差接收机的需求。接下来讨论超外差和零中频的显著差异及其优缺点,并研究镜像抑制混频器的设计以及对 Hartley 和 Weaver 架构的需求。随后全面研究带通采样,并将其与常见的奈奎斯特采样进行比较。然后追踪信号在接收机通道中传输时的形态,并检查镜像频率及其影响,这一过程称为接收机信号分析。最后探讨发射机架构。

第三篇涉及雷达设计中的信号处理问题,介绍多普勒现象和详细说明动目标指示/动目标探测(MTI/MTD)雷达。

第 8 章讨论基本的多普勒理论,定义和解释多普勒现象。这导致多普勒模糊度的问题以及解决这些问题的方法。接下来对脉冲重复频率(PRF)方案(低 PRF、中和高 PRF)进行分类,并检查每种方案的优缺点。检查雷达杂波的类型以及在信号处理过程中如何减少杂波。由此讨论 MTI 雷达的设计,用于实现

MTI 的各种类型的延迟线对消器,以及诸如 MTI 盲相和 PRF 分集需求的许多问题。接下来研究 MTD 雷达动目标探测器和脉冲多普勒雷达的结构,并以机场监视雷达为例阐述如何解决这些问题。

第四篇介绍实际 FMCW 雷达的设计,特别是 Squire 的战场监视雷达设计,并详细介绍海上导航雷达和 FMCW 导弹导引头的设计。

第 9 章详细阐述由 Thales Nederland B. V. 公司开发的 Squire BFSR 的设计。首先列出该雷达的可用指标体系,然后推断出设计,介绍开发设计模型必须采用的程序。这很好地利用了前面章节中提供的信息,自底向上设计,从雷达频率和所需距离分辨率的选择,权衡超外差和零中频的选择,最终使用超外差设计进行详细说明。同时还讨论天线设计和天线隔离等问题及其影响。最后介绍雷达跟踪器的设计,简要说明其原理。

第 10 章基于 Thales Nederland B. V. 公司开发的 SCOUT 海上导航雷达来推测海上导航雷达系统的设计。该雷达命名为"海鹰"。海洋环境引入了自己特有的限制,即由于高风速杂波是相对动态的,因此在多普勒平面上杂波消除不完整。本章再次采用自下而上的方法来设计。这里棘手的问题是相对快速的天线旋转速度,这对于导航期间所需的快速更新是必需的。同时还讨论海军桅顶天线特有的问题。最后详细介绍使用 SystemVue 进行射频系统设计的指南,提供了"海鹰"雷达的仿真程序,读者可以使用该程序来改变雷达参数测量噪声系数等。

第 11 章讨论目前非常热门的导弹导引头的设计,介绍瑞典 RBS15 反舰导弹的规格。接下来研究理想上适用于该导弹任务目标的天线系统,解决信号处理问题,然后决定最好的雷达系统的可能配置(零差或外差)。需要从整体上解决导弹导引头设计问题(考虑导弹控制环和航向校正能力)。

此外,建议 LPI 雷达设计人员研究雷达发射机截获。然而,这是一个广阔的领域,并且不可能将其包括在这种性质的工作中,仅用于集中于 LPI 雷达发射机的设计、开发和测试。有兴趣的读者可参文献[2]及其中列出的文献。

注意以下有关本书中使用的命名法。术语脉冲雷达意味着基于磁控管的未调制连续波雷达。使用调频脉冲的雷达被视为脉冲调制雷达或调频脉冲雷达。在讨论连续波雷达时,术语脉冲不合适。在这种情况下,使用术语波形而不是脉冲更合适。

参 考 文 献

[1] Jankiraman, M., *Design of Multifrequency CW Radars*, Raleigh, NC: SciTech Publishing, 2007.
[2] Pace, P. E., *Detecting and Classifying Low Probability of Intercept Radar*, Norwood, MA: Artech

House, 2004.

[3] Schrick, G., and R. G. Wiley, "Interception of LPI Radar Signals," *Record of the IEEE International Radar Conference*, Arlington, VA, May 7 – 10, 1990, pp. 108 – 111.

[4] Skolnik, M. I., *Introduction to Radar Systems (Third Edition)*, Boston, MA: McGraw – Hill, 2001.

[5] https://en.wikipedia.org/wiki/BEL_Battle_Field_Surveillance_Radar.

[6] Klein, L. A., *Millimeter – Wave and Infrared Multisensor Design and Signal Processing*, Norwood, MA: Artech House, 1997.

[7] https://www.thalesgroup.com/en/squire – ground – surveillance – radar.

第 2 章
调频连续波波形

2.1 引言

本章研究了 FMCW 雷达的主要波形——线性调频(linear frequency modulation, LFM)波形。分析信号表现形式和特性,随后讨论匹配滤波理论,并研究这种波形的压缩技术。特别是拉伸处理,它赋予 FMCW 雷达极高的压缩比。最后介绍 FMCW 技术背后的数学原理,如距离分辨率问题、带宽问题和整体性能问题,以及 LFM 波形的非线性及其影响(本章内容经许可来源于文献[1])。

2.2 调频连续波雷达

FMCW 雷达与脉冲雷达的不同之处是电磁信号的连续传输[1-2],该信号的频率随时间变化,通常是在设定带宽内扫描。通过混合两个信号来确定发射和接收(反射)信号之间的频率差异,产生可以测量的确定距离或速度的新信号。"锯齿"函数是最简单的,也是最常用的,用于改变发射信号的频率模式。FMCW 雷达连续输出 RF 信号,因此不能直接测量飞行到反射物体的时间。相反,FMCW 雷达发射的射频信号通常是线性扫频。接收信号与发射信号混合后,由于反射信号飞行时间的延迟,在低频范围内会出现频率差,可以作为信号检测出来。图 2.1 为基于环形器的通用天线系统示意图。通常会用两个完全独立的天线,一个用于发射,另一个用于接收。这种情况下的首要问题是确保天线之间足够高的隔离度。为什么需要一个锯齿函数或者其他任意类型的频率调制?因为没有频率调制的简单连续波雷达设备有一个缺点,即它们不能确定目标的距离。因为缺少系统准确计时所必需的定时标记,所以不能测量发射和接收周期并将其转换为距离。这种测量静止物体距离的时间基准可以用发射信号的频率调制产生,即发送的信号周期性地增加或减少频率。当接收到回波信号时,频率的变化会有一个延迟 Δt,就像脉冲雷达一样。然而,在脉冲雷达中,必须直接测量运行时间。而在 FMCW 雷达中,是测量实际发射信号和接收信号之间的相位或频率差。

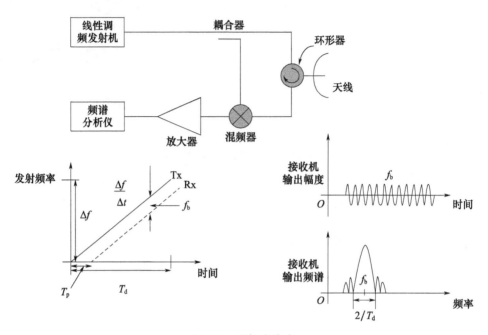

图 2.1　调频连续波

FMCW 雷达的特性描述如下：

（1）距离测量是通过将接收信号的频率与参考信号（通常直接用发射信号）进行比较来完成的；

（2）发射信号的时间周期远大于距离测量所需的接收时间。

FMCW 雷达的基本特征如下：

（1）能够测量距离非常近的目标；

（2）能够同时测量目标距离及其相对速度；

（3）测距精度非常高；

（4）混频后低频范围内的信号处理性能，大大简化了电路设计；

（5）因为没有高峰值功率的脉冲辐射，其安全性高。

2.3　线性调频波形

为了追求更高的分辨率，必须采用更高带宽的信号，如 LFM 信号[1-3]。基本上有三种类型的 LFM 波形在隐身雷达中非常流行，分别为线性锯齿波频率调制、线性三角波频率调制和分段线性频率调制，调制形式如图 2.2 所示。

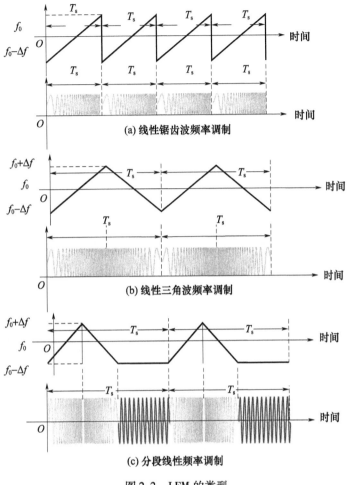

图 2.2 LFM 的类型

2.4 线性锯齿调频连续波

这种连续波信号以锯齿形式发射,如图 2.2(a)所示。其表达式为

$$s(t) = A\cos[\omega_0 t + \theta(t) + \phi_0] \quad (2.1)$$

由此得出信号的频率为

$$f(t) = \frac{1}{2\pi}\left[\omega_0 + \frac{\mathrm{d}}{\mathrm{d}t}\theta(t)\right] \quad (2.2)$$

式中:$\theta(t)$ 具有线性斜率。

接收信号为

$$s_r(t) = \alpha A\cos[(\omega_0 + \omega_D)(t - t_d) + \theta(t - t_d) + \phi_0] \quad (2.3)$$

式中：α 为衰减系数；t_d 为往返的时间延迟，$t_d = 2R/c$。

$$\omega_D = 2\pi f_D = \frac{2V\cos\theta}{\lambda} \quad (2.4)$$

式中：f_D 为在径向速度为 $V\cos\theta$ 时的多普勒频移；λ 为波长。

接收信号的频率为

$$f_r(t) = f_0 + f_D + \frac{1}{2\pi}\left[\frac{\mathrm{d}}{\mathrm{d}t}\theta(t - t_d)\right] \quad (2.5)$$

显然，从图 2.3 可以看出，发射波形和接收波形之间的差异构成了一个理想的纯正弦波，称为差频信号 f_b，该信号与发射波形和接收波形之间的时延成正比。换句话说，与目标距离成正比。此外，接收波形相对于发射波形向上移动（对于后退目标），这是由于目标多普勒频移，其值为 f_D。在第 8 章将详细介绍这些问题。锯齿波形的周期称为扫描时间 T_s。注意，t_d 是目标的双向时延，沿 x 轴测量，而频率或 y 轴上对应的是差频信号 f_b。

图 2.3 线性锯齿 FMCW 波形

差频信号 f_b，可以通过发送和接收的波形相减得到。实际上，如图 2.4 所示，通过混合（相乘）这两个信号并滤除较低的边带，数学表达式为

$$f_b(t) = f(t) - f_r(t) = \frac{1}{2\pi}\left[\frac{\mathrm{d}}{\mathrm{d}t}\theta(t)\right] - \frac{1}{2\pi}\left[\frac{\mathrm{d}}{\mathrm{d}t}\theta(t - t_d)\right] - f_D \quad (2.6)$$

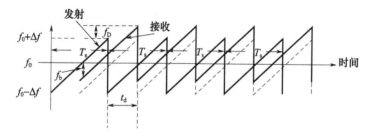

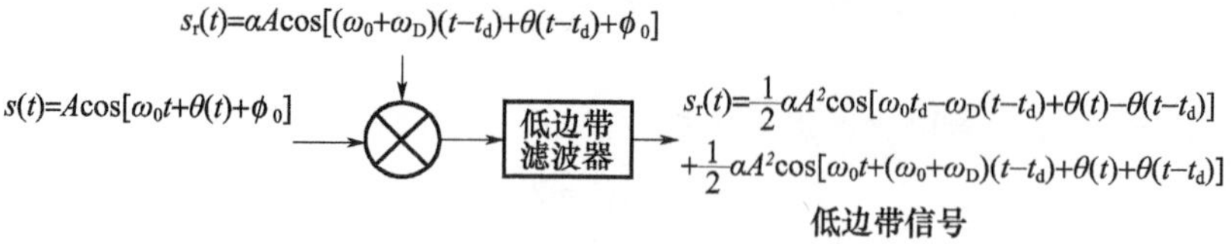

图 2.4 混频器输入和输出

因此，接收的信号相对于发射信号经历了以下变化：

(1) 双向时延 $t_d = 2R/c$；

(2) 多普勒频移 $f_D = 2V\cos\theta/\lambda$。

从图 2.5 中注意到

$$f_b^+ = \frac{\Delta f}{T_s/2} t_d - f_D = \frac{4\Delta f}{cT_s} R - f_D \qquad (2.7)$$

$$f_b^- = -\frac{\Delta f}{T_s/2} t_d - f_D = -\frac{4\Delta f}{cT_s} R - f_D \qquad (2.8)$$

由式(2.7)和式(2.8)可求得

$$R = \frac{cT_s}{8\Delta f} \frac{(f_b^+ - f_b^-)}{2} \qquad (2.9)$$

$$f_D = -\frac{f_b^+ + f_b^-}{2} \qquad (2.10)$$

通过 FFT 获得 f_b^+ 和 f_b^-,使用式(2.9)和式(2.10)计算得到 R 和 f_D。

有关多普勒现象将在第 8 章详细讨论。但是图 2.5 中有一些感兴趣的点,如果目标接近雷达,就会出现上行多普勒的情况。如果目标远离雷达,则会出现下行多普勒。例如,在上行多普勒情况下,接收的波形沿 y 轴(频率轴)向下移动,这是因为基本差频信号增加了目标的多普勒。如图 2.5 所示,这意味着在没有目标多普勒(静态目标)的情况下,差频信号的频率会比标称值增加。在向下行多普勒期间,接收的波形将沿频率轴向上移动,从而降低差频信号的频率。总而言之,上行多普勒信号差频相比真实标称值(取决于目标的范围)有所增加,而下行多普勒则降低差频信号的频率。差频信号的频率是由图 2.5 中发射和接收波形之间的间隙给出的。通过查看图 2.5 的顶部图表以及发送和接收波形,可以更容易地看到这个问题。差拍信号的频率与目标范围直接相关。差频信号

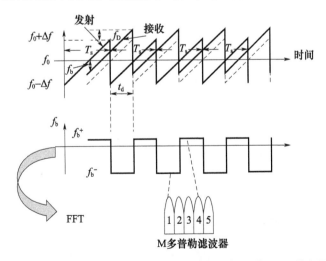

图 2.5 使用 FFT 捕获目标多普勒(显示下降多普勒的情况,其中拍频已从其原来的静态目标频率值(雷达回波的虚线波形)降低了)

的频率由于目标多普勒而变化,真正的目标范围受目标多普勒的影响。这种现象称为距离-多普勒耦合,其中由于目标多普勒而存在测距误差。第3章研究了这些问题。在图2.5中,多普勒滤波器4在向上多普勒(或差拍信号增加)期间达到峰值,而在向下多普勒情况期间,因为差拍信号的频率降低,滤波器1达到峰值。因此,可以直接读取 f_b^+ 和 f_b^-,然后计算距离和多普勒频率。注意,如果在图2.5中没有目标多普勒(目标是静态的),那么差拍信号波形将关于 x 轴对称($f_b^+ = f_b^-$)。

线性调频连续波波形基本上有两大类LFM信号,它们由线性扫描特性上调频或下调频定义。匹配滤波器带宽与扫描带宽成比例,与脉冲宽度无关。图2.6显示了两种类型的LFM信号。

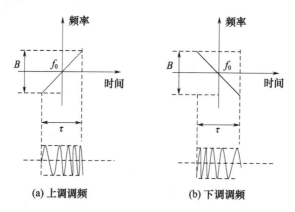

图 2.6 典型的 LFM 波形

LFM 上调频瞬时相位表示为

$$\theta(t) = 2\pi\left(f_0 t + \frac{\mu}{2} t^2\right), \ -\frac{\tau}{2} \leq t \leq \frac{\tau}{2} \tag{2.11}$$

式中:f_0 为雷达中心频率;μ 为 LFM 系数,$\mu = 2\pi B/\tau$。

因此,瞬时频率为

$$f(t) = \frac{1}{2\pi}\frac{d}{dt}\theta(t) = f_0 + \mu t, \ -\frac{\tau}{2} \leq t \leq \frac{\tau}{2} \tag{2.12}$$

类似地,对于下调频信号,有

$$\theta(t) = 2\pi\left(f_0 t - \frac{\mu}{2} t^2\right), \ -\frac{\tau}{2} \leq t \leq \frac{\tau}{2} \tag{2.13}$$

$$f(t) = \frac{1}{2\pi}\frac{d}{dt}\theta(t) = f_0 - \mu t, \ -\frac{\tau}{2} \leq t \leq \frac{\tau}{2} \tag{2.14}$$

典型的 LFM 波形在时域[1]中具有以下表达式:

$$s_1(t) = \text{rect}\left(\frac{t}{\tau}\right) e^{j2\pi(f_0 t + (\mu/2) t^2)} \tag{2.15}$$

式中:rect(t/τ)表示宽度为 τ 的矩形脉冲。

重写式(2.15)如下:

$$s_1(t) = e^{j2\pi f_0 t} s(t) \qquad (2.16)$$

式中:$s(t)$ 为 $s_1(t)$ 的复数包络,且有

$$s(t) = \text{rect}\left(\frac{t}{\tau}\right) e^{j\pi \mu t^2} \qquad (2.17)$$

在频域中,时频变换之后的式(2.17)经过一些简化,可得[1]

$$S(\omega) = \tau \sqrt{\frac{1}{B\tau}} e^{-j\omega^2/(4\pi B)} \left\{ \frac{[C(x_2) + C(x_1)] + j[S(x_2) + S(x_1)]}{\sqrt{2}} \right\} \qquad (2.18)$$

其中

$$x_1 = \sqrt{\frac{B\tau}{2}} \left(1 + \frac{f}{B/2}\right) \qquad (2.19)$$

$$x_2 = \sqrt{\frac{B\tau}{2}} \left(1 - \frac{f}{B/2}\right) \qquad (2.20)$$

由 $C(x)$ 和 $S(x)$ 表示的菲涅耳积分由下式定义:

$$C(x) \approx \frac{1}{2} + \frac{1}{\pi x} \sin\left(\frac{\pi}{2} x^2\right), x \gg 1 \qquad (2.21)$$

$$S(x) \approx \frac{1}{2} - \frac{1}{\pi x} \cos\left(\frac{\pi}{2} x^2\right), x \gg 1 \qquad (2.22)$$

图 2.7 ~ 图 2.9 显示了 LFM 信号的实部、虚部和频谱。这些曲线可以使用书中附赠的程序 LFM.m 获取,其中 LFM 带宽为 100MHz,未压缩脉冲宽度 20μs。

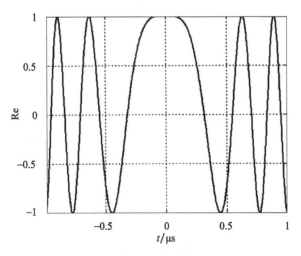

图 2.7 典型的 LFM 波形图(实部)

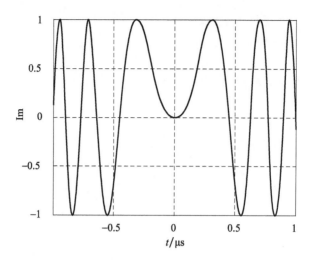

图 2.8 典型的 LFM 波形图(虚部)

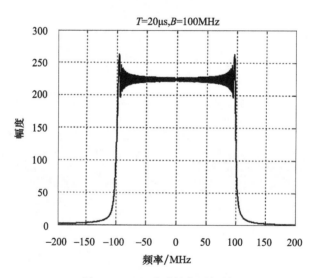

图 2.9 LFM 波形的典型频谱

2.5 线性三角调频连续波

信号处理的初始阶段与锯齿波形的初始阶段相同。与锯齿波形一样(图 2.10),接收到的差拍信号由式(2.6)给出,并按如下公式计算:

$$f_b(t) = f(t) - f_r(t) = \frac{1}{2\pi}\left[\frac{d}{dt}\theta(t)\right] - \frac{1}{2\pi}\left[\frac{d}{dt}\theta(t-t_d)\right] - f_D \quad (2.23)$$

同样,目标的范围和多普勒由式(2.9)和式(2.10)定义。然而,与锯齿波形不同,三角波形在评估多个目标时会出现问题。如同对锯齿波形的分析一样,将从一个目标开始讨论。

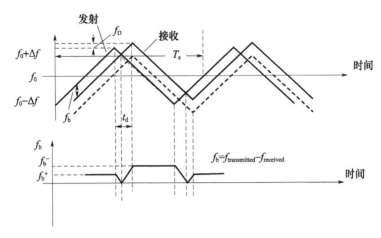

图 2.10 线性三角调频波形

2.5.1 单一目标

在正斜率上执行 FFT 时获得 f_b^+,在负斜率上执行 FFT 时获得 f_b^-,如图 2.11 所示。在这种情况下,R 和 f_D 由式(2.9)和式(2.10)定义。然而,有两个目标时,情况发生了变化。

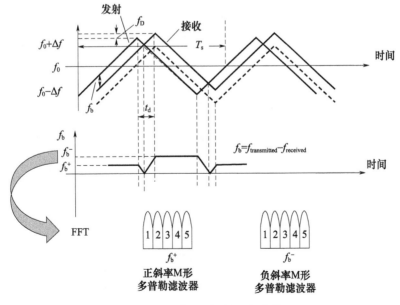

图 2.11 单一目标的三角波形

2.5.2 双目标

双目标的三角波形如图 2.12 所示,当对每个正斜率和负斜率执行 FFT 时,在每个多普勒窗口中获得两个差拍信号,并且无法关联哪个差拍信号与哪个目标相关。可以通过添加一个解调段来解决这个问题[1]。

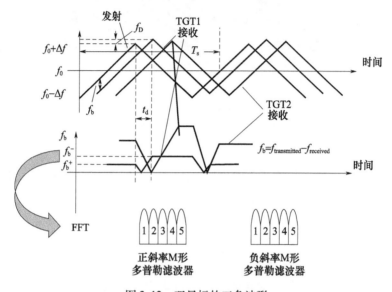

图 2.12 双目标的三角波形

2.6 分段线性调频连续波

在图 2.13 中,正斜率产生两个回波。类似地,负斜率产生两个回波。然而,

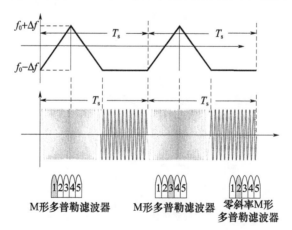

图 2.13 分段线性 FMCW 的两个回波

为了解决模糊性,可以使用具有零斜率的未调制部分,这部分产生了两个目标的精确多普勒。知道多普勒值后,将 f_b^+ 和 f_b^- 代入式(2.10),直到满足该方程。这意味着关联才是正确的。可以使用式(2.9)来计算范围[1]。同样,距离和多普勒模糊度的解决方案是使用许多调制斜率(Δf 和 T_s)。

计算 FMCW 雷达的两个主要参数是扫描带宽和目标范围。

2.7 扫描带宽的推导

载波频率随时间线性增加[1-5]。斜坡斜率为 $\Delta f/\Delta t$。在往返时间 $T_r = 2R/c$ 之后接收回波,其中 R 是到达目标的距离。

回波与一部分发射信号混合(零差混合)以产生输出差频 f_b,且有

$$f_b = \frac{\Delta f}{\Delta t} \times T_r = \frac{\Delta f}{\Delta t} \times \frac{2R}{c} \tag{2.24}$$

从图 2.1 可以看出,除了在周转时间的扫描极值处,输出应该是恒定频率。如果所需的测距分辨率为 ΔR,则所需的频率分辨率为

$$\Delta f_b = \frac{\Delta f}{\Delta t} \times \frac{2\Delta R}{c} \tag{2.25}$$

对于 Δf_b 的频率分辨率,观察信号所需要的最小停留时间为

$$T_d = 1/\Delta f_b = \frac{c}{2\Delta R}\frac{\Delta t}{\Delta f} \tag{2.26}$$

在 $\Delta f/\Delta t$ 的斜率下,总扫描带宽 Δf 是扫描速率和停留时间的乘积,即

$$\Delta f = T_d \frac{\Delta f}{\Delta t} = \frac{c}{2\Delta R} \tag{2.27}$$

式(2.27)意味着,所需的范围分辨率越高,信号带宽就越大。这种推断与脉冲雷达相同。

2.8 测距计算

通常使用下式计算测距范围:

$$R = \frac{f_b c}{2}\frac{\Delta t}{\Delta f} = \frac{f_b c T_d}{2\Delta f} \tag{2.28}$$

注意,T_d 是目标的传播时间(范围),也是所需频率分辨率的最小停留时间(见式(2.26))。扫描时间 T_s 是 FMCW 波形的总扫描时间,远大于 T_d(其原因将在 2.16 节中讨论)。

2.9 匹配滤波器

匹配滤波器[1-4]是一种当信号和白噪声都通过它时,它将输出可达到的最大 SNR 的滤波器。其广泛用于雷达。

考虑具有加性高斯白噪声的信号 $s(t)$,在通过具有频率传递函数 $H(\omega)$ 的线性滤波器后,其具有双侧的功率密度 $N_0/2$。那么在给定的观察时间 t_M,输出端产生最大 SNR 的滤波器响应是多少?

因此,需要搜索一个传递函数 $H(\omega)$,能够最大化 SNR:

$$\text{SNR} = \frac{|s_0(t_M)|^2}{\overline{n_0^2(t)}} \tag{2.29}$$

如果 $s(t)$ 的傅里叶变换是 $S(\omega)$,那么 t_M 的输出信号为

$$s_0(t_M) = \frac{1}{2\pi}\int_{-\infty}^{\infty} H(\omega)S(\omega)e^{(j\omega t_M)} d\omega \tag{2.30}$$

噪声与 t 无关,其均方值为

$$\overline{n_0^2(t)} = \frac{N_0}{4\pi}\int_{-\infty}^{\infty} |H(\omega)|^2 d\omega \tag{2.31}$$

式(2.30)和式(2.31)代入式(2.29),可得

$$\text{SNR} = \frac{\left|\int_{-\infty}^{\infty} H(\omega)S(\omega)e^{(j\omega t_M)} d\omega\right|^2}{\pi N_0 \int_{-\infty}^{\infty} |H(\omega)|^2 d\omega} \tag{2.32}$$

使用施瓦茨(Schwartz)不等式,它表示对于任何两个复数信号 $A(\omega)$ 和 $B(\omega)$,下面的不等式恒成立:

$$\left|\int_{-\infty}^{\infty} A(\omega)B(\omega) d\omega\right|^2 \leq \int_{-\infty}^{\infty} |A(\omega)|^2 d\omega \int_{-\infty}^{\infty} |B(\omega)|^2 d\omega \tag{2.33}$$

满足如下条件时,等式成立,即

$$A(\omega) = KB^*(\omega) \tag{2.34}$$

式中:$*$ 表示复共轭;K 为任意常数。

将 Schwartz 不等式应用于式(2.32),可得

$$\text{SNR} \leq \frac{1}{\pi N_0}\int_{-\infty}^{\infty} |S(\omega)|^2 d\omega = \frac{2E}{N_0} \tag{2.35}$$

式中:E 为信号的能量。

最大 SNR 保持不变时等号成立,即

$$H(\omega) = KS^*(\omega)e^{(-j\omega t_M)} \tag{2.36}$$

由式(2.35)可见,$2E/N_0$ 是可达到的最高峰值 SNR。$H(\omega)$ 的傅里叶逆变换

将产生所需滤波器的脉冲响应,即

$$h(t) = Ks^*(t_M - 1) \quad (2.37)$$

由式(2.37)可知,$H(\omega) = K|S(\omega)|$,这意味着滤波器根据信号的频谱对其频率响应进行了加权。脉冲响应表明它是信号共轭的延时镜像。对于因果滤波器,当 $t < 0$ 时,$h(t)$ 必须为零。仅当 t_M 等于或大于信号 $s(t)$ 的持续时间时才会发生这种情况。

将输入信号与其匹配的滤波器的脉冲响应进行卷积,可得

$$s_0(t) = \int_{-\infty}^{\infty} s(\tau)h(t-\tau)\mathrm{d}\tau = K\int_{-\infty}^{\infty} s(\tau)s^*[\tau-(t-t_M)]\mathrm{d}\tau \quad (2.38)$$

如果 $t = t_M$,则可得

$$s_0(t_M) = K\int_{-\infty}^{\infty} |s(\tau)|^2 \mathrm{d}\tau = KE \quad (2.39)$$

由式(2.39)可见,在 t_M 时输出信号与输入信号的能量成比例。这适用于通过其匹配滤波器的所有信号。

综上所述,存在白噪声的情况下,来自匹配滤波器的输出 SNR 是可达到的最高值 $2E/N_0$[4-5]。该输出 SNR 是信号能量 E 的函数,但不是信号形式。当噪声为非白噪声或其他考虑因素(如分辨率)、准确度和检测很重要时,信号形式将很重要[4]。

例 2.1 当脉冲响应与信号 $s(t) = \exp(-t^2/2T)$ 相匹配时,线性滤波器输出的最大瞬时 SNR 是多少?

解:信号的能量为

$$E = \int_{-\infty}^{\infty} |s(t)|^2 \mathrm{d}t = \int_{-\infty}^{\infty} e^{(-t^2)/T} \mathrm{d}t = \sqrt{\pi T}$$

因此,最大的瞬时 SNR 为

$$\mathrm{SNR} = \frac{\sqrt{\pi T}}{N_0/2}$$

式中:$N_0/2$ 为输入噪声功率谱密度。

2.10 存储副本

匹配滤波器输出用雷达接收信号和发射波形的时延信号之间的互相关来计算。在数学上和结构上,这与式(2.37)中给出的表达式定义相同。如果输入信号与发送信号相同,则匹配滤波器的输出将是接收(或发送)信号的自相关函数。这是实现匹配滤波器非常流行的方法,在实践中通常计算发送波形的复制品并将其存储在存储器中,以供雷达信号处理器在需要时使用。

2.11 时间-带宽积

现在研究雷达接收器匹配滤波器。如前所述,滤波器具有带有双侧频谱的白噪声带宽。这种噪声功率由下式给出：

$$N_{\text{wn}} = 2\frac{N_0}{2}B \tag{2.40}$$

式中：B 为匹配滤波器带宽；因子 2 用于计算负频带和正频带,如图 2.14 所示。

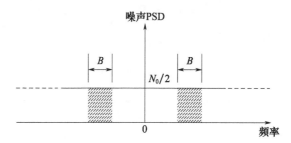

图 2.14 输入噪声功率

信号持续时间 T 上的平均输入信号功率为[2]

$$S_{\text{sp}} = \frac{E}{T} \tag{2.41}$$

式中：E 为信号能量。

因此,匹配滤波器输入 SNR 为

$$\text{SNR}_{\text{input}} = \frac{S_{\text{sp}}}{N_{\text{un}}} = \frac{E}{N_0 BT} \tag{2.42}$$

输出峰值瞬时 SNR 与输入 SNR 比率为

$$\frac{\text{SNR}_{\text{output}}}{\text{SNR}_{\text{input}}} = 2BT \tag{2.43}$$

式中：BT 为给定波形或其对应的匹配滤波器的时间-带宽积。输出 SNR 在输入 SNR 上增加的因子 BT 称为匹配滤波器增益或压缩增益。

未调制信号的时间-带宽积接近于 1。可以通过使用频率或相位调制将信号的时间-带宽积增加到大于 1。如果雷达接收器匹配滤波器与输入波形完全匹配,则压缩增益等于 BT。如果匹配的滤波器频谱偏离输入信号的频谱,则压缩增益按比例下降。

2.12 波形压缩

为了在雷达中获得高分辨率,必须增加信号带宽。一般是通过在脉冲雷达上传输非常短的脉冲来实现的。但是如果利用短脉冲,也会降低平均发射功率,从而降低雷达探测范围。因此,需要寻找一种方法能够以较大的平均功率(通过使用长脉冲)进行发射,同时实现与短脉冲相同的距离分辨率。随着 LFM 脉冲的出现,这种问题得以解决。LFM 脉冲能使用宽带宽和大平均功率发送长脉冲,然后使用脉冲压缩技术压缩接收脉冲,实现期望的范围分辨率。因此,脉冲压缩允许在获得对应于短脉冲的距离分辨率的同时实现长脉冲的平均发射功率。在 CW 雷达中,使用波形压缩而不是脉冲压缩,因此在本书中使用波形压缩术语。

相关处理和拉伸处理技术可以实现波形压缩,下面将研究这些技术。

2.12.1 线性调频波形压缩

LFM 波形压缩是通过在发射时添加频率调制拉长调频信号,并在接收时通过使用匹配滤波器来压缩接收信号来实现的。因此,匹配滤波器输出被因子 BT 压缩,其中 T 是未压缩信号宽度,B 是 LFM 信号的带宽。因此,可以使用长调频信号和 LFM 调制来实现大的压缩比。图 2.15 显示了 LFM 波形压缩过程。

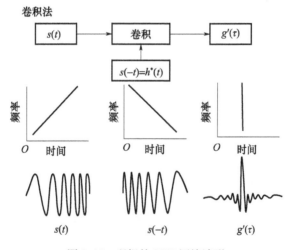

图 2.15 理想的 LFM 压缩波形

图 2.15 显示了使用匹配滤波器进行卷积的 LFM 波形,以及匹配的滤波器输入/输出波形。与输入波形相比,输出是时域中的压缩脉冲,输入波形位于频域中。注意,匹配滤波器的波形是输入信号的镜像反转。

下面检查波形压缩带宽的影响。假设 RCS 为 $1m^2$ 和 $2m^2$ 的两个目标位于 15m 和 25m。初始情况下的扫描带宽为 10MHz。接收窗口为 50m。扫描时间为 $10\mu s$。

在这种情况下,范围分辨率为

$$\Delta R = \frac{c}{2\Delta f} = \frac{3 \times 10^8}{2 \times 10 \times 10^6} = 15(\mathrm{m}) \tag{2.44}$$

这也称为瑞利分辨率。由于带宽不足,雷达无法解析目标。如果将带宽增加到 50MHz,则有

$$\Delta R = \frac{c}{2\Delta f} = \frac{3 \times 10^8}{2 \times 50 \times 10^6} = 3(\mathrm{m}) \tag{2.45}$$

很明显,雷达现在可以解析目标。该程序在随附赠的软件中给出,标题为 "LFM_resolve. m"。仿真结果如图 2.16 和图 2.17 所示。

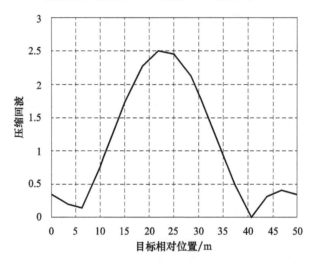

图 2.16　扫描带宽为 10MHz 时的分辨率带宽(两个目标间距为 10m)[1]

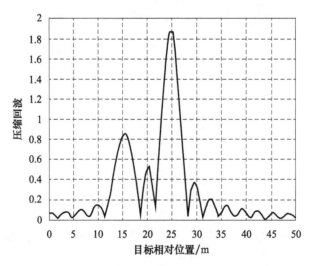

图 2.17　扫描带宽为 50MHz 时的分辨率带宽(两个目标间距为 10m)[1]

到目前为止已经看到匹配滤波器如何执行 LFM 波形压缩,但是如何实现这样的匹配滤波器?

2.12.2　相关处理

将雷达测距窗口定义为雷达最大测试距离和最小测试距离之间的差异,也称为接收窗口。收集接收窗口内的所有目标返回,并通过匹配滤波器执行波形压缩。这种匹配滤波器以多种方式实现,使用声表面波(SAW)设备[6],或使用 FFT 以数字方式执行相关过程。如图 2.18 所示,对于两个长序列的相关性,必须进行傅里叶变换,之后是一个序列与另一个序列的复共轭的乘积,最后通过逆傅里叶变换完成该过程。这一过程称为快速卷积过程(FCP)。

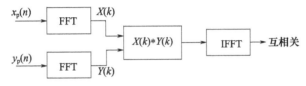

图 2.18　使用傅里叶变换方法的互相关

发送的序列被加载到参考寄存器中,输入序列通过信号移位寄存器连续计时。比较计数器形成匹配的总和,并在每个时钟周期减去移位寄存器的相应级之间的不匹配,以产生相关函数。

下面参考 FCP 来讨论这个过程背后的数学过程。

考虑一个定义的接收窗口:

$$R_{rec} = R_{max} - R_{min} \tag{2.46}$$

式中:R_{max}、R_{min} 分别为最大雷达探测距离和最小雷达探测距离。

归一化复数传输信号的形式为[1]

$$s(t) = \exp\left(j2\pi\left(f_0 t + \frac{\mu}{2}t^2\right)\right), 0 \leq t \leq T \tag{2.47}$$

式中:T 为信号宽度;$\mu = B/T$,B 为带宽。

雷达返回信号与发射信号相同,但具有时间延迟和与目标 RCS 相对应的幅度变化。假设目标位于 R_1 距离处。雷达收到的回声信号为

$$s_{rec}(t) = a_1 \exp\left(j2\pi\left(f_0(t-\tau_1) + \frac{\mu}{2}(t-\tau_1)^2\right)\right) \tag{2.48}$$

式中:a_1 与目标 RCS、天线增益和距离衰减成比例;τ_1 为时间延时,且有

$$\tau_1 = \frac{2R_1}{c} \tag{2.49}$$

去掉频率 f_0 是通过将接收信号 $s_{rec}(t)$ 与相位为 $2\pi f_0 t$ 的参考信号混频来实

现的。在低通滤波后得到信号的相位为

$$\psi(t) = 2\pi\left(-f_0\tau_1 + \frac{\mu}{2}(t-\tau_1)^2\right) \quad (2.50)$$

因此,瞬时频率为

$$f_i(t) = \frac{1}{2\pi}\frac{\mathrm{d}}{\mathrm{d}t}\psi(t) = \mu(t-\tau_1) = \frac{B}{T}\left(t - \frac{2R_1}{c}\right) \quad (2.51)$$

正交分量为

$$\begin{pmatrix} x_I(t) \\ x_Q(t) \end{pmatrix} = \begin{pmatrix} \cos\psi(t) \\ \sin\psi(t) \end{pmatrix} \quad (2.52)$$

通过选择采样频率 $f_s > 2B$ 来采样正交分量(满足奈奎斯特准则,避免频谱中的模糊)。采样间隔 $\Delta t < 1/2B$。使用式(2.51)可以证明 FFT 的频率分辨率为

$$\Delta f = \frac{1}{T} \quad (2.53)$$

需要的最小采样点数为

$$N = \frac{1}{\Delta f \Delta t} = \frac{T}{\Delta t} \quad (2.54)$$

令 $\Delta t < 1/2B$,并且代入式(2.54),可得

$$N \geqslant 2BT \quad (2.55)$$

因此,共需要 $2BT$ 实际样本或 BT 复合样本来完整地描述持续时间 T 和带宽 B 的 LFM 波形。例如,持续时间 $T = 10\mu s$,带宽 $B = 4MHz$ 的 LFM 信号,需要 80 个实际样本来确定输入信号(I 通道为 40 个样本,Q 通道为 40 个样本)。

假设在接收窗口内存在范围为 R_1、R_2 等的 i 个目标,则根据叠加定理,转换信号的相位为[7-9]

$$\psi(t) = \sum_{i=1}^{I} 2\pi\left(-f_0\tau_i + \frac{\mu}{2}(t-\tau_i)^2\right) \quad (2.56)$$

式中:$\tau_i = 2R_i/c$,$(i=1,2,\cdots,I)$ 代表目标的双向时延,τ_i 与接收窗口的最短距离一致。此方法已在 Simulink® 中实施,在随附的程序中给出(参见 FCP. mdl)。

2.12.3 拉伸处理

拉伸处理(也称为主动相关)用于处理极宽带宽 LFM 波形。下面详细地研究这一重要技术,它在 FMCW 雷达中非常流行[1,5]。

以数学方式证明拉伸信号处理[5-6]。归一化的发送信号可以表示为

$$s_{tr}(t) = \cos\left(2\pi\left(f_0 t + \frac{\mu}{2}t^2\right)\right), 0 \leqslant t \leqslant T \quad (2.57)$$

式中:μ 为 LFM 系数,$\mu = B/T$;f_0 为调频起始频率。

假设在 R 范围内的点散射体,雷达接收的信号为

$$s_{rx}(t) = a\text{rect}\left(\frac{t}{T} - \Delta\tau\right)\cos\left[2\pi\left(f_0(t-\Delta\tau) + \frac{\mu}{2}(t-\Delta\tau)^2\right)\right] \quad (2.58)$$

式中:a 与目标 RCS、天线增益和范围衰减成比例;$\Delta\tau$ 为时延,$\Delta\tau = 2R/c$。

参考信号为

$$s_{ref}(t) = 2\cos\left(2\pi\left(f_r t + \frac{\mu}{2}t^2\right)\right), 0 \leq t \leq T_{rec} \quad (2.59)$$

接收时间窗为

$$T_{rec} = \frac{2(R_{max} - R_{min})}{c} - T = \frac{2R_{rec}}{c} - T \quad (2.60)$$

现在 $f_r = f_0$,如果没有传播延迟($\Delta\tau = 0$)。换句话说,f_r 和 f_0 是相同的频率,唯一的区别是:前者属于发射信号,后者属于接收信号。因此,出于推导的目的,可以说 $f_r = f_0$。混频器的输出是接收信号和参考信号的乘积。经过低通滤波后,可得

$$s_0(t) = a\text{rect}\left(\frac{t}{T} - \Delta\tau\right)\cos(2\pi f_0 \Delta\tau + 2\pi\mu\Delta\tau t - \pi\mu\Delta\tau^2) \quad (2.61)$$

令 $\Delta\tau = 2R/c$,并代入式(2.61),可得

$$s_0(t) = a\text{rect}\left(\frac{t}{T} - \Delta\tau\right)\cos\left[\left(\frac{4\pi BR}{cT}\right)t + \frac{2R}{c}\left(2\pi f_0 - \frac{2\pi BR}{cT}\right)\right] \quad (2.62)$$

因为 $T \gg 2R/c$,所以可以近似式(2.62)可得

$$s_0(t) = a\text{rect}\left(\frac{t}{T} - \Delta\tau\right)\cos\left[\left(\frac{4\pi BR}{cT}\right)t + \frac{4\pi R}{c}f_0\right] \quad (2.63)$$

则瞬时频率为

$$f_{inst} = \frac{1}{2\pi}\frac{d}{dt}\left(\frac{4\pi BR}{cT}t + \frac{4\pi R}{c}f_0\right) = \frac{2BR}{cT} \quad (2.64)$$

式(2.64)清楚地表明目标范围与瞬时频率成正比。因此,在对 LPF 输出进行采样并进行 FFT 后,可得

$$R_1 = f_1 \frac{cT}{2B} \quad (2.65)$$

对于位于 R_1 的目标,具有差频 f_1。

如果在范围 R_1、R_2 之中有 I 个近距离目标($R_1 < R_2 < \cdots R_I$),通过叠加得到总信号为

$$s_{rx}(t) = \sum_{i=1}^{I} a_i(t)\cos\left[2\pi\left(f_0(t-\tau_i) + \frac{\mu}{2}(t-\tau_i)^2\right)\right] \quad (2.66)$$

式中:$a_i(t)(i=1,2,\cdots,I)$ 与目标的横截面、天线增益和目标距离成比例;$\tau_i = 2R_i/c(i=1,2,\cdots,I)$ 代表双向时延,τ_i 与接收窗口的起始位置一致。使用式(2.62)将 LPF 输出端的整体信号描述为

$$s_0(t) = \sum_{i=1}^{I} a_i \text{rect}\left(\frac{t}{T} - \frac{2R_i}{c}\right)\cos\left[\left(\frac{4\pi BR_i}{cT}\right)t + \frac{2R_i}{c}\left(2\pi f_0 - \frac{2\pi BR_i}{cT}\right)\right]$$
(2.67)

因此,目标返回表现为可以使用 FFT 解析的恒定频率信号。可见,确定适当的采样率和 FFT 大小至关重要。样本数 N 由下式给出[9]:

$$N \geqslant 2BT_{\text{rec}} \tag{2.68}$$

如果使用匹配滤波器处理 LFM 脉冲,则匹配滤波器的脉冲响应为

$$h(t) = s^*(-t) = e^{-j\mu t^2}\text{rect}\left(\frac{t}{\tau_T}\right) \tag{2.69}$$

其中,将 rect(x) 识别为偶函数。

由式(2.69)可见,匹配滤波器需要具有 $B = \mu\tau_T$ 的带宽。这种宽带信号处理器成本很高。LFM 匹配滤波器的常用方法是 SAW 压缩器和数字信号处理器。SAW 压缩器最高可达 3GHz 左右。如果使用数字信号处理器,将会受到 ADC 采样速度的限制,通常约为 3GHz。拉伸处理通过放弃整个雷达范围内的处理来解决这一难题,有利于窄带处理。在匹配滤波器中,将在整个波形脉冲重复间隔(PRI)中寻找目标。另外,在拉伸处理中通常被限制在小于未压缩脉冲宽度的范围内。因此,拉伸处理在解决紧密间隔的目标方面已经广泛普及。但是,拉伸处理仅降低了匹配滤波器的带宽要求,而不是整个雷达的带宽要求。例如,天线、发射器和接收器必须具有宽带宽来处理信号。图 2.19 总结了拉伸处理中的问题[10-11]。

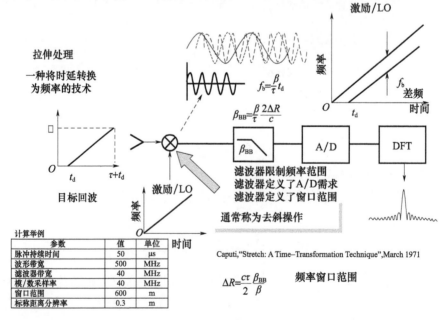

图 2.19 拉伸处理(BW = 500MHz, PW = 50μs)[10]

图 2.20 显示了 $S_{rx}(t)$ 和 $\beta(t)$ 的概念图。两者都是 LFM 信号,它们的频率随时间线性增加,但它们的持续时间不同,$\beta(t)$ 总是远大于 $S_{rx}(t)$。两个信号具有相同的 μ 斜率。

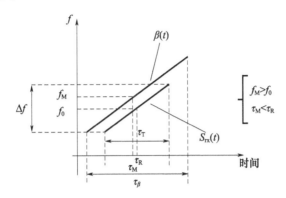

图 2.20　$s_{rx}(t)$ 和 $\beta(t)$ 的概念图

由图 2.20 可知,τ_β 所需的值和外差信号的持续时间。对于 τ_R 的所有预期值,需要确保 $s_{rx}(t)$ 完全包含在 $\beta(t)$ 内。这意味着

$$\tau_\beta \geq \Delta\tau_R + \tau_T \tag{2.70}$$

其中

$$\Delta\tau_R \geq \tau_{Rmax} - \tau_{Rmin} \tag{2.71}$$

这便是想要进行拉伸处理的延时范围。如果 τ_β 满足上述约束,则 $\beta(t)$ 将完全重叠于 $s_{rx}(t)$,并且拉伸处理器将提供与匹配滤波器几乎相同的 SNR 性能[5]。否则,将存在 SNR 的成比例损失的情况。

Budge 等[5]进行了更加详细的推理。如果参考信号 $\beta(t)$ 在通过 τ_M 到达拉伸处理器的行程中被延时,那么有以下两种情况。

(1) $\tau_M > \tau_R$:参考信号的频率低于目标返回的频率。这意味着差拍信号的频率低于其实际值,其中 $\tau_M = \tau_R$。

(2) $\tau_M < \tau_R$:参考信号的频率高于目标返回的频率。这意味着差拍信号的频率高于其实际值,其中 $\tau_M = \tau_R$。这是图 2.19 所示的情况。

理想情况下,$\tau_M = \tau_R$,但这是不现实的。目标延时和参考延时将接近,大多数分析将其视为近似值。通常,参考延迟 τ_M 使用延迟线[1]与雷达的最近范围匹配,因此几乎总是 $\tau_M < \tau_R$,并且差拍信号将具有高于该特定范围通常应该的值。

下面介绍拉伸处理器操作。

重新检查式(2.61),这是低通滤波后的信号,即

$$s_0(t) = arect\left(\frac{t}{T} - \Delta\tau\right)\cos(2\pi f_0 \Delta\tau + 2\pi\mu\Delta\tau t - \pi\mu\,\Delta\tau^2) \tag{2.72}$$

由式(2.72)的第一项可见,混频器的输出是与目标范围成比例的恒定频率信号。因此,如果确定混频器信号的频率,就可以确定目标范围。因为 $f_b = \mu \tau_R$,其中 f_b 是差频,可得

$$\tau_R = \frac{f_b}{\mu} \tag{2.73}$$

使用频谱分析仪确定差频。频谱分析计算 $s_o(t)$ 的傅里叶变换:

$$S_0(f) = \int_{-\infty}^{\infty} s_0(t) e^{-i2\pi ft} dt = a \int_{-\infty}^{\infty} e^{j2\pi f_0 t} \text{rect}\left(\frac{t}{T} - \Delta\tau\right) e^{-j2\pi/t} dt \tag{2.74}$$

或

$$S_0(f) = \tau_T e^{i2\pi(f_b - f)\tau_R} \text{sinc}((f - f_b)\tau_T) \tag{2.75}$$

式(2.75)绘制在图 2.21 中。

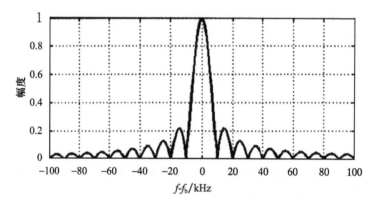

图 2.21　$B = 500\text{MHz}$ 和 $\text{PW} = 100\mu s$ 的 $s_0(f - f_b)$ 曲线

拉伸处理的分辨率范围是多少?在图 2.21 中,脉冲宽度是 $100\mu s$ 或 10kHz 的倒数。这是正弦函数的标称宽度,也是频谱分析的频率分辨率。假设在 τ_{R1} 处有一个目标,在 $\tau_{R2} > \tau_{R1}$ 处有第二个目标,与这两个目标相关的混频器输出频率为

$$f_{b1} = \mu \tau_{R1} \tag{2.76}$$

$$f_{b2} = \mu \tau_{R2} \tag{2.77}$$

进一步假设

$$\Delta f_b = f_{b2} - f_{b1} = \frac{1}{\tau_T} \tag{2.78}$$

差频由分离处理器的分辨率单元分开。可得

$$\Delta f_b = f_{b2} - f_{b1} = \frac{1}{\tau_T} = \mu(\tau_{R2} - \tau_{R1}) \tag{2.79}$$

或

$$\Delta\tau_{Rres} = \tau_{R2} - \tau_{R1} = \frac{1}{\mu\tau_T} = \frac{1}{B} \quad (2.80)$$

这意味着,拉伸处理器具有与匹配滤波器相同的分辨率[6]。通常可以对输出应用加权以减小旁瓣的值。在这种情况下,输出脉冲宽度根据使用的加权类型而变宽,这将在下面讨论。

可以证明匹配滤波器输出 SNR 与雷达距离方程中使用的 SNR 匹配,并且拉伸处理器 SNR 与 τ_β/τ_T 之比的匹配滤波器 SNR 成比例。感兴趣的读者可参见文献[5]进行证明。

到目前为止,假设目标是静态(不移动)的。如果目标是移动的,那么它将引起一些多普勒频移。这种频移与其径向速度成正比,如本章前面所述,必须相应地考虑这种多普勒频移。

有关拉伸处理的更多信息可以参见文献[1-2,5,7]。

下面研究拉伸处理器的目标分辨能力。在随附的软件中有一个程序"stretch_processing.m",用于进行此练习。我们有四个目标,RCS 分别为 $1m^2$、$2m^2$、$1m^2$ 和 $2m^2$,分别位于 15m、20m、23m 和 25m 的范围内。假设有汉明窗口。假定发送的脉冲宽度 $T = 20ms$,带宽 $B = 1GHz$。图 2.22 和图 2.23 证明了这种效果。初始频率为 5.6GHz,接收窗口为 60m。

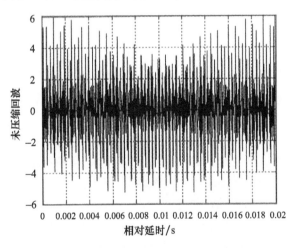

图 2.22 未压缩回波信号(三个目标未解析)

带宽为 1GHz 的瑞利分辨率为 15cm。作为一项探索性练习,读者应该尝试相距不到 15cm 的目标。除非适当增加扫描带宽,否则雷达将无法解析目标。

注意,尽管 SAW 滤波器等技术通常会产生大约 1000 的处理增益,但拉伸处理通常会产生 50000 的增益。这种类型的处理特别适用于高带宽信号,并使用高达 100m 的接收窗口。

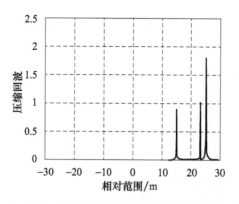

图 2.23　压缩回波信号（三个目标已解析）

这种信号处理需要知道接收信号的开始时间。虽然它产生非常高的脉冲压缩程度（可以高达 50000，对比在调频脉冲系统中能达到的 1000）。在调频脉冲雷达中，雷达返回的开始时间是未知的，因为它取决于目标位置。来自不同范围的目标回波具有不同的开始时间和恒定的脉冲持续时间，这使得信号处理变得困难。因此，使用 FFT 将目标返回和参考都转换为频域是唯一的选择（相关处理）。然而，在 FMCW 雷达中信号是连续的，从而使得拉伸处理（在时域中工作）易于应用。这就是 FMCW 雷达具有如此高分辨率（远高于调频脉冲雷达）的原因，也是 FMCW 雷达普及的原因。

来自相同距离窗的所有回波产生相同的恒定频率。此 FFT 有时也称为"距离 FFT"，因为它处理目标的距离问题。在本讨论的早些时候，假设发送的调频和接收的调频具有相同的斜率。仅当目标是静态时才是这样。如果它具有多普勒值，则所接收的返回将具有增量频率，该增量频率将使差频具有与目标多普勒成比例的稳定的附加频率差。这将导致距离错误。这种现象称为距离-多普勒耦合，在 LFM 波形中很突出。3.3 节将详细地研究距离多普勒耦合。造成这种情况的另一个原因是目标径向速度，接收到的脉冲宽度被时间膨胀因子所扩展（或压缩）。这种现象可以用两种方式纠正：

（1）重复测量目标回波，确定多普勒值。调整下一个发射脉冲的调频斜率和脉冲宽度，以考虑估计的多普勒频率和时间膨胀。

（2）选择时间窗的宽度，使得信号不会因目标多普勒而改变时间窗。雷达设计人员总是知道最大预期目标多普勒。我们通常对目标多普勒测量不感兴趣，只测量其距离。

如果直接测量目标多普勒，那么采用 MTD 雷达。假设有 8 个来自同一目标的回波（在相同的距离窗中），那么使用 8 点多普勒 FFT。该 FFT 的输出将是目标多普勒（在第 3 篇中进行讨论）。或者，可以从单个信道存储 8 个目标回波，然后将这些信号路进行 8 点多普勒 FFT 以提取多普勒值。

2.13 线性调频系统的旁瓣和加权

FMCW 雷达为单个目标输出的截断正弦波的频谱具有傅里叶理论预测的特征 $|\sin(x)/x|$ 形状。

在这种情况下,距离旁瓣仅比主瓣低 13.2dB,可能导致附近小目标的遮挡以及从相邻波瓣进入主瓣的杂波。为了抵消匹配滤波器的这种不可接受的特性,时域信号故意不匹配。这种不匹配通常采用接收信号的幅度加权形式。有关更多信息参见文献[1]。

2.14 调频连续波雷达的基本方程

FMCW 雷达的测距目标范围根据以下关系计算[1]:

$$R = \frac{f_b T_s c}{2\Delta f} = \frac{Nc}{4\Delta f} \tag{2.81}$$

式中: f_b 为差频; T_s 为扫描时间; Δf 为扫描带宽或频率偏差; c 为光速; N 为 FFT 的所需大小(点数)。

引入变量 f_{max},即对应于最大探测距离的差频频率。设 T_s 为扫描时间,则最大的 FMCW 雷达探测范围为

$$R_{max} = \frac{f_{max} T_s c}{2\Delta f} = \frac{Nc}{4\Delta f} \tag{2.82}$$

式中: N 为一个扫描时间内的样本数; $f_{max} = f_s/2$,其中 f_s 是满足奈奎斯特采样标准的采样频率。

由前面可知

$$\Delta R = \frac{c}{2\Delta f} \tag{2.83}$$

如果使用 64 点 FFT 和扫描时间 $T_s = 200\mu s$ 和 $\Delta f = 10MHz$,则可得

$$R_{max} = \frac{Nc}{4\Delta f} = \frac{64 \times 3 \times 10^8}{4 \times 10 \times 10^6} = 480(m) \approx 0.5(km) \tag{2.84}$$

此最大范围的范围分辨率由下式给出:

$$\Delta R = \frac{c}{2\Delta f} = \frac{3 \times 10^8}{2 \times 10 \times 10^6} = 15(m)$$

在扫描时间为 200μs 时,扫描带宽为 10MHz,扩展范围为 0.5km,范围分辨率为 15m。相比之下,采用 LFM 脉冲的普通脉冲雷达要求压缩脉冲宽度为

100ns 才能达到相同的分辨率。这意味着压缩比要达到 2000。对于 FMCW 雷达来说,这是常见的拉伸处理,使之成为可能。扫描带宽在式(2.26)分母中,意味着距离分辨率在整个雷达接收器窗口中是恒定的,因为接收器窗口中的所有目标将经历相同的扫描带宽。因此,可以预期,与脉冲雷达一样,无论目标距离如何,距离分辨率始终为常数。

然而,实际情况并非如此,因为在 FMCW 雷达中,距离分辨率是扫描时间和非线性特征的函数(2.16 节将进一步讨论这些因素)。

为了在一次扫描中产生 64 个样本(执行 64 点 FFT),采样频率为

$$f_s = \frac{64}{200 \times 10^{-6}} \approx 320 (\text{kHz})$$

$$f_{\max} = \frac{f_s}{2} = 160 (\text{kHz})$$

由于有 64 个采样,使用 64 点 FFT 进行测距。然而,对于实际样品,频谱是对称的,只需要使用一半的频谱(在我们的例子中为 32),因此距离单元(或容器)的数量是 32。但是,需要处理两半的频谱,否则将失去一半的功率(执行复杂的处理)[1]。

频率偏差、调制周期、差频和传输时间之间存在直接关系,这种关系称为调频连续波(FMCW)方程[1],即

$$\frac{f_b}{t_d} = \frac{\Delta f}{T_s} \tag{2.85}$$

式中:f_b 为差频;t_d 为往返传播时间延时,$t_d = 2R/c$,其中 R 是目标 t 的范围;Δf 为扫描带宽或频率偏差;T_s 为调制周期(扫描时间)。

如前所述,LFM 波形中固有的距离 - 多普勒耦合,上扫描的差频取决于距离和速度,即

$$f_b = \frac{\Delta f}{T_s}\frac{2R}{c} + \frac{2Vf}{c} \tag{2.86}$$

式中:V 为相对于雷达的目标速度(径向速度);f 为中心雷达频率。

式(2.86)中的第二个表达式构成目标的多普勒频移。为了解决这种耦合问题,需要有两个频率转换速率或斜率。或者,将距围 - 多普勒耦合控制在一个距离单元内。

2.15 调频连续波雷达测距方程

雷达探测距离为

$$R_{R\max} = \left[\frac{P_{CW}G_tG_r\lambda^2\sigma_TL_2}{(4\pi)^3 kT_0F_R(\text{SNR}_{Ro})L_{RT}L_{RR}\text{SRF}}\right]^{1/4} \tag{2.87}$$

已经根据输出 SNR 和重复扫描频率表达了雷达距离方程,式(2.87)和式(1.15)是该等式中最常用的形式。正如在低噪声放大器(LNA)的输入端测量输入 SNR 一样,此输出 SNR 在最终 IF 滤波器的输出端(标记 RF 级的末端)或在 FFT 范围的输出端测量(这意味着还要考虑范围 FFT 的处理增益)。

2.16 扫描时间对距离分辨率的影响

如图 2.24 所示,目标和回波的总时间延时是由以下两个因素[1-3]引起的:

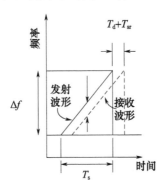

图 2.24 解释扫描时间对距离分辨率的影响

(1)往返传播延时到最大范围;
(2)扫描恢复时间 T_{sr} 是一次扫描结束和下一次扫描开始所经过的时间。如果扫描周期为 T_s,则有

$$T_{mod} = T_s - T_d - T_{sr} \quad (2.88)$$

其中

$$T_d = \frac{2R_{max}}{c} \quad (2.89)$$

因此,在从最大距离回波返回之前,无法处理距离 FFT,导致有效处理带宽 Δf_{eff} 的减少。有效处理带宽为

$$\Delta f_{eff} = \Delta f \left(1 - \frac{T_d}{T_s}\right) \quad (2.90)$$

降低的距离分辨率为

$$\Delta R_{deg} = \frac{c}{2\Delta f \left(1 - \frac{T_d}{T_s}\right)} \quad (2.91)$$

下面用一个例子来更好地解释此过程[1]。假设有以下参数:

$$\Delta f = 5\text{MHz}, T_{sr} = 3.3\mu\text{s}, T_s = 1\text{ms}, R_{max} = 1\text{km}$$

$$T_d = \frac{2R_{max}}{c} = \frac{2 \times 1000}{3 \times 10^8} = 6.7(\mu s)$$

$$T_{mod} = T_s - T_d - T_{sr} = 990(\mu s)$$

6.7μs 传输时间加上 3.3μs 扫描恢复时间可将扫描带宽降低 0.05MHz。这使得有效传输带宽为 4.95MHz。

理想的距离分辨率为

$$\Delta R = \frac{c}{2\Delta f} = \frac{3 \times 10^8}{2 \times 5 \times 10^6} = 30(m)$$

降级的距离分辨率为

$$\Delta R_{deg} = \frac{c}{2\Delta f} = \frac{3 \times 10^8}{2 \times 4.95 \times 10^6} = 30.3(m)$$

这是最坏的情况,即距离分辨率在最大工作距离处是最小的。随着目标接近雷达,T_d 值会减小,因此在近距离范围内会逐渐变好。调制周期 T_s 至少保持最大工作距离的传输时间的 5 倍,使得有效处理的带宽至少是总带宽的 80%[2-3]。

2.17 仪表范围的概念

通常,像式(2.87)和式(1.22)这样的雷达距离方程为我们提供了雷达的能量距离。考虑到发射机功率水平和其他雷达参数,以及目标类型和传播条件,这是可以实现的距离。但是,通常允许显示器上的雷达距离比例略微超过这个可测距离的 30%。该距离称为雷达仪表距离。这是雷达设计用于覆盖的距离。可能会超出雷达的能量距离,如 2km,但仪表范围为 3km 的情况。理想情况下,设计人员应努力使仪表距离尽可能接近能量距离,否则它是毫无意义的。因为雷达在能量距离之外不会检测到太多。换句话说,雷达接收器窗口设计得过大。与基于预期的雷达规范相比,将需要产生更高差频,并提供更高 IF 滤波器带宽。这反过来又需要更高的采样频率。因此,应尽可能避免过大的仪表距离。

2.18 调频波形的非线性

为了说明问题,根据式(2.87)来确定最大距离(也称为能量距离),距离分辨率为

$$\Delta R = \frac{c}{2\Delta f} = \frac{3 \times 10^8}{2 \times 500 \times 10^6} = 0.3(m)$$

雷达参数:$P_{CW} = 1W, T_s = 1ms, \Delta f = 500MHz$

对于Swerling1 目标，$\text{SNR}_{\text{output}} = 10\text{dB}, P_D = 0.25, P_{FA} = 10^{-6}$，$\sigma_T = 2\text{m}^2$，
$\lambda = 0.032\text{m}, G_t = 15\text{dB}, G_r = 15\text{dB}, \text{SRF} = 1\text{kHz}$，系统损耗为10dB，噪声系数为3dB，系统噪声温度 $T_0 = 400\text{K}$

使用式(2.91)，对于 2m^2 的目标，实现了993m 的探测范围。

雷达的差频为

$$f_b = \frac{\Delta f \times \tau}{T_s}$$

$R_{\max}$ 的往返传播时间为 $6.62\mu\text{s}$，则

$$f_b = f_{\max} = \frac{500 \times 10^6 \times 6.62 \times 10^{-6}}{1000 \times 10^{-6}} = 3.3(\text{MHz})$$

这产生3.3MHz/993m 或3323.3Hz/m 的差率 – 频率比(比例因子(SF))。这种雷达的理想距离分辨率为

$$\Delta R = \frac{c}{2\Delta f} = \frac{3 \times 10^8}{2 \times 500 \times 10^6} = 0.3(\text{m})$$

因此，0.3m 范围的分辨率需要996.98Hz 的接收机频率分辨率，因此频率扫描线性度是500MHz 频率偏差的0.0002%。这是实现所需的0.3m 范围分辨率所需的线性度。读者可以验证更高的非线性，如0.04% 就不符合要求。

这就是采用数字FMCW 发生器的情况，如直接数字频率(DDS)[1]。这种发生器在扫描的末端不会有不连续性，因为扫描的末端是门控的。此方法称为消隐。第4篇中的设计示例详细说明了消隐。

2.19 固有处理间隔

需要确定FFT 的大小。将处理的样本与调制周期进行匹配，条件是样本数为2 的幂，可得

$$T_s = \frac{N}{f_s} = \frac{2^n}{f_s} \tag{2.92}$$

式中：N 为样本数，$N = 2^n$。

由式(2.92)可得

$$f_s = \frac{2^n}{T_s} \tag{2.93}$$

使用式(2.85)，通过重新整理公式来表示差频的范围：

$$R = \frac{T_s c}{2\Delta f} f_b \tag{2.94}$$

最大的差频率为

$$f_{max} = \frac{f_s}{2} \tag{2.95}$$

式(2.93)中的f_{max}可获得

$$2\frac{\Delta f}{T_s}\frac{2R_{max}}{c} \leqslant f_s \tag{2.96}$$

使用 2.18 节中的示例结果得到 f_{max} = 3.3MHz。因此,f_s 必须至少为 6.7MHz。

将式(2.93)代入式(2.96),可得

$$2\frac{\Delta f}{T_s}\frac{2R_{max}}{c} \leqslant \frac{2^n}{T_s} \tag{2.97}$$

则

$$\frac{4\Delta f R_{max}}{c} \leqslant 2^n \tag{2.98}$$

再一次使用 2.18 节中的例子,式(2.98)的左边是 6620,所以右边必须是 8192 或 2^{13};1ms 内的 8192 个样本对应于 8.192MHz 的采样频率。8192 点 FFT 将覆盖高达 4.096MHz 的差频,对应于高达 1232m 的范围。差频采样间隔为 1kHz,对应于 0.3m 的距离间隔。汉明窗口的频率分辨率等于 1kHz 频率采样间距的 1.81 倍的 6dB 带宽或 1.81kHz 的采样间距,相当于 0.545m。

2.20 小　　结

本章首先研究了基本的 FMCW 雷达设计理论,研究了 FMCW 雷达方程。同时还研究了目标多普勒对雷达性能的影响以及如何测量它。接下来研究了 FMCW 雷达距离方程,并根据输出信噪比和扫描重复频率推导出其新形式。这种形式在 FMCW 雷达设计中得到了普及。随后研究影响距离分辨率的因素(如扫描时间和差频分辨率),特别是目标返回频谱宽度和接收器频率分辨率等,这些问题在确定导致接收器的最终差频分辨率方面发挥着关键作用。最后通过实例探讨了与 FMCW 波形及其控制中的非线性有关的问题,这需要在雷达中没有过大的仪表距离情况下完成。这些内容将在第 4 篇中设计 BFSR 和海上导航雷达时有用。

参考文献

[1] Jankiraman, M., *Design of Multifrequency CW Radars*, Raleigh, NC: SciTech Publishing Inc., 2007.

[2] Pace, P. E., *Detecting and Classifying Low Probability of Intercept Radar*, Norwood, MA: Artech House, 2009.

[3] Piper, S. O., "Homodyne FMCW Radar Range Resolution Effects with Sinusoidal Nonlinearities in the Frequency Sweep," *IEEE Radar Conference Proceedings*, 1995.

[4] Skolnik, M. I., *Introduction to Radar Systems*, Third Edition, Boston: McGraw–Hill, 2008.

[5] Budge, M. C., and S. R. German, *Basic Radar Analysis*, Norwood, MA: Artech House, 2015.

[6] Piper, S. O., "Receiver Frequency Resolution for Range Resolution in Homodyne FMCW Radar," *IEEE Radar Conference Proceedings*, 1993.

[7] Piper, S. O., "FMCW Radar Linearizer Bandwidth Requirements," *IEEE Radar Conference Proceedings*, 1991.

[8] Stove, A. G. "Linear FMCW Radar Techniques," *IEE Proc.–F*, Vol. 139, No. 5, October 1992.

[9] Mahafza, B. R., and A. Z. Elsherbeni, *MATLAB Simulations for Radar Systems Design*, Boca Raton, FL: Chapman & Hall/CRC, 2004.

[10] Davis, M., "Radar Frequencies and Waveforms," *12 th Annual International Symposium on Advanced Radio Technologies*, Georgia Tech Research Institute, Sensors and Electromagnetic Applications Laboratory, Boulder, CO: July 27–29, 2011.

[11] Scheer, J. A., et al., *Coherent Radar Performance Estimation*, Norwood, MA: Artech House, 1993.

第 3 章
雷达模糊函数

3.1 引 言

雷达模糊度函数[1-4]定义为当滤波器的输入是原始信号的多普勒频移样本,且滤波器与之匹配时,滤波器输出包络的绝对值[1]。如果$s(t)$是信号的复包络,那么雷达模糊函数由下式给出:

$$|\chi(\tau,v)| = \left|\int_{-\infty}^{\infty} s(t)s^*(t-\tau)\exp(j2\pi vt)dt\right| \qquad (3.1)$$

滤波器最初与标称中心频率和标称延时的信号是匹配的,因此$|X(0,0)|$是输入信号从标称延时和滤波器匹配的多普勒频移的点目标返回时的输出。模糊函数的两个参数是附加延时τ和附加频移v。因此,除了零以外的任何τ和v值,都表示从目标返回的某个距离速度。理想的模糊度函数在$\tau=0$、$v=0$处达到峰值,并且在其他任何地方都为零。这将对应相邻目标之间的理想分辨率。但是,这种模糊函数的形状是不可能实现的。即使可以实现,这种狭窄的模糊函数也不允许雷达找到先前未检测到的目标,因为目标位于响应区域内的概率将接近零。对雷达波形的一个要求是必须能够以最小的损耗搜索大范围的可能目标位置(在距离和多普勒范围内),而一个相互矛盾的要求是必须能够分辨紧密间隔的目标和用规范的准确度来衡量它们的位置。因此,没有单一的理想模糊函数。在没有符合所有要求的理想模糊函数的情况下,需要视具体情况使用适合雷达任务需要的模糊函数波形。一个完整的波形设计,是人们研究各种类型信号模糊函数的动力。有些人将式(3.1)称为不确定性函数,而将式(3.1)的平方称为模糊函数。但是,我们把式(3.1)作为模糊函数的定义。然而,理想的模糊函数是无法实现的。这是因为模糊函数必须具有等于E的有限峰值和等于E的有限体积。显然,理想的模糊函数不能满足这些要求。

雷达模糊函数的性质如下:
(1)模糊函数的最大值出现在$(\tau,v)=(0,0)$,并且等于E:

$$\max\{|\chi(\tau,v)|\} = |\chi(0,0)| = E \qquad (3.2)$$

$$|\chi(\tau,v)| \leq |\chi(0,0)| = E \tag{3.3}$$

(2) 模糊函数是对称的：
$$|\chi(\tau,v)| = |\chi(-\tau,-v)| \tag{3.4}$$

(3) 模糊函数积分是一个常数：
$$\int_{-\infty}^{\infty}\int_{-\infty}^{\infty}|\chi(\tau,v)|^2 d\tau dv = E \tag{3.5}$$

(4) 如果 $s(t) \leftrightarrow |\chi(\tau,v)|$，则有
$$s(t)\exp(j\pi kt^2) \leftrightarrow |\chi(\tau,v+k\tau)| \tag{3.6}$$

性质(1)表示对于归一化信号($E=1$)，模糊函数的最大值是1，并且它在原点处实现。性质(2)表示模糊度函数平方下的体积是一个等于1的常数。这里的含义是，如果将模糊函数压缩到原点附近的一个窄峰值，那么该峰值不能超过1的值，并且挤出该峰值的体积必须重新出现在其他地方。这意味着对于LFM脉冲，如果尝试非常窄的峰值(以获得更好的范围分辨率)，旁瓣会增加，反之亦然。因此，当对压缩的LFM脉冲进行加权时，旁瓣减小到所需的水平，但脉冲会变宽。性质(3)表明，模糊函数是关于原点对称的。性质(4)表明，将任何信号的包络乘以二次相位(线性频率)将剪切模糊函数的形状。在本章中进一步将此性质应用于LFM脉冲。这些性质的证明参见文献[1-2]。

3.2 模糊函数的例子

本节研究单频脉冲和LFM脉冲两种基本类型的雷达信号，并分析各种形状函数的物理意义及其在雷达应用中的重要性。

3.2.1 单频脉冲

单频脉冲定义为
$$s(t) = \frac{1}{\sqrt{T}}\text{rect}\left(\frac{t}{T}\right) \tag{3.7}$$

将式(3.7)代入式(3.1)，并进行了积分，可得
$$|\chi(\tau,v)| = \left|\left(1-\frac{|\tau|}{T}\right)\frac{\sin[\pi T(1-|\tau|/T)v]}{\pi T(1-|\tau|/T)v}\right|, |\tau \leq T| \tag{3.8}$$

附带软件中的程序 singlepulse.m 绘制模糊函数及其等值线图，脉冲持续时间为2s(图3.1和图3.2)。

通过设置 $v=0$ 获得时间沿延时轴的切割，同时可得
$$|\chi(\tau,0)| = 1 - \frac{|\tau|}{T}, |\tau| \leq T \tag{3.9}$$

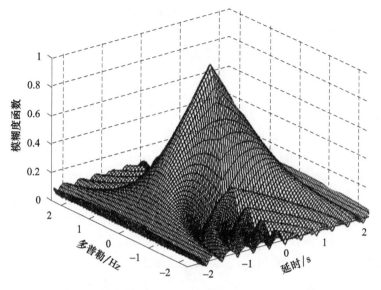

图 3.1 持续时间为 2s 的单频率模糊函数(三维视图)

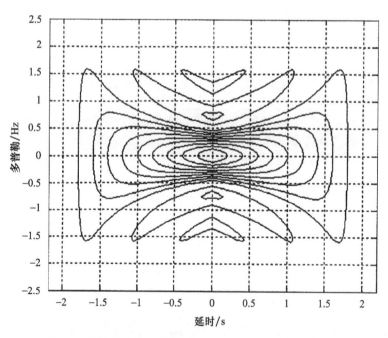

图 3.2 持续时间 2s(绘制轮廓)的正弦频率脉冲的模糊函数

这种形状如图 3.3 所示。由于零多普勒沿着 $-T$ 和 T 之间切断了时间延时轴,因此如果它们至少相隔 T,则可以区分近距离目标。

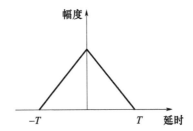

图 3.3 单频率脉冲(在 0 多普勒频率下切割)的模糊函数

通过设定 $\tau=0$ 获得多普勒轴,同时可得

$$|\chi(0,v)| = \left|\frac{\sin(\pi Tv)}{\pi Tv}\right| \qquad (3.10)$$

形状如图 3.4 所示。应当注意,沿延时轴的切割从 $-T$ 延伸到 T,而沿多普勒轴的切割从 $-\infty$ 延伸到 ∞。这对于沿着这两个方向的任何切割都是有效的。

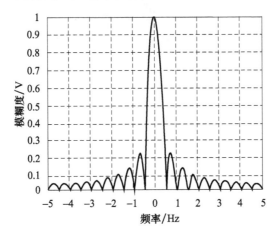

图 3.4 单频率的模糊函数(在 0 时延处切割)

在图 3.4 中,第一个零点出现在 $\pm 1/T$ 处。图 3.4 中零点出现在 0.5Hz,因为 $T=2$s。这是一个标准的正弦函数。因此,第一个旁瓣电平为 -13.3dB,这表明第一个零点是沿着多普勒轴的模糊函数的实际结束。

3.2.2 线性调频脉冲

LFM 复数包络为[1]

$$s(t) = \frac{1}{T}\text{rect}\left(\frac{t}{T}\right)\exp(j\pi\mu t^2) \qquad (3.11)$$

将指数的参数微分后除以 2π,得到 $s(t)$ 的瞬时频率 $f(t)$。于是,有

$$f(t) = \frac{1}{2\pi} \frac{\mathrm{d}(\pi\mu t^2)}{\mathrm{d}t} = \mu t \tag{3.12}$$

式(3.12)是线性函数。为了获得式(3.11)中给出的具有复包络的信号的模糊函数,应用式(3.6)中定义的性质(4)。通过在式(3.8)中用 $v+\mu\tau$ 代替 v 来获得式(3.11)的模糊函数,即

$$|\chi(\tau,v)| = \left| \left(1 - \frac{|\tau|}{T}\right) \frac{\sin[\pi T(1-|\tau|/T)(v+\mu\tau)]}{\pi T(1-|\tau|/T)(v+\mu\tau)} \right|, |\tau| \leqslant T \tag{3.13}$$

结果如图3.5和图3.6所示。

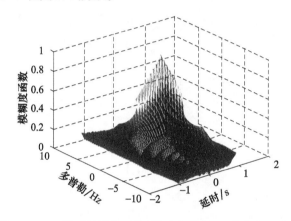

图3.5 LFM脉冲的模糊函数(脉冲宽度为1s,带宽为10Hz)

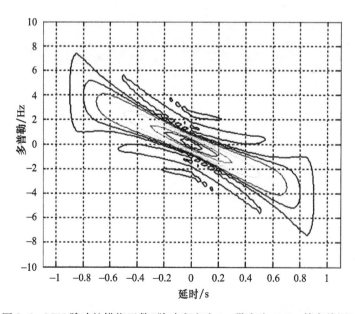

图3.6 LFM脉冲的模糊函数(脉冲宽度为1s,带宽为10Hz,等高线图)

再次看看这两个切割。沿着多普勒轴切割不会产生任何新的东西,因为已经添加了频率调制而不是另一个幅度调制。通过设置 $v=0$,获得沿延时轴的切割,可得

$$|\chi(\tau,0)| = \left|\left(1-\frac{|\tau|}{T}\right)\frac{\sin[\pi\mu\tau T(1-|\tau|/T)]}{\pi\mu\tau T(1-|\tau|/T)}\right|, |\tau| \leqslant T \quad (3.14)$$

该曲线如图 3.7 所示。脉冲宽度为 1s,带宽为 20Hz。发现它与图 3.3 中的单脉冲完全不同。三角形进一步乘以 sinc 函数。为了找到第一个零点,正弦的自变量应该等于 π。此时有[1]

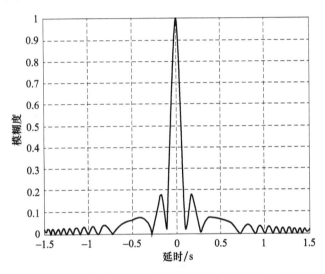

图 3.7 LFM 脉冲模糊函数的零多普勒切割(脉冲宽度为 1s,带宽为 20Hz)

$$\tau_{\text{null1}} = \frac{T}{2} - \left(\frac{T^2}{4} - \frac{1}{\Delta f}\right)^{1/2} \quad (3.15)$$

式中:Δf 为扫描带宽。

如果 $\Delta f T^2 \gg 4$,那么由式(3.15)可得

$$\tau_{\text{null1}} \approx \frac{1}{\Delta f T} \quad (3.16)$$

因为 $T = \Delta f$,将其代入式(3.16),则有

$$\tau_{\text{null1}} \approx \frac{1}{\Delta f^2} \quad (3.17)$$

与图 3.3 中的未调制脉冲相比脉冲要窄得多。这表明,匹配滤波器输出的有效脉冲宽度(压缩脉冲宽度)完全由雷达带宽决定。事实上,它比未调制的脉冲窄一个因子:

$$\varepsilon = \frac{T}{(1/\Delta f)} = \Delta f T \quad (3.18)$$

式中：ε 为压缩比率、时间 – 带宽积或压缩增益。

雷达带宽增加，压缩比也会增加。然而，正如 2.3 节中所讨论的那样，局限为最大 LFM 扫描的非线性。根据性质（2），模糊函数下面的值是一个常数。因此，当沿着延时轴压缩脉冲时，它必须重新出现在其他地方。它通过在多普勒中延伸至扫描带宽 Δf，正如图 3.5 中的所示的对角脊。

这是从 LFM 模糊函数中展现出的另一个重要事实。通常，当没有目标多普勒时，模糊函数的峰值位于原点 $|\chi(0,0)|$ 处。然而，在目标多普勒存在的情况下，该峰值被移位，导致延时错误。从图 3.6 中的等高线可以看出这一点，它显示了距离（延时）和多普勒（耦合）之间的斜率。因此，多普勒频移将反映为距离误差。意味着多普勒的变化将产生距离的变化，反之亦然。这称为距离 – 多普勒耦合，此现象在第 2 章中进行了研究。仅沿着基本轴，不存在耦合（目标多普勒为零或范围为零的情况）。从式（3.13）开始，如果

$$\tau_{\text{peak}} = -\frac{v}{\Delta f} \tag{3.19}$$

sinc 函数最大化（其参数为零）。因此，如果目标具有径向速度，则其多普勒值将导致距离测量的误差，难以区分两者。

从积极的角度来看，与相位编码信号不同，LFM 对多普勒具有显著的弹性，线性调频脉冲在去相关之前可以容忍相当大的多普勒频移，在第四篇进一步研究了这个方面。使用随附软件中的程序 lfm_ambg.m 获得了图 3.5 ~ 图 3.7。

3.3 距离 – 多普勒耦合

式（3.20）表明，如果匹配滤波器信号输出的峰值位置是延时的指示，则多普勒频移的返回将导致错误的延时峰值。接近零多普勒，该附加延时将是多普勒频移的线性函数。从式（3.20）可以看出，模糊函数的峰值将与 sinc 函数的参数为零的错误延时相对应。这发生在

$$\begin{aligned}\tau &= \frac{\omega_{\text{d}} - p\Delta f}{\Delta f} \\ &\approx \frac{\omega_{\text{d}}}{\Delta f}\end{aligned} \tag{3.20}$$

由此可以发现，在步进频率雷达中，难以区分多普勒频移与延时耦合。

3.4 相位编码信号

模糊函数在相位编码波形中得到最充分的表达。存在整个范围的编码信

号,通过其模糊函数表现出有用的特性。在某些情况下,有一类相位编码信号没有任何旁瓣,这些是完美的代码。本书是关于 FMCW 雷达工程的,相位编码信号超出了本书范围。感兴趣的读者参见文献[1-3]及在其中列出的文献。

参 考 文 献

[1] Jankiraman, M., *Design of Multifrequency CW Radars*, Raleigh, NC: SciTech Publishing Inc., 2007.

[2] Levanon, N., *Radar Principles*, New York, NY: John Wiley & Sons, 1988.

[3] Mahafza, B. R., and A. Z. Elsherbeni, *MATLAB Simulations for Radar Systems Design*, Boca Raton, FL: Chapman & Hall/CRC, 2004.

[4] Pace, P. E., *Detecting and Classifying Low Probabili ty of Intercept Radar*, Norwood, MA: Artech House, Inc., 2004.

第 4 章
雷达接收机中的噪声

4.1 引言

本章讨论噪声、非线性和时间方差。接收机处理极弱的信号,然而系统中的噪声(主要来自系统组件)往往会模糊这些信号的接收。本章首先定义接收机中的各种噪声源;然后介绍级联线性网络的信噪比、噪声功率、噪声系数和级联线性网络的噪声系数等。

4.2 噪声表征

灵敏度和噪声系数是表征低电平信号的两个重要的参数[1-3]。其中,噪声系数更重要,它不仅适用于(表征)整个系统,也适用于构成整个系统的前置放大器、混频器和 IF 放大器等系统组件。

在设计阶段,如果控制系统中的增益以及系统组件的噪声系数,就可以控制整个系统的噪声系数。一旦知道系统的噪声系数,就可以根据系统带宽计算灵敏度。

在选择放大器和混频器等系统组件的过程中,使用噪声系数作为参数来区分它们。主要目标是最小化接收器系统中的噪声。这可以通过放大信号而不是噪声来实现,也可以通过提高发射功率或增加接收天线增益来实现。但是这些措施必须以有限的方式实施,因为更高增益的天线意味着更大的天线,或者更高的发射功率意味着在 FMCW 隐身雷达中失去低截获概率的风险。

另一种方法是降低系统组件中的噪声。如果系统组件添加的噪声最小,将导致接收器通道中的灵敏度更高。一旦将噪声添加到信号通道,就很难区分它们。如果增加信号增益,噪声也将会以相同的比例增加。

4.2.1 基础知识

能够允许电流流动的物体都将表现出噪声。这是因为一些电子会随机运动,导致电压和电流波动。由于噪声是随机的,因此只能利用统计手段进行预测,通常使用高斯概率密度函数。

由于噪声是随机的,它的平均值将为零,因此使用均方值,它是耗散噪声功率的测量值。源的有效噪声功率通过均方根(RMS)值来测量:

$$V_{\text{RMS}} = \sqrt{V_{\text{mean}}^2} \tag{4.1}$$

噪声功率谱密度 $S(f)$ 描述了 1Hz 带宽中的噪声含量,单位是 V^2/Hz。

4.2.2 噪声带宽

常见的噪声源具有均匀的谱密度。通过放大器传输的噪声由其带宽决定。如果放大器频率响应是矩形框,则很容易确定带宽并进行噪声计算。在现实生活中,放大器频率响应没有明显的突变截止而是光滑的过渡。

将噪声带宽定义为理想频率响应框的带宽,其面积等于放大器频率响应的带宽,并由下式给出[2]:

$$B = \frac{\int_0^\infty |G(f)|^2 \mathrm{d}f}{|G|^2} \tag{4.2}$$

通常,$B \approx 3\text{dB}$。

4.3 噪声源

4.3.1 热噪声

在电导体中存在大量由分子力束缚的自由电子和离子[4]。离子在其平均位置附近随机振动,这种振动是温度的函数。自由电子和振动离子不断碰撞,在电子和离子之间存在连续的能量转移,产生导体的电阻。

自由移动的电子形成的电流在很长一段时间内平均为零,因为许多电子在一个方向和另一个方向上平均移动这个平均值存在随机波动,事实上电流的均方波动与 kT 成正比[3],其中 k 为玻耳兹曼常数,$k = 1.38 \times 10^{-23} \text{J/k}$。电流波动反过来捕获具有热能的粒子的不规则运动。在所讨论的场景中,没有任何力在任何优选方向上引起这种运动,它是自发的。

由于其随机性质,未过滤的热噪声是白色的并且呈高斯分布(或正态分布)。随机噪声指的是一个信号,其瞬时幅度与时间的关系具有高斯分布,如图 4.1 所示。这样的信号没有离散的频谱成分,因此不能选择某些特定的频谱成分并测量它以获得信号强度的指标。这意味着,在采样信号的任何瞬间都可以获得任何振幅。可以采取一些指标来表达随时间平均的噪声水平,这个指标就是功率。功率与均方根(RMS)电压平方①成比例,因此满足该要求。问题出现了:为什么这种热噪声具有高斯分布?这是中心极限定理(CLT)[5]的直接结论。CLT是一种统计理论,表明如果从具有有限方差水平的群体中获得足够大的样本量,来自相同群体的所有样本的平均值将近似等于群体的平均值。这意味着存在如此大量的噪声源,每个噪声都有助于(但不影响)整体,在最终分析中噪声是高斯分布(图4.2)。高斯分布的RMS值是其标准偏差σ。

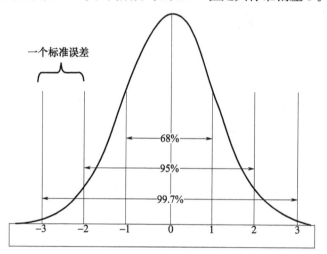

图4.1 高斯分布

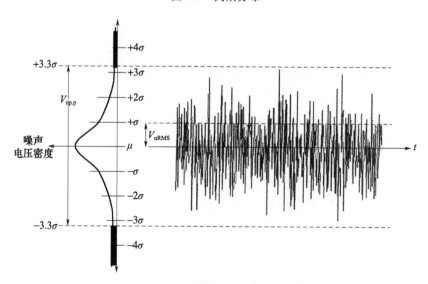

图4.2 随机噪声具有高斯振幅分布

---

① 译者注:原书为电压,应为电压平方。

输入端的高斯噪声在通过射频链路时受到频带限制,其包络采用瑞利分布(图 4.3)。

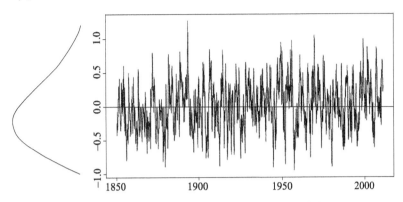

图 4.3 带宽限制高斯噪声的包络具有瑞利分布

4.3.2 电阻噪声特性

理想热敏电阻 R 在温度 T 的开路端子的功率谱密度(图 4.4)为

$$\frac{\eta}{2} = 2kTR(\text{V}^2/\text{Hz}) \tag{4.3}$$

在带宽 B 上的电阻为 R 的开路均方噪声电压为

$$V^2 = \eta \cdot 2 = 4kTBR(\text{V}) \tag{4.4}$$

$$P = \frac{(V_S/2)^2}{R_S} = \frac{V_S^2}{4R_S} = \frac{4kTBR}{4R} = kTB \tag{4.5}$$

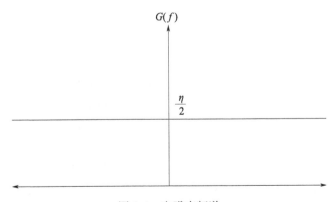

图 4.4 白噪声频谱

图 4.5 为热噪声功率。室温下 50Ω 系统的热噪声为 -144dBm/Hz。表 4.1 列出了不同带宽下的热噪声。

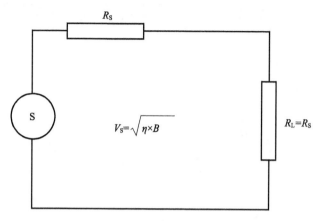

图 4.5　热噪声功率

表 4.1　不同带宽下的热噪声

带宽 Δf/Hz	热噪声/dBm
1	-174①
10	-164②
100	-154
1k	-144
10k	-134
100k	-124
200k	-121
1M	-114

4.3.3　散粒噪声

另一种类型的噪声是由二极管和晶体管中的半导体结流过的电流引起的。电荷载流子——电子或空穴从一侧进入结点,漂移或在结点处加速,并在另一侧收集。结点上的平均电流决定了进入结点的两个连续载流子之间的平均时间间隔。

运动中存在随机波动,产生散粒噪声。散粒噪声也是由加热表面的随机电子发射引起的,如真空管或其他热离子装置中的灯丝。射电望远镜中的电阻器和其他电子元件称为内部噪声源。引起波动的机制取决于特定的流程。

---

① 译者注:原书为 -144,应为 -174。
② 译者注:原书为 -144,应为 -164。

在真空管中,它从阴极的电子进行随机发射,而在半导体中,其是与空穴连续重组的电子数量的随机性,或者在其他情况下电子扩散的数量的随机性。平均值的波动与平均值本身成正比。因此,散粒噪声的特征是噪声对平均值的依赖性。

散粒噪声计算公式[4-6]为

$$\overline{i^2} = 2eI_{dc}\Delta f \quad (4.6)$$

RMS 电流与电流和带宽的平方根成比例。加宽带宽会导致散粒噪声功率增加。

4.3.4 闪烁噪声

闪烁噪声也称为 $1/f$ 噪声(图 4.6),它在低频率或振荡器的低频偏移中占主导地位。闪烁噪声是一种表现出反频率功率密度曲线的噪声。

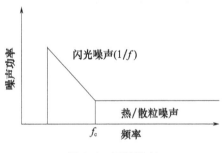

图 4.6 闪烁噪声

闪烁噪声具有 $1/f$ 特性或粉红噪声功率密度谱。

几乎所有电子设备都会出现闪烁噪声,其产生有各种不同的原因,这些原因通常与直流电流有关。

几乎所有电子元件都会出现闪烁噪声。闪烁噪声在晶体半导体器件上常被提及,晶体管的半导体器件,以及金属氧化物半导体场效应晶体管(MOSFET)器件。提到闪烁噪声,它可以表现为各种效应,但通常表现为阻力波动。

闪烁噪声可以表示为

$$S(f) = \frac{K}{f} \quad (4.7)$$

由于闪烁噪声与频率的倒数成比例,因此在诸如 RF 振荡器内的电子组件的许多应用中,存在闪烁噪声占主导地位的区域,以及来自散粒噪声和热噪声的源的白噪声占主导地位的其他区域。

1. 振荡器中的闪烁噪声

在振荡器内闪烁噪声表现为靠近载波的边带,其他形式的噪声从载波延伸出来,具有更平坦的频谱,尽管从载波的偏移衰减得越大,但随着与载波偏移越大衰减得越大。

鉴于此,在由不同形式的噪声主导的区域之间存在转角频率f_c。对于诸如振荡器的系统,通常发现闪烁噪声占优势之外的是相位噪声。这随着载波偏移的增加而衰减,直到平坦的白噪声占主导地位。

金属氧化物半导体场效应晶体管具有比结型场效应晶体管(JFET)或双极晶体管更高的f_c(在吉赫范围内),其通常低于2kHz。

4.3.5 白噪声

根据频率分布有白噪声、粉红噪声和带限噪声三种类别。

白噪声($1/f$噪声)是同等影响所有频率的噪声类型。它从零频率向上扩展,具有平坦的幅度。

粉红噪声的功率谱没有平坦的响应,其功率谱密度随着频率的增加而下降,它得名因为红光位于可见光谱的下端。

带限噪声是噪声的频带可能受到滤波器或其通过的电路的限制。

4.3.6 相位噪声

相位噪声(或相位抖动)是许多射频和无线电通信系统中的关键因素,它会显著影响系统的性能[2-3]。虽然在理想的世界中可以看到没有单相频率的完美信号,但事实并非如此。相反,所有信号都存在一些相位噪声或相位抖动。在许多情况下这可能不会产生重大影响,但对于其他情况这一点尤为重要,相位抖动必须考虑。

对于无线电接收器,系统内本地振荡器的相位噪声会影响规格,如相互混频和本底噪声。对于发射机,它可以影响传输的宽带噪声电平。另外,它可以影响使用相位调制的系统上的误码率,因为相位保持器可能只是导致当时相位所代表的各个数据位被误读。

相位噪声对于包括RF信号发生器在内的许多其他系统也很重要,在这些系统中需要非常"干净"的信号使发生器能够用作参考源。

1. 基本相位噪声定义

存在与相位噪声的基本概念相关联的各种术语。理解相位噪声的一个关键方面是理解与之相关的各种定义。因此,几个关键术语描述如下。

(1)相位噪声:信号中发生的短期相位波动引起的噪声。波动表现为边带,其表现为在信号的任一侧扩散的噪声频谱。

(2)相位抖动:用于查看相位波动本身的术语(相位的位置与任何给定时间的纯信号的预期偏差)。相位抖动以弧度为单位。

（3）频谱：从频谱分析仪获得的曲线图。信号的频谱将显示中心有用信号，噪声边带延伸到主载波的任一侧。

（4）频谱密度：将 RMS 相位分布描述为连续函数，以给定单位带宽的 RMS 相位为单位表示。

（5）单边带（SSB）相位噪声：从载波扩展为单边带的噪声。在距离载波的给定频率偏移处，SSB 相位噪声以 dBc/Hz 为单位指定。

2. 信号源噪声

相位噪声用于描述信号的随机频率变化而产生的相位变化。信号源噪声来源于电路中表现为频率变化的一般噪声。

可以通过多种方式考虑信号源中的噪声，因为抖动和变化可能在不同的时间尺度上发生。因此，稳定性可以考虑以下两种主要形式。

（1）长期稳定性：信号的长期稳定性解决了信号长期变化的方式，通常是数小时、数天和更长时间。这解决了诸如长期漂移之类的问题。通常以百万分率的频率变化或在给定时间段内的类似测量来指定。

（2）短期稳定性：信号源的短期稳定性集中在较短时间内发生的变化，通常在不到 1s 的时间。这些变化可以是完全随机的，或者它们可以是周期性的。周期性变化可以是伪信号，随机的变化可以表示为噪声。

可以利用各种方式将相位噪声引入电路，尤其是在使用频率合成器时。然而，对于振荡器，相位噪声源是由热噪声和闪烁噪声（或 $1/f$ 噪声）引起的。由于大多数振荡器工作在饱和状态，这限制了噪声的幅度分量，通常比相位噪声分量低约 20dB。这意味着相位噪声占主导地位，因此通常忽略幅度噪声。这对于大多数应用来说都是正确的，但不应忘记振幅分量，因为在某些应用中可能需要考虑它们。

3. 相位噪声基础

相位噪声对 RF 设计人员尤为重要。相位抖动将自身视为相位噪声，从主要通信载波的任一侧扩散。在大多数情况下，它与载体的偏移越远，电平越低（图 4.7）。

鉴于频率合成器的工作方式，相位噪声频谱或分布在环路带宽内变化，尽管最终它随着载波偏移的增加而下降。

4. 通信系统中相位噪声的重要性

相位噪声或相位抖动特别重要，它降低了信号质量，增加了通信链路的错误率。

实际上，杂散相位调制在技术上对于幅度调制更为重要。这部分是因为现在大多数无线电链路使用角度调制，这更多地受到相位噪声的影响。这也是由于在复杂信号源中，幅度噪声含量远低于相位噪声含量。

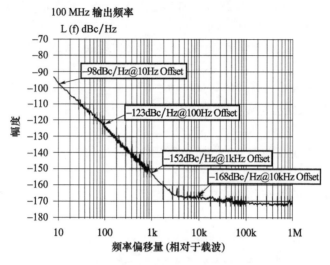

图 4.7 信号源的典型相位噪声谱或轮廓

虽然相位噪声是所有信号中不需要的附加信号,但在许多应用中必须考虑它的存在。相位噪声是频率合成器和信号发生器设计的一个重要方面,在这些项目设计的最初阶段必须考虑相位噪声水平。

4.3.7 雪崩噪声

在齐纳二极管(反向偏置的 PN 结)击穿时产生雪崩噪声,这种噪声远大于散粒噪声。如果将齐纳二极管用作偏置电路的一部分,则需要将它们进行 RF 去耦。

4.3.8 突发噪声

突发噪声发生在半导体器件中,尤其是单片放大器,并表现为噪声裂纹。

4.4 噪声系数

噪声系数 F 首先由 Harold Friis 在 20 世纪 40 年代定义为输入信噪比与输出信噪比之比[7],即

$$F = \frac{\text{SNR}_{\text{in}}}{\text{SNR}_{\text{out}}} \tag{4.8}$$

当信号通过网络时,网络降低信号信噪比(SNR)的程度。例如,理想的放大器将放大信号,同时使输入和输出 SNR 相同。在现实生活中这种放大器不存在,放大器不仅放大信号,还将自己的噪声添加到输入噪声来降低 SNR。

噪声系数和增益是完全不同的,一旦将噪声添加到信号中,后续增益不仅放大信号,还放大相同量的噪声。因此,SNR 不会改变。

图 4.8(a)显示了放大器输入端的示例情况。所描绘的信号比噪声基底高 40dB。图 4.8(b)显示了放大器输出的情况。放大器的增益将信号提升了 20dB。它还将输入噪声提高了 20dB。此外,它还增加了自己的噪声。因此,输出信号现在仅比噪声基底高 30dB。由于 SNR 的降低为 10dB,因此放大器的噪声系数为 10dB。

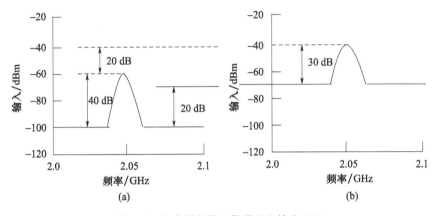

图 4.8 放大器的输入信噪比和输出 SNR

如果输入信号电平低 5dB,那么噪声系数仍为 10dB。这意味着噪声系数与输入信号电平无关。线性缩放下的噪声系数称为噪声因子(Noise factor):

$$\text{Noise factor} = 10\log F$$

网络 SNR 的下降取决于激励网络源的温度。考虑式(4.8)中所述的噪声系数的定义:

$$F = \frac{S_{in}/N_{in}}{S_{out}/N_{out}} = \frac{S_{in}/N_{in}}{GS_{in}/(N_{amp}+GN_{in})} = \frac{N_{amp}+GN_{in}}{GN_{in}} \text{①} \quad (4.9)$$

式中:G 为放大器(或任何待测器件 DUT)的增益;N_{amp} 为放大器的噪声系数。

输入噪声电平通常是来自电源的热噪声。这是在 290K(相当于 16.85°C)的温度下进行的,并且是 −174dBm/Hz。式(4.9)可变为

$$F = \frac{N_{amp}+kT_0BG}{kT_0BG} \quad (4.10)$$

由式(4.10)可见,噪声系数取决于频率,而与带宽无关。实际上,噪声功率本身是带宽的函数,因此在噪声系数中带宽 B 抵消了。

---

① 译者注:原书 $\frac{N_{amp}+GN_{in}}{GS_{in}}$ 应为 $\frac{N_{amp}+GN_{in}}{GN_{in}}$。

4.5 等效噪声温度

等效噪声温度定义为

$$T_{\text{eff}} = \frac{N_{\text{amp}}}{kGB} \tag{4.11}$$

这与噪声系数有关

$$T_{\text{eff}} = T_0(F-1)$$

式中：$T_0 = 290\text{K}$；T_{eff} 为无噪声的源阻抗等效温度，这种情况下会产生相同的附加噪声 N_{amp}。

温度单位广泛用于卫星接收机。由于地球表面温度，输入噪声水平通常接近 290K，在这种情况下噪声电平的 3dB 变化将导致 SNR 的 3dB 变化。在卫星接收器中，由于环境温度低至 100K 左右，来自天线的噪声水平可能会低得多，在这种情况下接收机噪声系数的 3dB 变化将导致 SNR 的变化大于 3dB[8]。因此，T_{eff} 是首选参数。图 4.9 显示了有效噪声温度与 SNR 的关系。

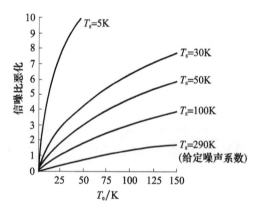

图 4.9 有效噪声温度与 SNR 的关系[8]

4.6 多级系统的噪声系数

如图 4.10 所示，两个放大器都具有 10dB 增益和 NF = 3dB。信号进入 -40dBm，噪声基底为 kTB(-174dBm/Hz)①。

---

① 译者注：此处原作者使用错误的噪声基底，一直以 -144dBm/Hz 来计算，实际为 -174dBm/Hz，图中的数据标注是对的，计算过程也是对的，但是数据用错了，读者可自行计算。

第 4 章 雷达接收机中的噪声

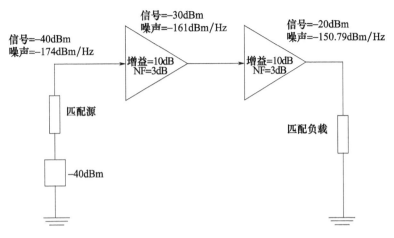

图 4.10 双放大器级联

可以计算出第一个放大器输出端的信号是 -30dBm，噪声是
-174dBm/Hz 输入噪声 $+10\text{dB}$ 增益 $+3\text{dB}$ 噪声系数 $= -161\text{dBm/Hz}$

第二个放大器中有多少 kTB 进入：(-161dBm/Hz) 的比 $kTB(-174\text{dBm})$ 大 13dB。

这里，13dB 是 20× 的功率比。因此，第二个放大器的本底噪声是 kTB 的 20 倍或 20kTB。

接下来计算第二个放大器的噪声源添加了多少 kTB（在这种情况下为 $1kTB$，因为 NF = 3dB）。

最后计算第二个放大器的本底噪声增加的比率并转换为分贝。
（输入本底噪声 + 附加噪声）与输入本底噪声的比值为
$$(20kTB + 1kTB)/(20kTB) = 20/21$$

用分贝表示为
$$10\log(21/20) = 0.21(\text{dB})$$

因此，尽管第二个放大器的噪声系数为 3dB，但它只增加了 0.21dB 的本底噪声，这只是因为其输入的本底噪声明显高于 kTB。

第一个放大器的信噪比降低了 3dB，而第二个放大器只降低了 0.21dB。

当放大器级联在一起放大微弱的信号时，通常是链中的第一个放大器对信噪比的影响最大，因为在链中该点的本底噪声最低。

Harold Friss 于 1944 年首次提出[7]：

$$\text{NF}_{\text{Total}} = F_1 + \frac{F_2 - 1}{G_1} + \frac{F_3 - 1}{G_1 G_2} + \frac{F_4 - 1}{G_1 G_2 G_3} + \cdots \quad (4.12)$$

注意，所有单位都是线性的，单位为倍不是 dB。

综上可得以下结论:

(1)链路中的第一个放大器对总噪声系数的影响最大,而不是链中的任何其他放大器。低噪声系数放大器通常应放在一系列放大器中的最前面(假设其他条件相同),如图4.11所示。

(2)如果两个放大器具有相同的噪声系数但增益不同,则较高增益放大器应位于较低增益放大器之前,以获得最佳的整体噪声系数。

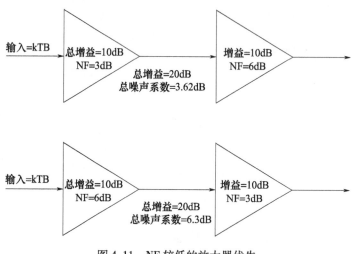

图4.11 NF较低的放大器优先

4.7 其他设备的噪声系数

(1)处理信号的所有设备都会产生噪声,从而产生噪声系数。

(2)放大器、混频器、晶体管、二极管和类似的电子设备都有噪声系数。第6章详细讨论了混频器的噪声系数(或变频损耗)。

(3)例如,RF衰减器的噪声系数等于其衰减值。10dB衰减器具有10dBNF。如果信号进入焊盘并且本底噪声为 -174dBm/Hz,则信号衰减10dB,而本底噪声保持不变(在室温下不能低于 -174dBm/Hz)。因此,通过焊盘的SNR降低了10dB。与放大器一样,如果本底噪声高于 kTB,则焊盘的信噪比降低,将小于其噪声系数。

天线的辐射电阻不会将功率转换为热量,因此不会产生热噪声。

接收器输入的负载阻抗不会直接影响接收机噪声。因此,接收机确实有可能甚至是常见的,只具有小于2的噪声因子(或者等效地,小于3dB的噪声系数)。

4.8 降噪方案

噪声是一个严重的问题,特别是遭遇低信号电平的情况下。当然,也有许多方法可以最小化噪声对系统的影响。

(1)保持电阻和放大器输入电阻越低越好。使用高电阻值的电阻会增加热噪声电压。

(2)总热噪声是电路带宽的函数。因此,将电路的带宽降低到最小,使噪声最小化。还将带宽与输入信号所需的频率响应匹配。

(3)通过适当的接地、屏蔽和过滤,防止外部噪声影响系统性能。

(4)在系统的输入阶段使用低噪声放大器(LNA)。

(5)对于某些半导体电路,使用能够完成工作的最低直流电源电位。

4.9 噪声系数测量

噪声系数测量常用采用增益方法、Y 因子法和噪声系数计方法[9]。

4.9.1 增益方法

如图 4.12 所示,将噪声系数定义为

$$噪声系数(F) = \frac{总输出噪声功率}{仅由输入源引起的输出噪声} \tag{4.13}$$

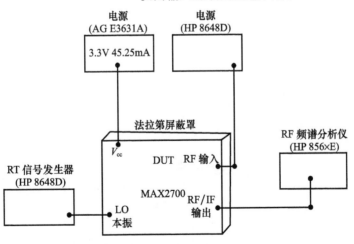

图 4.12 增益法[9]

我们所熟悉的有以下方程:

$$NF = P_{NOUT} - (-174 dBm/Hz + 10\log(BW) + Gain) \tag{4.14}$$

式中:P_{NOUT} 为测得的总输出噪声功率;NF 为待测器件的噪声系数。

MAX2400 的增益为 80dB。测得的输出噪声强度为 -90dBm/Hz。精确噪声密度测量的推荐设置是 RBW/VBW = 0.3。因此,

$$NF = -90dBm/Hz + 174dBm/Hz - 80dB = 4.0dB$$

只要频谱分析仪允许,增益方法可以覆盖任何频率范围。最大的限制来自频谱分析仪的本底噪声。如式(4.14)所示,当噪声系数较低(低于 10dB)时,(P_{OUTD} - 增益)接近 -170dBm/Hz。正常低噪声放大器的增益约为 20dB。在这种情况下,需要测量 -150dBm/Hz 的噪声功率密度,这低于大多数频谱分析仪的本底噪声。

在上述例子中,系统增益非常高,大多数频谱分析仪可以精确测量噪声系数。类似地,如果被测器件的噪声系数非常高(超过 30dB),则该方法也可以非常准确测量。

4.9.2 Y 因子法

如图 4.13 所示,需要一个超噪比(ENR)源。ENR 源需要 HV 供电并且 NF 随频率变化:

$$ENR = \frac{T_H - 290}{290}$$

$$Y = \frac{\text{噪声输出(热)}}{\text{噪声输出(冷)}}$$

$$\frac{RBW}{VBW} = 0.3$$

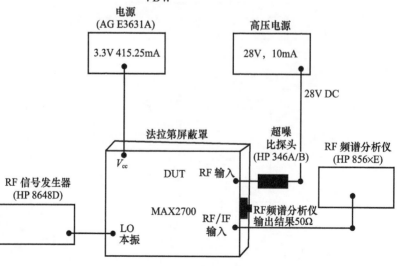

图 4.13 Y 因子法[9]

通过打开/关闭直流电源,使用频谱分析仪测量噪声功率密度。

表 4.2 中的 ENR 和 Y 是噪声源打开/关闭时输出噪声功率密度:

$$\text{NF} = 10 \times \log\left(\frac{10^{\text{ENR}/10}}{10^{Y/10} - 1}\right) \tag{4.15}$$

表 4.2 噪声头 ENR 示例

频率/GHz	HP346A ENR/dB	HP346B ENR/dB
1	5.39	15.05
2	5.28	15.01
3	5.11	14.86
4	5.07	14.82
5	5.07	14.81

例 4.1 (1) 将 HP344A ENR 噪声头连接到 RF 输入。

(2) 将 28V 直流电源电压连接到噪声头。可以在频谱分析仪上监控输出噪声密度。

(3) 通过关闭直流电源然后打开,噪声密度从 -90dBm/Hz 增加到 -84dBm/Hz。所以 $Y = 3$dB。同样,为了获得稳定和准确的噪声密度读数,RBW/VBW 设置为 0.3。

(4) 从表 4.2,在 2GHz,可得到 ENR = 5.28dB。因此,由式(4.15)可求得 NF = 5.3dB。

例 4.2 X 波段 FMCW 雷达的频率范围为 8.5~9.1GHz。该频段噪声源的 ENR = 14.1dB。在 IF 频率为 100kHz 下测量输出噪声,得到的 Y = 10dB。试求 NF?

解:

$$\text{NF} = 10 \times \log\left(\frac{10^{\text{ENR}/10}}{10^{Y/10} - 1}\right) = 10 \times \log\left(\frac{10^{14.1/10}}{10^{10/10} - 1}\right) = 4.6(\text{dB})$$

4.9.3 噪声系数计

知道输入信噪比,就可以计算出待测目标的 NF。NF 分析仪具有极限频率响应(如 10MHz~3GHz)。这适用于低 NF(图 4.14)。

4.10 小 结

本章描述噪声并检查 RF 系统中各种主要的噪声源。在考虑噪声带宽的含义时,认为热噪声是噪声的主要来源。确定热噪声通常与正常分布一起使用瑞利包络。然后讨论了接收器中的散粒噪声和闪烁噪声,并解决了振荡器源中相位噪声和抖动及其光谱特性等相位噪声源的重要问题。随后定义噪声系数和噪声温度,并讨论它们在 RF 系统中的含义,同时引入由 Friss 定义的噪声系数公式。最后讨论 RF 系统中噪声系数测量的方法。

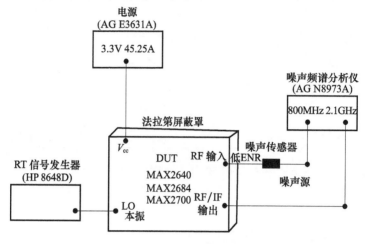

图 4.14　噪声系数计方法[9]

参考文献

[1] Barton, D. K., *Radar Equations for Modern Radar*, Norwood, MA: Artech House, 2012.

[2] Budge, M. C., and S. R. German, *Basic Radar Analysis*, Norwood, MA: Artech House, 2015.

[3] Blake, L. V., *Radar Range – Performance Analysis*, Norwood, MA: Artech House, 1986.

[4] Johnson, J. B., "Thermal Agitation of Electricity in Conductors," *Phys. Rev.*, Vol. 32, July 1928.

[5] Schwartz, M., *Information, Transmission, Modulation and Noise*, New York: McGrawHill, 1940.

[6] Nyquist, H., "Thermal Agitation of Electric Charge in Conductors," *Phys. Rev.*, Vol. 32, July 1928.

[7] Friis, H. T., "Noise Figures of Radio Receivers," *Proc. IRE*, Vol. 32, No. 4, July 1944, pp. 419 –422.

[8] Gu, Q., *RF System Design of Transceivers for Wireless Communications*, New York: Springer Verlag, 2005.

[9] https://www.maxim integrated.com/en/app – notes/index.mvp/id/2845.

第 5 章

雷达探测

5.1 引　　言

具有大扫描带宽的 FMCW 雷达通常用于搜索和跟踪系统。这带来了 SNR 之类的问题，以及与雷达检测相关的检测阈值之类的问题。本章将要探讨这些问题。

首先讨论一个简单的接收机，并用它来定义检测问题；然后将研究脉冲积累的效果，包括相干和非相干积累，以及波动目标的影响；最后研究恒虚警率（CFAR）问题。

5.2 检测问题

雷达检测问题在任何接收机结构中常见，无论是相干接收机还是非相干接收机[1-11]，它解决了噪声存在情况下检测信号的问题。噪声是不需要的能量，它干扰了信号检测，但是存在于任何系统中。噪声有很多来源，大体上可以归为通过天线进入系统的回波中的噪声和系统内部产生的噪声两类。另一种方式可以分为外部噪声和人造噪声。外部噪声是由太阳和闪电等各种自然过程产生的，人造噪声包括汽车点火、荧光灯和广播信号等。

系统内产生的噪声通常是由接收机内电阻传导电子的热运动而产生的，称为热噪声或约翰逊噪声。

噪声功率可用接收机输入端的匹配电阻和其温度表示：

$$P_N = kT_0 BW \tag{5.1}$$

式中：k 为玻耳兹曼常数，$k = 1.38 \times 10^{-23}$ J/K；T_0 为系统温度（通常为 290K）；B 为接收机噪声带宽（Hz）。

接收机中的噪声功率总是大于单独的热噪声产生的噪声功率。这种额外的噪声通常是屏蔽不良、焊接不良、机柜结构不良以及 EMI/EMC 等因素造成的。因此，可以认为接收机输出端的总噪声 N 等于理想接收机输出的噪声功率（仅热噪声）乘以噪声系数，即

$$N = P_N F_N = kT_0 BNF \text{(W)} \tag{5.2}$$

5.2.1　奈曼-皮尔逊引理

在统计学中,以 Jerzy Neyman 和 Egon Pearson 命名的奈曼-皮尔逊(Neyman-Pearson)引理[2,6,11]指出,当在两个简单假设 $H_0:\theta = \theta_0$ 和 $H_1:\theta = \theta_1$ 之间进行假设检验,下式成立时,似然比测试拒绝 H_0 而接受 H_1:

$$\Lambda(x) = \frac{p_1(x \mid \theta_1)}{p_0(x \mid \theta_0)} \mathop{\substack{> \\ <}}_{H_0}^{H_1} \lambda \tag{5.3}$$

其中

$$P(\Lambda(x) \leqslant \lambda \mid H_0) = \alpha$$

是对于阈值 λ 在显著性水平 α 下的最有效检验。如果检验对于任意 $\theta_1 \in \Theta_1$ 都是最有效的,则它对于空间 Θ_1 中所有的替代项同样是最有效的[10]。该测试简单地将似然比与阈值进行比较。最佳阈值是先验概率和分配给不同误差的成本的函数。成本的选择是主观的,取决于问题的性质,但必须知道先验概率。然而通常不能准确地知道先验概率,因此很难搞清楚预置的正确设置。

为了解决这个问题,考虑另一种设计规范。我们设计了一种测试,可以最大限度地减少一种类型的错误,但要受到其他类型错误的约束。该约束优化标准不需要先验概率和成本分配的先验知识。它只需要为一种类型的错误指定最大允许值,这有时甚至比为不同类型错误分配成本更自然。Neyman 和 Pearson 的结果表明,这种优化的解决方案同样可以作为可能性测试。

假设观察到根据以下两个分布之一分布的随机变量:

$$\begin{cases} H_0: X \sim p_0 \\ H_1: X \sim p_1 \end{cases} \tag{5.4}$$

式中:H_0 为基线模型,并且称为零假设;H_1 是一个对立的模型,称为备选假设。如果测试接受了 H_1,实际上数据服从 H_0,那么此时错误称为假阳性或虚警,因为错误地接受了备选假设。当 H_1 是正确模型时,接受 H_0 的错误,则称为假阴性或漏警。

令 T 表示对于 X 的观察的测试程序,R_T 表示测试接受 H_1 的 X 的子集,则虚警概率由下式表示:

$$P_0(R_T) = \int_{R_T} p_0(x) \mathrm{d}x \tag{5.5}$$

漏警的概率为 $1 - P_1(R_T)$,其中 $P_1(R_T)$ 是正确选择 H_1 的概率,通常是检测概率,且有

$$P_1(R_T) = \int_{R_T} p_1(x)\,\mathrm{d}x \tag{5.6}$$

考虑式(5.3)给出的似然比检验:

$$\frac{p_1(x\mid\theta_1)}{p_0(x\mid\theta_0)} \underset{H_0}{\overset{H_1}{\gtrless}} \lambda$$

该测试接受 H_1 的 X 的子集表示为

$$R_{\mathrm{LR}}(\lambda) = \{x : p_1(x) > \lambda p_0(x)\} \tag{5.7}$$

因此,虚警概率为

$$P_0(R_{\mathrm{LR}}(\lambda)) = \int_{R_{\mathrm{LR}}(\lambda)} p_0(x)\,\mathrm{d}x = \int_{\{x:p_1(x) > \lambda p_0(x)\}} p_0(x)\,\mathrm{d}x \tag{5.8}$$

该概率是阈值 λ 的函数,而设定的 $R_{\mathrm{LR}}(\lambda)$ 减小/增加随着 λ 增加/减少。可以选择 λ 来实现所需的错误概率。

下面给出引理并证明。

引理 5.1(Neyman – Pearson) 考虑似然比检验

$$\frac{p_1(x\mid\theta_1)}{p_0(x\mid\theta_0)} \underset{H_0}{\overset{H_1}{\gtrless}} \lambda$$

选择 $\lambda > 0$ 使得 $P_0(R_{\mathrm{LR}}(\lambda)) = \alpha$。不存在另一个测试 T 有 $P_0(R_T) \leq \alpha$ 且 $P_1(R_T) > P_1(R_{\mathrm{LR}}(\lambda))$。也就是说,LRT 是使虚警概率小于或等于 α 的最有效的测试。

证明:使 T 是 $P_0(R_T) = \alpha$ 的任意测试,让 NP 表示选择 λ 使得 $P_0(R_{\mathrm{LR}}(\lambda)) = \alpha$ 的 LRT。为简单起见,使用 R_{NP} 表示区域 $R_{\mathrm{LR}}(\lambda)$。对于 X 的任意子集 R,定义

$$P_i(R) = \int_R p_i(x)\,\mathrm{d}x$$

这只是假设 H_i 下 $X \in R$ 的概率。注意到

$$\begin{cases} P_i(R_{\mathrm{NP}}) = P_i(R_P \cap R_T) + P_i(R_P \cap R_T^c) \\ P_i(R_T) = P_i(R_{\mathrm{NP}} \cap R_T) + P_i(R_{\mathrm{NP}}^c \cap R_T) \end{cases}$$

式中:上标 c 表示该组的补集。

假设

$$P_0(R_{\mathrm{NP}}) = P_0(R_T) = \alpha$$

因此

$$P_0(R_{\mathrm{NP}} \cap R_T^c) = P_0(R_{\mathrm{NP}}^c \cap R_T)$$

且有
$$P_1(R_{NP}) \geqslant P_1(R_T)$$
如果
$$P_1(R_{NP} \cap R_T^c) \geqslant P_1(R_{NP}^c \cap R_T)$$
由上可得
$$\begin{aligned}P_1(R_{NP} \cap R_T^c) &= \int_{R_{NP} \cap R_T^c} p_1(x)\,dx \geqslant \lambda \int_{R_{NP} \cap R_T^c} p_0(x)\,dx \\ &= \lambda P_0(R_{NP} \cap R_T^c) = \lambda P_0(R_{NP}^c \cap R_T) \\ &= \lambda \int_{R_{NP}^c \cap R_T} p_0(x)\,dx \geqslant \int_{R_{NP}^c \cap R_T} p_1(x)\,dx \\ &= P_1(R_{NP}^c \cap R_T)\end{aligned}$$

虚警的概率由 P_{fa} 表示,而检测概率 $1-P_{fa}$ 由 P_d 表示。NP 测试在 P_{fa} 的约束下最大化 P_d。这正是在雷达中所做的,将 P_{fa} 保持在一个很小值,同时使 P_d 最大化。基于本章中的后续讨论,通过计算接收到的目标 SNR 的值来实现这一点,以匹配所需的 P_d 和 P_{fa}。该 SNR 值又通过调整雷达参数来实现。5.13 节将详细地讨论这些方面。

5.3 噪声概率密度函数

在典型的雷达前端[1-3],通常有一个天线、后端的宽带放大器(LNA)、带通滤波器和将 RF 信号向下变频为可接收的中频(IF)信号的混频器。往后通常是由另一个放大器(IF 放大器)对信号进行放大,再用一个带宽为 B 的带通滤波器(IF 滤波器)进行滤波,IF 滤波器之后是一个包络检测器和一个滤波器,它通常是一个低通滤波器。接收链路中带宽最窄的滤波器将其带宽提供给雷达距离方程的分母,这个带宽定义了雷达链中的残余噪声量。这噪声与可达到的雷达作用距离直接相关。

由于中心极限定理,假定进入 IF 滤波器的噪声为高斯分布,其表明,如果噪声是由"无限"个不同的源引起的,每个源都对整体有贡献,那么最终的噪声本质上将是高斯噪声(图 5.1)。热噪声符合这个条件,因此,可认为它是高斯噪声。它具有的概率密度函数(PDF)为

$$p(v) = \frac{1}{\sqrt{2\pi\psi}}\exp\frac{-v^2}{2\psi_0} \tag{5.9}$$

式中:$p(v)dv$ 为噪声电压在 v 和 $v+dv$ 之间的概率;ψ_0 为噪声电压的方差。

如果高斯噪声通过窄带滤波器(其带宽与中心频率相比较小),那么可以认为噪声电压经后检测之后的输出包络的 PDF 服从瑞利概率密度分布,即

$$p(R) = \frac{R}{\psi_0} \exp \frac{-R}{2\psi_0} \tag{5.10}$$

式中：R 为滤波器输出的包络的幅度。

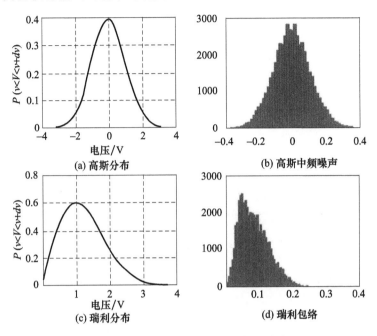

图 5.1 检测前后的热噪声的幅度分布

5.4 虚警概率

当噪声电压超过定义的阈值电压 V_{Th} 时，就会发生虚警，如图 5.2 所示，其中 T 是定义的阈值电平。

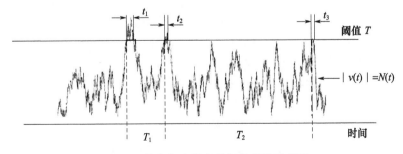

图 5.2 接收机由噪声引起的虚警示意图

发生这种情况的概率是通过整合 PDF 来确定的：

$$\text{prob}(V_{\text{Th}} < R < \infty) = \int_{V_{\text{Th}}}^{\infty} \frac{R}{\psi_0} \exp\frac{-R^2}{2\psi_0} dR = \exp\frac{-V_{\text{Th}}^2}{2\psi_0} = P_{\text{fa}} \quad (5.11)$$

阈值的交叉点之间的平均时间间隔称为虚警时间,可表示为

$$T_{\text{fa}} = \lim_{N \to \infty} \frac{1}{N} \sum_{k=1}^{N} T_k \quad (5.12)$$

式中:T_k 为噪声包络和阈值 V_{Th} 的相邻交叉之间的时间间隔(当交叉点的斜率为正时)。

还可以将信号虚警概率定义为包络高于阈值的时间与总时间之比,即

$$P_{\text{fa}} = \frac{\sum_{k=1}^{N} t_k}{\sum_{k=1}^{N} T_k} = \frac{\langle t_k \rangle_{\text{ave}}}{\langle T_k \rangle_{\text{ave}}} = \frac{1}{T_{\text{fa}} B} \quad (5.13)$$

式中:t_k 和 T_k 如图 5.2 所示。噪声脉冲的平均持续时间是带宽 B 的倒数。

如果带宽 $B = B_{\text{IF}}$,则虚警时间为

$$T_{\text{fa}} = \frac{1}{B_{\text{IF}}} \exp\frac{V_{\text{Th}}^2}{2\psi_0} \quad (5.14)$$

雷达的虚警时间应该非常长(需要几小时),虚警概率必须非常小($P_{\text{fa}} < 10^{-6}$)。

5.5 检测概率

现在的问题是,如何在存在噪声的情况下检测信号[5-6]。考虑一个幅度为 A 的正弦波带噪声信号,输入 IF 滤波器,其中心频率是正弦波的频率。那么这样的输入将在包络检测器的输出端产生一个信号(它只是一个低通滤波器),带有 PDF(称为莱斯分布),由下式给出:

$$p_{s+n} = \frac{R}{\psi_0} \exp\left(-\frac{R^2 + A^2}{2\psi_0}\right) I_0\left(\frac{RA}{\psi_0}\right) \quad (5.15)$$

式中:$I_0(Z)$ 为零阶带有参数 Z 的修正贝塞尔函数。

如果没有信号,那么这只是一个纯噪声的情况,输出将是瑞利分布,如式(5.10)所示。对于较大的 Z,$I_0(Z)$ 的渐近展开为

$$I_0(Z) \approx -\frac{e^Z}{\sqrt{2\pi Z}}\left(1 + \frac{1}{8Z} + K\right) \quad (5.16)$$

检测到信号的概率与包络 R 超过阈值 V_{Th} 的概率相同,即

$$P_d = \int_{V_{\text{Th}}}^{\infty} p_{s+n}(R) dR = \int_{V_{\text{Th}}}^{\infty} \frac{R}{\psi_0} \exp\left(-\frac{R^2 + A^2}{2\psi_0}\right) I_0\left(\frac{RA}{\psi_0}\right) dR \quad (5.17)$$

式(5.17)不能以解析的形式进行计算,需要使用数值方法或近似方法,得到的表和曲线参见文献[8]。

纯噪声和带噪信号的 PDF 以及检测和虚警如图 5.3 所示。A 区域代表 P_{fa},B 区域代表 P_d。

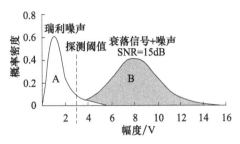

图 5.3　当 $P_{fa}=10^{-2}$ 时,纯噪声和带噪信号的 PDF[2]

通常情况下,雷达的检测概率为 0.9,虚警概率为 10^{-6}。为实现这一目标所需的信噪比为 13.2dB(图 5.4)。这是针对在没有检测损失且是单一纯净的正弦信号叠加有高斯噪声的情形[8]。

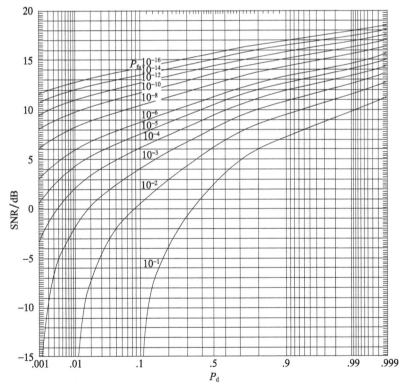

图 5.4　检测概率作为 SNR 的函数,以虚警概率作为参数[8](稳定的非波动目标)

5.6 匹配滤波器

到目前为止已经看到了高信噪比的重要性。事实上,P_d 越高,所需的 SNR 越高。那么为什么不设计一个最大化 SNR 的接收机呢?可通过在接收机中包含匹配滤波器来实现此目的。该滤波器通常放置在 IF 阶段,在 2.9 节中简要介绍过,下面详细地介绍这个问题[11]。

设信号为 $s(t)$,噪声为 $n(t)$,匹配滤波器的理想脉冲响应为 $h(t)$,它可使 SNR 最大化。假设信号是具有特定形式但具有随机幅度的确定信号。在这种情况下,在滤波器的输出端瞬时归一化功率为

$$P_{so}(t) = |s(t)|^2 \tag{5.18}$$

匹配滤波器输出端的峰值信号功率为

$$P_s = \max_t P_o(t) = P_o(t_0) = |s(t)|^2 \tag{5.19}$$

匹配滤波器的输出噪声为 $n_o(t)$,并且是广义平稳(WSS)的,因此匹配滤波器输出端的平均噪声功率为

$$P_n = E(|n_o(t)|^2) \tag{5.20}$$

鉴于所有这些参数,现在选择匹配滤波器的脉冲响应,以最大化峰值信号功率和平均噪声功率的比值,即

$$h(t) \rightarrow \max_t \frac{P_s}{P_n} \tag{5.21}$$

可以认为 $h(t)$ 是线性的,在这种情况下,有

$$s_o(t) = s(t) * h(t) \tag{5.22}$$

并且

$$n_o(t) = n(t) * h(t) \tag{5.23}$$

转换到频域,式(5.22)可写为

$$S_o(f) = H(f) S(f) \tag{5.24}$$

由于噪声是 WSS,则有

$$N(f) = \Im[E\{n(t+\tau) n^*(t)\}] \tag{5.25}$$

$$N_o(f) = \Im[E\{n_o(t+\tau) n_o^*(t)\}] \tag{5.26}$$

$$N_o(f) = |H(f)|^2 N(f) \tag{5.27}$$

显然,$N_o(f)$ 是双边功率谱密度,因此可得

$$P_n = \int_{-\infty}^{\infty} N_o(f) \mathrm{d}f = \int_{-\infty}^{\infty} |H(f)|^2 N(f) \mathrm{d}f \tag{5.28}$$

峰值信号功率为

$$P_s = |s_o(t_0)|^2 \tag{5.29}$$

其中

$$s_o(t_0) = \mathfrak{F}^{-1}[S_o(f)]_{t=t_0} = \int_{-\infty}^{\infty} S(f)H(f)e^{j2\pi f t_0} df \tag{5.30}$$

联立式(5.22)、式(5.28)、式(5.29)和式(5.30),可得

$$h(t) \to \max_{h(t)} \frac{P_s}{P_n} = \max_{h(t)} \frac{\left|\int_{-\infty}^{\infty} S(f)H(f)e^{j2\pi f t_0} df\right|^2}{\int_{-\infty}^{\infty} |H(f)|^2 N(f) df} \tag{5.31}$$

$n(t)$是白噪声,噪声功率谱密度为

$$N(f) = \frac{N_0}{2}(\mathrm{W/Hz}) \tag{5.32}$$

因为是双边带功率谱密度,所以分母使用系数 2。

因此

$$h(t) \to \max_{h(t)} \frac{\left|\int_{-\infty}^{\infty} S(f)H(f)e^{j2\pi f t_0} df\right|^2}{\frac{N_0}{2}\int_{-\infty}^{\infty} |H(f)|^2 df} \tag{5.33}$$

应用柯西-施瓦茨(Cauchy-Schwarz)不等式来最大化 $h(t)$:

$$\left|\int_a^b A(f)B(f) df\right|^2 \leq \left(\int_a^b |A(f)|^2 df\right)\left(\int_a^b |B(f)|^2 df\right) \tag{5.34}$$

式(5.34)的等号在

$$A(f) = KB^*(f) \tag{5.35}$$

时成立

式中 K 为任意常数。

将式(5.35)代入式(5.33)及其关联,有

$$A(f) = H(f) \tag{5.36}$$

同时

$$B(f) = S(f)e^{j2\pi f t_0} \tag{5.37}$$

可得

$$\frac{\left|\int_{-\infty}^{\infty} S(f)H(f)e^{j2\pi f t_0} df\right|^2}{N_0/2 \int_{-\infty}^{\infty} |H(f)|^2 df} \leq \frac{\left(\int_{-\infty}^{\infty} |H(f)|^2 df\right)\left(\int_{-\infty}^{\infty} |S(f)|^2 df\right)}{N_0/2 \int_{-\infty}^{\infty} |H(f)|^2 df} \tag{5.38}$$

其中

$$|S(f)e^{j2\pi f t_0}| = |S(f)| \tag{5.39}$$

式(5.38)可简化为

$$\frac{\left|\int_{-\infty}^{\infty}S(f)H(f)\mathrm{e}^{\mathrm{j}2\pi ft_0}\mathrm{d}f\right|^2}{N_0/2\int_{-\infty}^{\infty}|H(f)|^2\mathrm{d}f} \leqslant \frac{\int_{-\infty}^{\infty}|S(f)|^2\mathrm{d}f}{N_0/2} \tag{5.40}$$

由式(5.40)可知,对于所有 $H(f)$,LHS 的上界等于 RHS 的上界,则

$$h(t) = \Im^{-1}[KS^*(f)\mathrm{e}^{\mathrm{j}2\pi ft_0}] \tag{5.41}$$

因此

$$h_{\max}(t) = \frac{\int_{-\infty}^{\infty}|S(f)|^2\mathrm{d}f}{N_0/2} \tag{5.42}$$

式(5.41)是滤波器的脉冲响应,它使滤波器输出端的 SNR 最大化。该最大值由式(5.42)给出并且它发生在 $t=t_0$。实际上,如果 $E = \int_{-\infty}^{\infty}|S(f)|^2\mathrm{d}f$(其中 E 是信号的能量),则可得 $\max\limits_{\text{SNR}} = 2E/N_0$。

由式(5.41)可见,$|H(f)| = |KS(f)|$。换句话说,匹配滤波器频率响应具有与信号频谱相同的形状,它们的区别仅在于比例因子 $|K|$。这就是 $h(t)$ 称为匹配滤波器的原因。

式(5.41)可以改写为

$$\begin{aligned} h(t) &= \int_{-\infty}^{\infty}KS^*(f)\mathrm{e}^{-\mathrm{j}2\pi ft_0}\mathrm{e}^{2\pi ft}\mathrm{d}f = K\int_{-\infty}^{\infty}S^*(f)\mathrm{e}^{-\mathrm{j}2\pi f(t_0-t)}\mathrm{d}f \\ &= K\left[\int_{-\infty}^{\infty}S(f)\mathrm{e}^{\mathrm{j}2\pi f(t_0-t)}\mathrm{d}f\right]^* = Ks^*(t_0-t) \end{aligned} \tag{5.43}$$

式(5.43)表明,$h(t)$ 是缩放(通过 K)、时间反转(因为 $-t$)和移位(通过 t_0)样本的发射信号 $s(t)$ 的共轭。该操作如图 5.5 所示[10]。

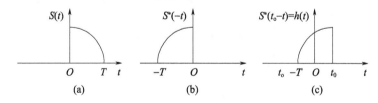

图 5.5 $h(t)$ 的演变[10]

图 5.5(a)是 $s(t)$ 的信号示意图,图 5.5(b)是 $s^*(-t)$ 的信号示意图(假设 $K=1$,因为它是任意的),图 5.5(c)是 $s^*(t_0-t)$ 信号示意图。无论传输信号的形状如何,匹配滤波器的输出都为 $t=t_0$ 时刻的信号能量。

匹配滤波器的输出,即匹配滤波器响应,其看起来不像发射信号,但在 $t=t_0$ 时刻的值为 E。

在讨论匹配滤波器时,需要注意脉冲响应和输出响应。脉冲响应的特性决

定了输出响应,虽然输出响应和发射信号相差很大,但是在 $t=t_0$ 时刻的值为输入信号的最大能量 E。

脉冲响应由 $h(t)$ 给出,输出由 $y(t)$ 给出。

使用匹配滤波器的 SNR 最大化特性的示例发生在诸如雷达中的时间延时估计中。

雷达系统发射电磁脉冲并测量作用距离内物体反射的脉冲。物体的距离由反射能量的延时确定,较长的延时对应于较长的距离。通过利用与雷达脉冲形状匹配的滤波器处理雷达的接收信号,使得存在与固定白噪声背景下的回波信号电平最大。因此,通过使用匹配滤波器来确定最大脉冲返回的确切时刻,将会使目标位置的估计更为准确。这意味着,雷达距离方程中获得的 SNR 是在匹配滤波器的输出处获得的最大可能 SNR。这已经由 Budge[11] 在数学上证明并在下面讨论。

由式(5.42)可得

$$\text{SNR}_{\text{max}} = \frac{\int_{-\infty}^{\infty} |S(f)|^2 \mathrm{d}f}{kT_s G} \tag{5.44}$$

式中:$N_0/2 = kT_s G$,G 为接收机增益。

根据帕塞瓦尔(Parsival)定理可得

$$\int_{-\infty}^{\infty} |x(t)|^2 \mathrm{d}t = \int_{-\infty}^{\infty} |X(f)|^2 \mathrm{d}f$$

由式(5.54)可得

$$\text{SNR}_{\text{max}} = \frac{\int_{-\infty}^{\infty} |S(t)|^2 \mathrm{d}t}{kT_s G} \tag{5.45}$$

式(5.45)的分子是信号能量 E_s。雷达方程,重写如下

$$E_s = \frac{P_{\text{CW}} G_T G_R \lambda^2 \sigma \tau_P}{(4\pi)^3 R^4 L}$$

上式代入式(5.45),可得

$$\text{SNR}_{\text{max}} = \frac{E_s}{kT_s G} = \frac{P_{\text{CW}} G_T G_R \lambda^2 \sigma \tau_P}{(4\pi)^3 R^4 L kT_s G} \tag{5.46}$$

式(5.46)是雷达距离方程给出的 SNR。这意味着,匹配滤波器输出端的 SNR 最大值是从雷达距离方程中获得的 SNR。因此,如果噪声是白噪声,则匹配滤得到了最大的 SNR。然而,白噪声是一个理想概念。而噪声为有色噪声时(更接近现实)将会是一种什么情况?

5.7 有色噪声匹配滤波器

针对一些随机过程中的检测和估计问题,例如一个测量数据集具有白噪声

(具有平坦的谱密度),这是相对容易建立方程、求解和分析的。具体来说,这也适用于上面讨论的匹配滤波器问题。当随机过程为有色噪声而不是白噪声时,如果出现以下情况之一,则通常可以使用类似白噪声情况下的较为简单的结果[7-14]。

(1)如果通过线性时不变(LTI)成形滤波器传递一个具有白噪声的随机过程,它在输出端将白噪声整形为有色噪声,这意味着成形滤波器必须具有与有色噪声相同的频谱特性。

(2)如果这种有色噪声可以通过反向 LTI 白化滤波器转换为白噪声,这会使输入处呈现的有色过程的频谱特征变平滑,变为输出端获得的白噪声。因此,成形滤波器将白噪声过程转换为有色噪声,而白化滤波器将有色噪声转化为白噪声。

预白化滤波器会出现在最佳探测器的设计中,必须假设功率谱密度是已知的。例如,预白化滤波器是用于有色噪声信号的检测器的组成部分,在杂波背景下可检测回波雷达目标。最佳检测器是预白化滤波器、级联匹配滤波器与预白化滤波器输出(非输入)处的信号匹配[7]。由于杂波频谱通常是时变的,因此必须及时更新白化滤波器参数和匹配滤波器参数。预白化方案的成功与否将取决于杂波的时间变化特性,以及在频谱变化之前估计频谱参数的能力。自回归(AR)[14]白化滤波器已在实践中很好地工作。在 AR 频谱估计中,预测误差滤波器是白化滤波器。如果观察到的过程是 AR 过程,则滤波器的输出(预测误差)是白噪声。如果时间序列不是 AR 过程,则输出时间序列比输入具有更平坦的功率谱密度(PSD)。

总而言之,观察结果由感兴趣的信号和与信号不相关的噪声构成。如果噪声的 PSD 是平坦的,则是白噪声。如果 PSD 不平坦,则是有色噪声。

如果观测信号受到有色噪声的污染,并且知道噪声的 PSD,则可以应用滤波器使噪声白化,即平坦化噪声的 PSD。这种白化做法增强了在白噪声假设下得出的算法的性能。

实函数 $R_{xx}[m]$ 是实值 WSS 随机过程的自相关函数,当且仅当其变换时 $S_{xx}(e^{j\omega})$ 是非负的实偶函数,在这种情况下的转换是该过程的 PSD。它们是发生这种情况的必要和充分条件[14]。因此,假设 $S_{xx}(e^{j\omega})$ 具有这些属性,并且为简单起见假设它没有突变部分。然后它有一个真实的、均匀的平方根,用 $\sqrt{S_{xx}(e^{j\omega})}$ 来表示。现在构造一个(可能是非因果的)建模滤波器,其频率响应 $H(e^{j\omega})$ 等于这个平方根;通过逆变换找到该滤波器的单位样本响应 $H(e^{j\omega}) = \sqrt{S_{xx}(e^{j\omega})}$。如果将此过滤器的输入应用于(零均值)单位方差白噪声过程,那么输出将是一个带有 PSD 的 WSS 过程 $[H(e^{j\omega})]^2 = S_{xx}(e^{j\omega})$,因而具有指定的自相关函数。考虑图 5.6 所示的离散时间系统。

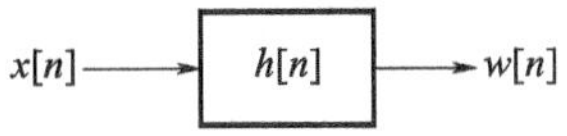

$$x[n] \longrightarrow \boxed{h[n]} \longrightarrow w[n]$$

图 5.6　离散时间白化滤波器

假设 $x[n]$ 是具有自相关函数 $R_{xx}[m]$ 和 PSD 的过程 $S_{xx}(e^{j\omega})$ ($S_{xx}(e^{j\omega}) = F\{R_{xx}[m]\}$)。希望 $w[n]$ 是带有方差 σ_ω^2 的白噪声输出。则有

$$S_{\omega\omega}(e^{j\omega}) = |H(e^{j\omega})|^2 S_{xx}(e^{j\omega})$$

或

$$|H(e^{j\omega})|^2 = \frac{\sigma_\omega^2}{S_{xx}(e^{j\omega})}$$

LTI 系统频率响应的平方幅度必须是多少才能获得具有方差 σ_ω^2 的白噪声输出。如果有 $S_{xx}(e^{j\omega})$ 可用表示为有理的 $e^{j\omega}$(或者可以那样建模),便可以通过适当的因子分解 $|H(e^{j\omega})|^2$ 获得 $|H(e^{j\omega})|$。这一点可以用一个例子说明。

例 5.1　考虑零均值、二阶、WSS 随机序列 $x[n]$,其 PSD 具有以下形式:

$$S_{xx}(e^{j\omega}) = \frac{B(e^{j\omega})}{A(e^{j\omega})} = \frac{12.5 - 10\cos\omega}{1.64 - 1.6\cos\omega}, \omega \in [-\pi \quad \pi]$$

注意,分子和分母的最大值和最小值是正的:

$$B_{max} = 22.5, B_{min} = 2.5, A_{max} = 3.24, A_{min} = 0.04$$

此外,PSD 的分子和分母都是实数。

因此,该 PSD 满足因子分解定理所设定的条件。

使用欧拉(Euler)条件并用 z 替换,由上式可得

$$S_{xx}(z) = \frac{12.5 - 5z - 5z^{-1}}{1.64 - 0.8z^{-1} - 0.8z} = 10\left(\frac{1.25 - 0.5z - 0.5z^{-1}}{1.64 - 0.8z^{-1} - 0.8z}\right)$$

分子和分母因子分解:

$$S_{xx}(z) = 10\frac{(1-0.5z^{-1})(1-0.5z)}{(1-0.8z^{-1})(1-0.8z)}, 0.8 < |z| < 1.25$$

将因果项和非因果项分组,这是上面讨论的平方根部分。如果有一个偶函数并将它分成两部分,那么每个部分都是整个函数的平方根,则有

$$H_{min}(z) = \frac{1-0.5z^{-1}}{1-0.8z^{-1}}, |z| > 0.8$$

$$H_{max}(z) = \frac{1-0.5z}{1-0.8z}, |z| < 1.25$$

$$\sigma_\omega^2 = 10$$

可以证实 $H_{\min}(z)$ 为最小相位系统函数,$H_{\max}(z)$ 为最大相位系统函数。

该随机序列的平均功率可以使用以下因子分解中获得:$r_{xx}[0]$ 为 $s_{xx}(z)$ 中 z^0 的系数,值为 10。

$$r_{xx}[0] = \text{coefficient on } z^0 \text{ in } S_{xx}(z) = 10$$

考虑因果系统功能

$$H_{\text{white}}(z) = \frac{1}{\sigma_\omega H_{\min}(z)}, \quad |z| > 0.5$$

如果随机序列 $x[n]$ 是该系统的输入信号,则输出随机序列的功率谱为

$$S_{yy}(z) = S_{xx}(z)H(z)H^*\left(\frac{1}{z^*}\right) = S_{xx}(z)\left(\frac{1}{\sigma_\omega H(z)}\right)\left(\frac{1}{\sigma_\omega H^*(1/z^*)}\right)$$

利用 PSD 分解,很容易看出分子与分母相同,因此 $S_{yy}(z) = 1$。这意味着,$H_{\text{white}}(z)$ 对应于白化系统的系统功能,该系统将序列 $x[n]$ 转换为零均值、单位方差白噪声。

假设:

$$H_1 : r[n] = s[n] + v[n]$$
$$H_0 : r[n] = v[n]$$

式中:$v[n]$ 是一个零均值高斯过程,但不是白色的;$s[n]$ 是脉冲信号。

$v[n]$ 的自相关函数为 $R_{vv}(m)$ PSD 的自相关函数为 $S_{vv}(e^{j\omega})$。根据之前的讨论,首先通过预白化滤波器进行 $r[n]$ 到 $r_\omega[n]$ 的转换。这是可能的,只要 $S_{vv}(e^{j\omega})$ 是严格的正值(即它的任何频率值都不为零)。

选择冲激响应 $h_\omega[n]$,是由于它的输入噪声 $v[n]$ 是白色的,方差为 δ^2 且高斯的。在预先白化后,信号 $r_\omega[n]$ 现在有适合匹配滤波器的形式,并具有由卷积产生的白噪声 $v[n] * h_\omega[n]$ 和被 $p[n] = s[n] * h_\omega[n]$ 取代的脉冲 $s[n]$。考虑图 5.7 所示的接收机结构。

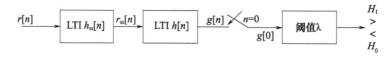

图 5.7 有色噪声的接收机结构

$h[n]$ 是匹配滤波器,与脉冲 $p[n]$ 匹配($h_m[n]$ 与 $p[-n]$ 成正比)。假设 $h_\omega[n]$ 是可逆的(它的 z 变换在单位圆上没有零)。对于白化滤波器这是一个很有效的假设。现在证明图 5.7 中是最佳滤波器[15]。将 $r[n]$ 至 $g[n]$ 表示为组合的 LTI 滤波器,如 $h_c[n]$,并假设没有采用白化过程,那么 $r[n]$ 至 $g[n]$ 的滤波器最优设计为 $h_{\text{opt}}[n]$。由于

$$h_c[n] = h_\omega[n] * h_m[n]$$

式中：$h_m[n]$ 表示白化后的匹配滤波器。如果 $h_{opt}[n]$ 的性能比 $h_c[n]$ 好，就意味着选择 $h_m[n]$ 作为 $h_{opt}[n] * h_\omega^{inv}[n]$ 将导致白化信号更好的性能。但存在白噪声的情况下，$h_m[n] = p[-n]$ 是最佳选择。因此，可得出结论：

$$h_m[n] = p[-n] = h_{opt}[n] * h_m^{inv}[n]$$

或

$$h_{opt}[n] = h_\omega[n] * p[-n]$$

在前面的理论中，检测白噪声中的脉冲，可观察到脉冲的能量影响检测器的性能而不是特定的脉冲形状。由式(5.42)可以看出，存在白噪声的情况下匹配滤波器的输出为 $2E_0/N_0$，以获得最大的 SNR。下面研究有色噪声存在的情况下它会是什么情况。

为了最大化在 $p[n]$ 中的能量 ε_p，其中

$$p[n] = h_\omega[n] * s[n]$$

在频域中表达此式

$$P(e^{j\omega}) = H_\omega(e^{j\omega}) S(e^{j\omega})$$

应用 Parsival 关系可得

$$\varepsilon_P = \frac{1}{2\pi} \int_{-\pi}^{\pi} |H_\omega(e^{j\omega})|^2 |S(e^{j\omega})|^2 d\omega$$

$$= \frac{1}{2\pi} \int_{-\pi}^{\pi} \frac{|S(e^{j\omega})|^2}{S_\omega(e^{j\omega})} d\omega \tag{5.47}$$

通过将发射信号 $s[n]$ 的所有能量置于使 $S_\omega(e^{j\omega})$ 最小的频率处，可以使 ε_p 最大化。换句话说，在有色噪声的情况下，系统的性能取决于信号形状，与仅存在白噪声的情况不同（它仅取决于能量，而不取决于特定的脉冲形状）。

5.8 相干接收机

本节介绍一个匹配滤波器的重要实现——相干接收机。
重写式(5.43)：

$$h(t) = Ks^*(t_0 - t) \tag{5.48}$$

匹配滤波器的输出响应由卷积方程给出：

$$y(t) = \int_{-\infty}^{\infty} x(\lambda) h(t-\lambda) d\lambda \tag{5.49}$$

对于单比特周期 t_0，可以通过改变积分区间来重写式(5.49)：

$$y(t) = \int_0^{t_0} x(\lambda) h(t-\lambda) d\lambda \tag{5.50}$$

取式(5.43)中的脉冲响应并将其移位 λ，以便可以将其代入式(5.50)。相

应地,RHS 偏移 $+\lambda$。匹配滤波器 $h(t)$ 的时移必须与 $s(t)$ 中的时移相反:

$$h(t-\lambda) = Ks^*(t_0 - t + \lambda) \quad (5.51)$$

匹配滤波器的输出 $\text{SNR} = 2E/N_0$。将式(5.51)代入式(5.50),可得

$$y(t) = \frac{2K}{N_0}\int_0^{t_0}[s(\lambda) + n(\lambda)]s(t_0 - t + \lambda)\text{d}\lambda \quad (5.52)$$

设 $t = t_0$,因为只对 $t = t_0$ 时刻的结果感兴趣,此时匹配滤波器的输出达到峰值:

$$y(t) = \frac{2K}{N_0}\int_0^{t_0}[s(\lambda) + n(\lambda)]s(\lambda)\text{d}\lambda \quad (5.53)$$

上述表达与输入信号之间的互相关完全相同,输入信号包括噪声和没有噪声的原始信号。这导致了另一种实现匹配滤波器的方法——相干器。

相干接收机在数学上与匹配滤波器完全相同,但其更容易理解且在硬件中更容易实现。将接收信号加噪声与发射信号的复制品相关联。在 FMCW 雷达中这称为拉伸处理[10-11]。这样做的优点不仅在于其简单性,而且压缩脉冲保留在复平面中,即 I 和 Q 参数保持完整,以便进一步的相干处理。否则,SAW 压缩器在压缩脉冲转换为时域时会丢失相位信息。

图 5.8 展示了方波脉冲的匹配滤波器输出。方波脉冲的脉冲响应本身就是脉冲响应。信号周期结束时的滤波器输出值 5。该值在信号结束,即 $t = 5$ 时达到最大。接收机根据此值做出决定并将该位声明为 1。然后不需要输出后半部分,因此从存储器中丢弃值(5),刷新寄存器,并且重新开始处理下一个信号。

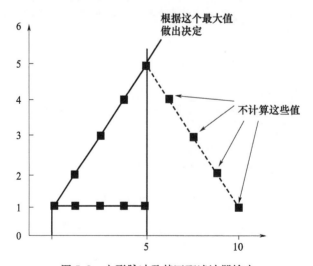

图 5.8 方形脉冲及其匹配滤波器输出

匹配滤波器的输出最大值位于 $t=5$，即信号的最后一个样本处。因此，虽然进行了卷积，获得的却是积分。如果将发射信号（方波脉冲）和保存的该信号的反向复制品之间进行互相关，也将得到方波脉冲。

图 5.9 显示了 FM 啁啾信号下的匹配滤波器的性能。由图可以看到，即使在 $-6\mathrm{dB}$ 的低信噪比下，压缩脉冲也是明显的。

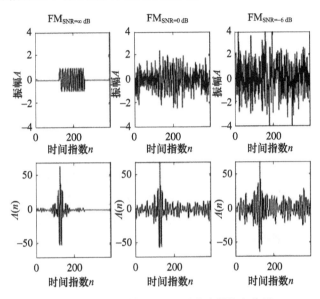

图 5.9　FM 啁啾信号和匹配滤波器输出信号

5.9　波动目标

人们专注于稳定非波动的目标，实际上很少有这种情况。当目标改变位置或向雷达呈现不同角度时，信号发生波动，这称为雷达目标闪烁。在这种情况下，从一次扫描到下一次扫描，甚至是从一个脉冲到下一个脉冲，问题都会发生变化。反射信号的波动基于相对 RCS 的变化。在向前运动时，飞机与雷达的坐标关系发生变化，造成 RCS 的变化。由于飞机航线的瞬态抖动，其振幅和角度变化会对雷达天线接收场强产生强烈的波动。

1955 年，美国数学家 Peter Swerling 建立了 Swerling 模型（简写为 SW 模型），用于描述具有复杂形状物体的 RCS 的统计特性[9]。根据 Swerling 模型，反射物体的 RCS 基于具有特定自由度的卡方检验 PDF。这些模型在雷达理论技术中特别重要。有五种 Swerling 模型，分别用罗马数字 Ⅰ － Ⅳ 编号如图 5.10 所示。具体描述如下：

散射的类型	振幅模式	起伏率	
		慢波动率"扫描到扫描"	快波动率"脉冲到脉冲"
相似的振幅 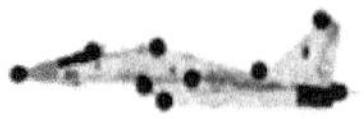	瑞利 $P(a)=\dfrac{2a}{\sigma}\exp\left(-\dfrac{a^2}{\sigma}\right)$	Swerling 1	Swerling 2
一个散射体比其他散射体大得多 	中心瑞利 DOF=4 $P(a)=\dfrac{8a^2}{\sigma^2}\exp\left(-\dfrac{2a^2}{\sigma}\right)$	Swerling 3	Swerling 4

图 5.10　不同 Swerling 情况下的雷达回波(σ = 平均 RCS(m^2))[10]

(1) Swerling 1:这种情况描述了一种目标,其反向散射信号的幅度在驻留时间内相对恒定。它根据具有两个自由度的卡方检验 PDF 而变化($m=1$)。雷达截面在脉冲到脉冲之间是恒定的,但是在扫描与扫描之间独立地变化。RCS 的概率密度由瑞利函数给出:

$$P(\sigma)=\frac{1}{\sigma_{av}}\exp\left(\frac{-\sigma}{\sigma_{av}}\right) \tag{5.54}$$

式中:σ_{av} 为所有目标波动的平均横截面。

(2) Swerling 2:PDF 与 Swerling 1 一样,但波动随着脉冲到脉冲间变化。

在 Swerling 1 和 Swerling 2 的情况下,目标由分布在表面上的许多同样大的各向同性反射点组成。这些是飞机等复杂目标的典型模型。

(3) Swerling 3:波动与扫描无关,PDF 由下式给出,即

$$P(\sigma)=\frac{4\sigma}{\sigma_{av}^2}\exp\left(\frac{-2\sigma}{\sigma_{av}}\right) \tag{5.55}$$

(4) Swerling 4:PDF 同情况 Swerling 2,但波动与脉冲无关。Swerling 3 和 Swerling 4 模拟具有一个大散射表面,并同时具有若干其他小散射表面的物体。这可能是船舶的情况。

(5) Swerling 5:非波动,也称为 Swerling 0。

正如所预料的那样,对于波动目标而言,实现特定 P_d 所需的单脉冲 SNR(对于 $P_d>0.5$)将比对于恒定幅度信号要求更高。然而,对于 $P_d<0.5$ 的情况,系统利用波动目标偶尔会出现大于回波信号的平均值这一特征,因此所需的 SNR 较恒定幅度信号要求更低(图 5.11)。

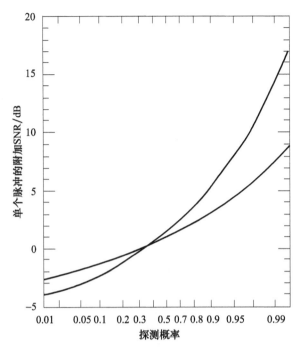

图 5.11 目标波动对所需 SNR 的影响

注:基于 Swerling 模型,当单一脉冲为达到相同的检测概率,波动 RCS 目标相对于平稳 RCS 目标需要的额外的信号 SNR。

5.10 脉冲的积累

到目前为止已经研究了单脉冲雷达的回波情况。然而,通常情况是雷达波束在目标上停留的持续时间比仅返回一个脉冲所花费的时间长得多。在这种情况下,积累多个脉冲回波将会更有利。

例如,对于在扫描期间驻留在目标上的搜索雷达波束,计算下面给出的目标回波数:

$$M_{\text{hits}} = \frac{\theta_{Az} f_{\text{PRF}}}{\dot{\theta}_{Az}} = \frac{\theta_{Az} f_{\text{PRF}}}{6\omega_{\text{scan}}}$$

式中:M_{hits} 为每次扫描的目标回波;θ_{Az} 为方位角波束宽度;f_{PRF} 为脉冲重复频率;$\dot{\theta}_{Az}$ 为方位角扫描速率((°)/s);ω_{scan} 为方位角扫描速率(r/min)。

通常,对于地面雷达方位角波束宽度为 1.5°,扫描速率为 5r/min,脉冲重复频率为 30Hz 的情况,从单点目标返回的脉冲数为 15 个。对所有这些回波进行求和的过程称为积累。有两种类型的积累:在包络检测器之前执行积累,称为预检测积累或相干积累;在包络检测器之后执行积累,称为检测后积累或非相干积累。

预检测积分需要保护被积分信号的相位,目的是实现最佳求和,由于相位信息被包络检测器破坏,检测后积分虽更容易实现但效果并非最优。

如果 M_{hits} 个脉冲是相干积累的,那么积累后的 SNR 将是 $M_{hits}(SNR)$(白噪声中单脉冲的 M_{hits} 倍)。然而,在非相干积累情况下,虽然积累过程可能同样有效,但是检波器存在损耗,降低包络检波器输出处的有效 SNR。通过降低噪声方差,从而缩小噪声和信号 + 噪声 PDF,积累提高了 P_D 并减少 P_{FA},如图 5.12 所示。

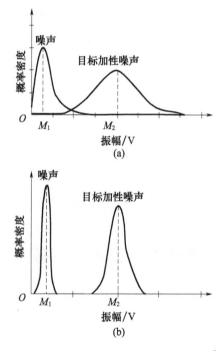

图 5.12 积累前后信号和噪声 PDF 的影响[13]

如果积累 M_{hits} 个脉冲,实现给定 P_D 和 P_{FA} 的单脉冲 SNR 要求将会降低。5.10.1~5.10.3 节分别讨论了相干积累、非相干积累和累积检测概率。

5.10.1 相干积累

只有当目标回波带有不随机变化的相位信息且传播介质不会破坏这种相位关系时,才可能进行相干积累。

知道每个发射脉冲的初始相位是有意义的。考虑到不仅在幅值上对雷达回波进行积累,而且在相位上也进行操作,这将获得最大程度的 SNR 提升。这个过程可以理解为在考虑相位关系的情况下,将多个回波脉冲缝合在一起,就像一个连续的回波脉冲一样。可以理解为实现了一个具有线性相位变化的单个较长脉冲 $\varphi = \omega t$。M 个持续时间 t_M 的脉冲将被"缝合"成一个持续时间 Mt_M 的单脉冲。如果忽略噪声,那么通过持续时间 t_M 的脉冲的最佳滤波器带宽 $\Delta f = 1/t_M$。为了简单起见,滤波器响应 $H(f)$ 是单位 1,那么输出噪声功率由滤波器的带宽乘以每赫的噪声功率给出:

$$N_{\text{out}} = N_0 \Delta_f = \frac{N_0}{t_M} \tag{5.56}$$

如果将 M 个脉冲拼接在一起,在时间长度变为 Mt_M 后,输出噪声功率就会明显降低:

$$N_{\text{out}} = \frac{N_0}{Mt_M} \tag{5.57}$$

信号输入功率和输出功率在积累过程中保持不变,但噪声降低为原来的 $1/M$,这就导致 SNR 改善了 M 倍[11]。

1) 信噪比分析

脉冲 k 上的信号幅度由下式给出:

$$s(k) = |S| e^{j\omega t} \tag{5.58}$$

现给出如下假设。

(1) 目标存在于所考虑的距离单元中。

(2) 目标回波的幅度和相位在相干处理间隔(CPI)内是保持恒定的。这意味着寻找一个 SW0/SW5,SW1 或 SW3 类的 Swerling 目标。SW2/SW5 并没有满足这个要求。

(3) 目标回波中没有多普勒频移。如果存在,则它被消除。

对 M 个脉冲积累,有

$$s_{\text{out}} = \sum_M s(k) = M|S|e^{j\omega t} \tag{5.59}$$

输入端的信号功率为

$$P_{\text{sin}} = |S|^2 = P_S \tag{5.60}$$

式中:P_S 为来自雷达距离方程的单脉冲信号功率。

输出端的信号功率为

$$P_{\text{sout}} = M^2 |S|^2 = M^2 P_S \tag{5.61}$$

下面处理噪声问题。相干积分器输入端的噪声为

$$n(k) = \frac{1}{\sqrt{2}}(n_I(k) + jn_Q(k)) \tag{5.62}$$

对 M 个脉冲求和,即

$$n_{\text{out}} = \sum_M n_M(k) = \frac{1}{\sqrt{2}}\left(\sum_M n_I(k) + j\sum_M n_Q(k)\right) = n_{\text{out}I} + jn_{\text{out}Q} \quad (5.63)$$

输出端的噪声功率为

$$P_{n\text{out}} = E\{n_{\text{out}}n_{\text{out}}^*\} = E\{n_{\text{out}I}^2\} + E\{n_{\text{out}Q}^2\} \quad (5.64)$$

计算式(5.62)的 RHS：

$$\begin{aligned} E\{n_{\text{out}I}^2\} &= E\left\{\left(\frac{1}{\sqrt{2}}\sum_{k=1}^M n_I(k)\right)\left(\frac{1}{\sqrt{2}}\sum_{l=1}^M n_I(l)\right)\right\} \\ &= \frac{1}{2}\sum_M E\{n_I^2(k)\} + \frac{1}{2}\sum_{\substack{l,k\in[1,M] \\ l\neq k}} E\{n_I(k)n_I(l)\} \end{aligned}$$

$$(5.65)$$

由于 $n_I(k)$ 是 WSS 和零均值的，即

$$E\{n_I^2(k)\} = \sigma^2 \; \forall k \quad (5.66)$$

假设噪声样本在脉冲之间是不相关的。这意味着，对于 $\forall k\neq l, n_I(k)$ 和 $n_I(l)$ 是不相关的。由于 $n_I(k)$ 和 $n_I(l)$ 也是零均值的，则可得

$$E\{n_I(k)n_I(l)\} = 0, \quad \forall l\neq k \quad (5.67)$$

将式(5.67)和式(5.66)代入式(5.65)，可得

$$E\{n_{\text{out}I}^2\} = \frac{M\sigma^2}{2} = \frac{MP_{\text{nin}}}{2} \quad (5.68)$$

式中：P_{nin} 为匹配滤波器输出端的噪声功率（来自雷达距离方程的单脉冲噪声 $B=1/\tau_p$）。

通过类似的推理，可得

$$E\{n_{\text{out}Q}^2\} = \frac{M\sigma^2}{2} = \frac{MP_{\text{nin}}}{2} \quad (5.69)$$

将式(5.68)和式(5.69)代入式(5.64)，可得

$$P_{n\text{out}} = E\{n_{\text{out}I}^2\} + E\{n_{\text{out}Q}^2\} = MP_{\text{nin}} \quad (5.70)$$

结合式(5.61)和式(5.64)，可得

$$\text{SNR}_{\text{out}} = \frac{M^2 P_S}{MP_{\text{nin}}} = M(\text{SNR}) \quad (5.71)$$

其中，SNR 由雷达距离方程（单脉冲 SNR）给出。因此，可以看到相干积累器在 SNR 中提供 M 的增益因子，其中 M 是积累的脉冲数。

如果目标是 SW2 或 SW5 的，则相干积累不会增加 SNR。这是因为，对于 SW2 和 SW5 目标，信号在脉冲之间不是恒定的而是表现得像噪声。这意味着，必须将目标信号视为与噪声相同。因此，由式(5.59)可得

$$s_{\text{out}} = \sum_M s(k) = \frac{1}{\sqrt{2}}\left(\sum_M s_I(k) + j\sum_M s_Q(k)\right) = s_{\text{out}I} + js_{\text{out}Q} \quad (5.72)$$

按照用于噪声的情况,有

$$E\{s_{\text{out}I}^2\} = E\{s_{\text{out}Q}^2\} = \frac{MP_S}{2} \tag{5.73}$$

$$P_{\text{sout}} = E\{s_{\text{out}I}^2\} + E\{s_{\text{out}Q}^2\} = MP_S \tag{5.74}$$

从而可得

$$\text{SNR}_{\text{out}} = \frac{P_{\text{sout}}}{P_{\text{nout}}} = \frac{MP_S}{MP_{\text{nin}}} = \text{SNR} \tag{5.75}$$

这意味着,相干积累器输出处的 SNR 与匹配滤波器输出处的 SNR 相同。因此相干积累器将不提供增益。

2) 探测分析

到目前为止,已经计算了固定目标的检测概率和虚警概率,且通过 Swerling 目标的相干积累可以获得的 SNR 增量。现在需要确定 Swerling 目标的检测概率和误报概率。

通过考虑信号处理器输出端的噪声密度函数来计算 p_d。由式(5.63)可得

$$\frac{1}{\sqrt{2}}(n_I(k) + jn_Q(k)) = n_{\text{out}I} + jn_{\text{out}Q} \tag{5.76}$$

注意,每一个 $n_i(k)$ 和 $n_q(k)$ 都是独立的、零均值、高斯随机变量,且具有相等的方差 $M\sigma^2$。这意味着,$n_{\text{out}I}$ 和 $n_{\text{out}Q}$ 是零均值、高斯随机变量,且具有方差 $M\sigma^2/2$。它们也是独立的。探测器输出的噪声幅度密度由下式给出:

$$N_{\text{out}} = \frac{N}{M\sigma^2} e^{-N^2/2M\sigma^2} U(N) \tag{5.77}$$

$$V_T = -\ln P_{\text{fa}} \tag{5.78}$$

式中:V_T 为阈值噪声比

3) SW0/SW5 目标

对于特定值 $\boldsymbol{\theta} = \theta$,重写密度函数如下[11]:

$$f_{v_I v_Q}(v_I, v_Q | \boldsymbol{\theta} = \theta) = \frac{1}{2\pi\sigma^2} e^{-[(v_I + S\cos\theta)^2 + (v_Q + S\sin\theta)^2]/2\sigma^2} \tag{5.79}$$

$$v_{\text{out}} = \frac{1}{\sqrt{2}}(v_I(k) + jv_Q(k)) = v_{\text{out}I} + jv_{\text{out}Q} \tag{5.80}$$

每一个 $v_I(k)$ 和 $v_Q(k)$ 都是独立的高斯随机变量,且具有相等的方差 σ^2。$v_I(k)$ 表示 $S\cos\theta$,$v_Q(k)$ 表示 $S\sin\theta$。这意味着 $v_{\text{out}I}$ 和 $v_{\text{out}Q}$ 也是高斯的。它们的方差为 $M\sigma^2$,均值为 $MS\cos\theta$ 和 $MS\sin\theta$。它们也是独立的。在这种情况下,在检测器输出的信号加噪声幅度的密度 V_{out} 为

$$f_v(V) = \left(\frac{V}{\sigma^2} e^{-(V^2 + (MS)^2)/2M\sigma^2} U(V)\right) I_0\left(\frac{VS}{\sigma^2}\right) \left(\frac{1}{2\pi}\int_{-\infty}^{\infty} \text{rect}\left(\frac{\theta}{2\pi}\right) d\theta\right)$$

$$= \frac{V}{\sigma^2} I_0 \left(\frac{VS}{\sigma^2} \right) e^{-(V^2+(MS)^2)/2M\sigma^2} U(V) \tag{5.81}$$

式中:对于 θ 的积分等于1。因此,P_d 由下式给出[11]:

$$P_d = \frac{1}{2}(1 - \text{erf}(\sqrt{\text{TNR}} - \sqrt{\text{SNR}}))$$

$$+ \frac{e^{-(\sqrt{\text{TNR}} - \sqrt{\text{SNR}})^2}}{4\sqrt{\pi}\sqrt{\text{SNR}}} \left[1 - \frac{\sqrt{\text{TNR}} - \sqrt{\text{SNR}}}{4\sqrt{\text{SNR}}} + \frac{1 + 2(\sqrt{\text{TNR}} - \sqrt{\text{SNR}})^2}{16\text{SNR}} - L \right]$$

式中:SNR 为雷达距离方程中的信噪比(单脉冲 SNR),$\text{SNR} = P_z/\sigma^2 = S^2/2\sigma^2$;$\text{erf}(x)$ 为误差函数,$\text{erf}(x) = 2/\sqrt{\pi} \int_0^x e^{-u^2} du$;TNR 为阈值噪声比,且有

$$\text{TNR} = -\ln P_{fa} \tag{5.82}$$

4) SW1/SW2 目标

探测概率由下式给出[11]:

$$P_d = e^{-\text{TNR}/(\text{SNR}+1)} \tag{5.83}$$

5) SW3/SW5 目标

探测概率由下式给出[11]:

$$P_d = \left[1 + \frac{2\text{SNR} \times \text{TNR}}{(2 + \text{SNR})^2} \right] e^{-2\text{TNR}/(2+\text{SNR})} \tag{5.84}$$

SNR 是根据雷达距离方程计算的 SNR。这是单脉冲 SNR,正如在 SW2 和 SW5 目标中看到的那样,相干积累不会改善 SNR。

因此,在计算使用相干积累器的雷达的 P_{fa} 和 P_d 时(以及 SW0/SW5,SW1 或 SW3 目标)的情况,使用与之前相同的 P_{fa} 和 P_d,即式(5.82)~式(5.84)。然而,对于 SNR 使用 $N(\text{SNR})$,其中 N 是相干积累的脉冲数,SNR 是匹配滤波器输出端的 SNR。

如果目标是 SW2 或 SW5,相干积分没有帮助。这源自对于 SW2 和 SW5 目标,信号在脉冲之间不是恒定的而是表现得像噪声。这意味着必须将目标信号视为与噪声相同。在这种情况下,使用的 SNR 值是从雷达距离方程获得的 SNR。

在上面论述过程中对目标做出了一些理想的假设。特别地,假设目标幅度在脉冲之间是恒定的。此外,假设在其峰值处对匹配滤波器的输出进行采样。在实践中这些都不是严格正确的。首先,不能指望在峰值处对匹配滤波器输出进行采样。因此,雷达距离方程给出的 SNR 将不是匹配滤波器输出的 SNR。它的值较小,考虑到这一点,通常使用距离跨越损失来描述此 SNR 的降低。如果采样周期是脉冲宽度,则距离跨越损失通常为 3dB。

还有其他的因素引起进入相干积分器的信号变化。一个是目标运动。这将产生多普勒频率,导致脉冲到脉冲的回波幅度变化。如果多普勒频率足够大,以致

引起大幅度的回波幅度变化,则相干积分器的增益可能会消失。通常,如果多普勒频率大于 $\frac{\text{PRF}}{N}$,则相干积分增益将消失。实际上,相干积分很可能会导致 SNR 降低。通过使用调谐到不同多普勒频率的相干积分器组,可以规避多普勒频率偏移。

与多普勒相关的另一种退化称为距离徙动。由于多普勒,输入相干累加器的目标位置会发生移动。这意味着,各个脉冲间信号幅度会改变。如上所述,在相干累加器输出处的 SNR 降低会引起 SNR 的恶化。在实际的雷达中,设计人员采用通过不积累太多脉冲来避免距离徙动。即便如此,距离徙动仍不可避免地引起 SNR 小于 1dB 的恶化(SNR 损失)。

导致信号幅度变化的另一个因素是发生在雷达对目标的扫描过程中的相干累加。扫描会引起雷达距离方程中 G_T 和 G_R 项在相干积累的 N 个脉冲之间发生变化。如上所述,这将降低 SNR,该损失称为波束扫描损失。在合理设计的雷达中,这种损失通常为 1~3dB。

相控阵雷达也有类似的问题。对于相控阵雷达,光束不连续移动(在大多数情况下)而是离散的。这意味着,相控阵雷达可能不会将波束直接指向目标,雷达距离方程中的 G_T 和 G_R 可能不是它们的最大值。与其他情况一样,这种现象称为波束赋形损失。波束赋形损失的典型值为 1~3dB。

对于典型值 $P_{\text{fa}} = 10^{-6}$,图 5.13 描述了三种目标类型的 P_d 与 SNR 的关系曲线。值得注意的是,P_d 对于三种目标类型的区别:对给定的 SNR 目标,SW0/SW5 提供了最大的 P_d,SW1/SW2 目标提供了最低的 P_d,SW3/SW5 介于两者之间。对于 SW0/SW5 目标类型,影响阈值交叉的唯一因素是噪声(因为目标的 RCS 是恒定的)。对于 SW1/SW2 目标类型,目标 RCS 可以显著波动,因此噪声和 RCS 波动都会影响阈值交叉。

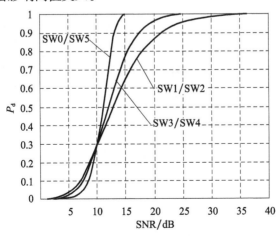

图 5.13　对于三种目标类型,$P_{\text{fa}} = 10^{-6}$(单脉冲),P_d 与 SNR 的关系

SW3/SW5 类型的标准假设是它由一个主要的散射体(是恒定的 RCS)和几个较小的散射体组成。因此,SW3/SW5 目标类型的阈值交叉受到 RCS 波动的影响,但 SW1/SW2 目标类型则不是如此。

值得注意的是,在 $P_d = 0.5$,$P_{fa} = 10^{-6}$ 时,对于 SW1/SW2 目标类型需要 SNR≈13dB。相同的 SNR 在 SW0/SW5 目标类型上给出 $P_d = 0.9$(图 5.14)。对于 SW1/SW2 目标类型,为获得一个 $P_d = 0.9$,需要大约 21dB 的 SNR。这就是 13dB 和 20dB 用于雷达距离方程研究中的原因。图 5.15 总结了探测问题。

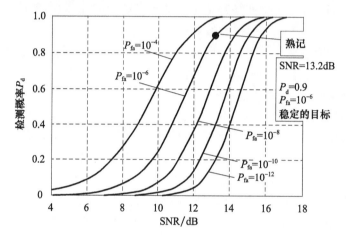

图 5.14 $P_d = 0.9$,$P_{fa} = 10^{-6}$ 的 SNR[10]

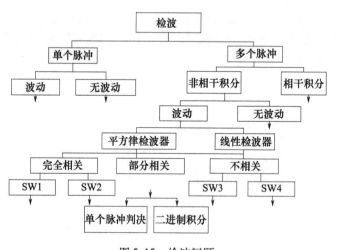

图 5.15 检波问题

6)计算 P_{fa}

检测概率方程中的一个重要参数是阈值噪声比(TNR),TNR $= -\ln P_{fa}$,其中

P_{fa}是虚警概率。虚警概率由系统要求设定。

在雷达中,虚警导致雷达资源的浪费(能量、时间线和硬件),因为每次发生误报警时,雷达必须花费资源来确定它是否发生。换句话说,每当幅度检测器的输出超过阈值T时,此检测都会被记录下来。雷达数据处理器并不知道检测到的是真实目标还是噪声的结果(虚警)。因此,雷达必须验证每次检测。这通常需要传输另一个脉冲和另一个阈值检查(花费时间和能量)。此外,在验证检测之前,必须将其作为有效目标检测而在计算机中保存(硬件支出)。

为了最大限度地减少雷达资源的浪费,希望尽量减少虚警概率。换句话说,尽量减少P_{fa}。然而,无法将P_{fa}设定为一个任意小的值,因为这会增加TNR并降低检测概率P_d(见式(5.82)~式(5.84))。结果设定P_{fa}为在给定时间段内发生可接受的虚警数量。最后,提供了通常用于计算P_{fa}的标准。具体来说,P_{fa}选择在一段时间内平均提供一次虚警的值,该时间段称为警报时间T_{fa}。T_{fa}通常综合考虑雷达资源限制来制定。

经典的方法根据时间来确定P_{fa}。这可以借助图5.16解释,其中幅度检波器输出端信号包含有较大的噪声。标记为阈值的水平线表示检测阈值电压电平。应注意,电压高于阈值共有三处,持续时间长度分别为t_1、t_2和t_3。此外,阈值交叉之间的间隔是T_1和T_2。由于阈值交叉构成虚警,因此在时间间隔T_1内t_1时段发虚警,在时间间隔T_2内t_2时段内发生错误警报,等等。如果将所有t_k平均,会得到噪声高于阈值的平均时间$\overline{t_k}$。同样地,如果将所有T_k平均,会得到误报之间的平均时间,即虚警时间T_{fa}。取$\overline{t_k}$和T_{fa}的比值便得到虚警概率,即

$$P_{fa} = \frac{\overline{t_k}}{T_{fa}} \tag{5.85}$$

虽然T_{fa}容易获取,但$\overline{t_k}$获取并不容易。通常把$\overline{t_k}$置为用时间表示的距离分辨率$\tau_{\Delta R}$。对于未调制的脉冲,$\tau_{\Delta R}$是脉冲宽度。对于调制脉冲,$\tau_{\Delta R}$是调制带宽。

根据经验,以上方法确定P_{fa}不是很准确。虽然可以在式(5.85)上加入必要数量的说明以使其准确,但对于现代雷达这不是必需的。

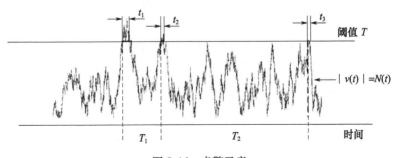

图5.16 虚警示意

前面描述的确定 P_{fa} 的方法基于连续时间信号。在现代雷达中,检测基于采样或通过 A/D 转换器(ADC)转换到离散时间域的信号。这使得决定 P_{fa} 更为直观和容易。

使用现代雷达,可以计算出误报的点数 N_{fa},在所需的误报时间 T_{fa} 内,并计算虚警概率:

$$P_{fa} = \frac{1}{N_{fa}} \tag{5.86}$$

为了计算 N_{fa},需要了解有关雷达操作的一些情况。在典型的雷达中,每个脉冲的回波信号均被周期等于距离分辨率所对应的时间 $\tau_{\Delta R}$ 采样。如上所述,这将等于未调制脉冲的脉冲宽度和调制脉冲的调制带宽的倒数。采样通常维持一段时间 ΔT,但是这个时间通常短于脉冲重复间隔 T。在搜索雷达中,ΔT 可能略小于 T。然而,对于跟踪雷达,ΔT 显著小于 T。综上所述,就可以计算每个 PRI 内的距离采样样本数:

$$N_R = \frac{\Delta T}{\tau_{\Delta R}} \tag{5.87}$$

提供的每个采样样本都可能会发生虚警。

在 T_{fa} 的一段时间内,雷达将发射脉冲个数为

$$N_{pulse} = \frac{T_{fa}}{T} \tag{5.88}$$

因此,在时间周期 T_{fa} 内有发生虚警的采样样本为

$$N_{fa} = N_R N_{pulse} \tag{5.89}$$

在某些雷达中,信号处理器由 N_{Dop} 个并行多普勒通道组成。这意味着,它也将包含 N_{Dop} 个幅值检波器。每个幅值检波器在每个波形脉冲重复间隔(PRI)内都会产生 N_R 个采样样本。因此,在这种情况下,T_{fa} 时间段内采样样本的总数为

$$N_{fa} = N_R N_{pulse} N_{Dop} \tag{5.90}$$

在任何一种情况下,虚警概率都由式(5.86)给出。

为了说明上述内容,考虑一个简单的例子。有一部搜索雷达,其脉冲重复间隔 $T = 400\mu s$。它使用线性调频(LFM)的 $50\mu s$ 脉冲,其中 LFM 带宽为 1MHz。因此得到 $\tau_{\Delta R} = 1\mu s$。假设雷达在发射脉冲之后间隔一个脉冲宽度开始采样,并在下一个发射脉冲之前一个脉冲宽度停止采样。从而可得 $\Delta T = 300\mu s$。信号处理器不是多通道多普勒处理器。雷达的搜索扫描时间 $T_s = 1s$,希望每两次扫描不超过一次误报,即 $T_{fa} = 2T_s = 2s$。如果将其与 PRI 相结合,则可得

$$N_{pulse} = \frac{T_{fa}}{T} = \frac{2}{400 \times 10^{-6}} = 5000 \tag{5.91}$$

从 ΔT 和 $\tau_{\Delta R}$ 可得

$$N_R = \frac{\Delta T}{\tau_{\Delta R}} = \frac{300 \mu s}{1 \mu s} = 300 \tag{5.92}$$

则

$$N_{fa} = N_R N_{pulse} = 300 \times 5000 = 1.5 \times 10^6 \tag{5.93}$$

$$P_{fa} = \frac{1}{N_{fa}} = \frac{1}{1.5 \times 10^6} = 6.667 \times 10^{-7} \tag{5.94}$$

上面研究了不同类型的 Swerling 目标的单脉冲检测概率和虚警概率。可以直接将这些知识应用于相干积累,其中仅 SNR 值会发生变化。这意味着,如果相干地积累 16 个脉冲,那么根据式(5.71)需要使用的新的 SNR 是单脉冲 SNR 乘以 M。在此乘法运算期间,必须注意将单脉冲 SNR 从分贝转换为绝对值,乘以 M,然后转换回分贝。在 16 个脉冲相干积累(如 16 点 FFT)之后将产生新的 SNR 值。

在结束本节之前,有必要对稳定和波动目标给出一些见解。

为了计算稳定目标的给定 P_d 和 P_{fa} 的单脉冲 SNR,可参考 Albersheim 方程[8]。

1. Albersheim SNR 经验公式

自然单位的单脉冲 SNR:

SNR(自然单位) = $A + 0.12AB + 1.7B$

其中

$$A = \ln\left(\frac{0.62}{P_{fa}}\right), B = \ln\left(\frac{P_d}{1-P_d}\right) \tag{Ⅰ}$$

式(Ⅰ)在如下情形下,产生的误差小于 0.2dB:

$$10^{-7} < P_{fa} < 10^{-3}, 0.1 < P_d < 0.9$$

如果积累 M 个独立样本,则有

$$\text{SNR}_M = -5\lg M + \left(6.2 + \frac{4.54}{\sqrt{M+0.44}}\right)\lg(A + 0.12AB + 1.7B) \tag{Ⅱ}$$

式中:SNR_M 是积分 M 脉冲时所需的单脉冲 SNR(dB)。

式(Ⅱ)在如下情形下,产生的误差小于 0.2dB:

$$1 < M < 8096, 10^{-7} < P_{fa} < 10^{-3}, 0.1 < P_d < 0.9$$

如果要求 $P_d = 0.9$ 和 $P_{fa} = 10^{-6}$。然后,使用式(Ⅰ)获得的单脉冲 SNR 将是 13.15dB。如果非相干积累 100 个脉冲,那么使用式(Ⅱ)可获得所需的单脉冲 SNR 为 -1.26dB。这意味着,可以获得相同的 $P_d = 0.9$ 和 $P_{fa} = 10^{-6}$,但具有较低的单脉冲 SNR。感兴趣的读者可参见文献[6,8,11]。

2. 稳定目标和 Swerling 目标的 Shnidman 经验公式

Shnidman 经验公式与 Albersheim 经验公式类似,也适用于 Swerling 目标。

这些公式给出了在 M 个非相干脉冲积累时，实现特定所需 P_d 和 P_{fa} 的单脉冲 SNR。Shnidman 经验公式由以下一系列计算给出[6,8,11]：

$$K = \begin{cases} \infty, & \text{非脉冲目标(SW0/SW5)} \\ 1, & \text{SW1} \\ M, & \text{SW2} \\ 2, & \text{SW3} \\ 2M, & \text{SW4} \end{cases}$$

$$\alpha = \begin{cases} 0, & M < 40 \\ 1/4, & M \geqslant 40 \end{cases}$$

$$\eta = \sqrt{-0.8\ln(4P_{fa}(1-P_{fa}))} + \text{sgn}(P_d - 0.5)X\sqrt{-0.8\ln(4P_d(-P_d))}$$

$$C_1 = \frac{\{[(17.7006P_d - 18.4496)P_d + 14.5339]P_d - 3.525\}}{K}$$

$$C_2 = \frac{1}{K}\left\{\exp(27.31P_d - 25.14) + (P_d - 0.8)\left[0.7\ln\left(\frac{10^{-5}}{P_{fa}}\right) + \frac{2M-20}{80}\right]\right\}$$

$$C_{dB} = \begin{cases} C_1, & 0.1 \leqslant P_d \leqslant 0.872 \\ C_1 + C_2, & 0.872 \leqslant P_d \leqslant 0.99 \end{cases}$$

$$C = 10^{C_{dB}/10}$$

$$\text{SNR（自然单位）} = \frac{CX_\infty}{M}, \quad \text{SNR(dB)} = 10\lg(\text{SNR})$$

如果 $x > 0$，则符号函数 $\text{sgn}(x) = +1$；如果 $x < 0$，则符号函数 $\text{sgn}(x) = -1$。在如下情形下，SNR 的误差小于 0.5dB：

$$-0.1 \leqslant P_d \leqslant 0.99, 10^{-9} \leqslant P_{fa} \leqslant 10^{-3}, 1 \leqslant M \leqslant 100$$

5.10.2 非相干积累

本节讨论非相干或检波后的积累。检波后的积累源于积分器或求和器放在幅度或平方律检波器之后。非相干积累源于信号经历了幅度或平方律检波，相位信息丢失。非相干积累器与相干积累器相同的方式工作（见 5.10.1 节），因为它在执行阈值检查之前已对 M 个脉冲的回波求和。

非相干积累器能以多种方式实现。在旧雷达中，它是通过显示器上的余辉加上操作员的综合能力来实现的。这些类型的非相干积累器很难分析，本书不予考虑。有关更多信息参阅 Skolnik 的《雷达手册》[1]。

非相干积累器之后是阈值器件，也称为二进制积分器或 m-of-n 检波器。它使用更多的逻辑电路而不是集成器件。简单地说，雷达检查 n 个脉冲的阈值器件的输出。如果在 n 个脉冲中的任何一个脉冲 m 被发现，则 DETECT 宣布雷达目标被发现。5.10.3 节将就此进行更详细的讨论。

实现另一类型的非相干检波器是求和器或积分器。在旧雷达中,使用低通滤波器来实现。在新雷达中,它们在专用硬件或雷达计算机中作为数字求和器实现。它们的运行方式与相干积累器讨论的开始部分相同。

对于 SW0/SW5、SW1 和 SW3 目标,非相干积累器相对于相干积累器的主要优点是硬件简单。正如上面讨论的那样,相干积累器必须应对目标多普勒效应。就硬件实现而言,通常意味着相干积累器的复杂性增加。具体地,需要实现一组相干积累器,其被调谐到各种范围的多普勒频率。因此,需要多个积分器或加法器,其数量等于搜索窗口中的距离单元的数量乘以所需覆盖感多普勒频率范围的多普勒频带的数量。虽然之前没有直接说明,但这也需要更大数量的幅度(或平方律)检波器和阈值器件。

由于非相干积累器位于幅度检波器之后,因此不需要容纳多个多普勒频带。这取决于幅度检波过程在不考虑相位(多普勒)的情况下恢复信号(加噪声)幅度的事实。因此,减少了积分器的数量,它只需等于搜索窗口中的距离单元的个数。

相干积累不会改善 SW2 或 SW5 目标的 SNR,实际上,相对于可以从单个脉冲获得的 SNR 它甚至会降低 SNR。非相干积累可以相对于单个脉冲显著改善 SNR。实际上,与大多数人的直觉相反,非相干积累可以提供大于积分脉冲数的 SNR 改善因子。值得注意的是,一些雷达设计人员正在使用各种方案,如跳频,迫使目标呈现 SW2 或 SW5 特性,从而利用非相干积累显著改善 SNR。

非相干积累器的分析比相干积累器的分析复杂得多,因为积累发生在幅度或平方律检测的非线性过程之后。由我们之前的工作可见,噪声和信号加噪声的密度函数有一些复杂。更重要的是,它们不是高斯的。这意味着,当对连续脉冲的输出求和时,不能断定信号之和的密度函数将是高斯函数(如果和的每个项的密度函数是高斯,可以这样做)。实际上,密度函数变得非常复杂。这进一步使 P_{fa} 和 P_d 的计算变得非常复杂。

为方便起见,重写式(5.15)如下[8]:

$$p_{s+n} = \frac{R}{\psi_0}\exp\left(-\frac{R^2+A^2}{2\psi_0}\right)I_0\left(\frac{RA}{\psi_0}\right) \tag{5.95}$$

定义新变量

$$y_n = \frac{R}{\psi_0} \tag{5.96}$$

以及

$$\Re_p = \frac{A^2}{\psi_0^2} = 2\text{SNR} \tag{5.97}$$

新变量的 PDF 为

$$f(y_n) = f(r_n)\left|\frac{dr_n}{dy_n}\right| = y_n I_0(y_n\sqrt{\Re_P})\exp\left(\frac{-(y_n^2+\Re_P)}{2}\right) \tag{5.98}$$

非相干积累器通常是平方律检测器,其第 n 个脉冲的输出与其输入的平方成正比,在考虑到式(5.95)中的变量变化后,它与 y_n 成正相关。因此,定义一个新变量:

$$x_n = \frac{1}{2} y_n^2 \tag{5.99}$$

新变量的 PDF 为

$$f(y_n) = f(y_n) \left| \frac{\mathrm{d}y_n}{\mathrm{d}x_n} \right| = \exp\left(-\left(x_n + \frac{\Re_P}{2}\right)\right) I_0(\sqrt{2x_n \Re_P}) \tag{5.100}$$

非相干积分 n_P 个脉冲可表示为

$$z = \sum_{n=1}^{n_P} x_n \tag{5.101}$$

由于随机变量 x_n 是独立的,变量 z 的 PDF 为

$$f(z) = f(x_1) * f(x_2) * \cdots * f(x_{n_P}) \tag{5.102}$$

式中:运算符 $*$ 表示卷积。

使用各个 PDF 的特征函数来计算式(5.98)中的联合 PDF。经过一些变换,可得

$$f(z) = \left(\frac{2z}{n_P \Re_P}\right)^{(n_P - 1)/2} \exp\left(-z - \frac{1}{2} n_P \Re_P\right) I_{n_P - 1}(\sqrt{2n_P z \Re_P}) \tag{5.103}$$

式中:$I_{n_P - 1}$ 是 $I_{n_P - 1}$ 阶的修正的贝塞尔函数。

因此,通过将 $f(z)$ 从阈值积分到无穷大来获得检测概率。类似地,为了获得虚警概率,将 $\Re_P$ 置 0,同时将 PDF 从阈值积分到无穷大。这些积分还没有解析的解决方案。因此,利用数字技术生成检测概率表,用于后续查找。

1)改善因素与积累损失

$\mathrm{SNR}_{\mathrm{NCI}}$ 是在非相干积分 n_P 个脉冲之后,实现特定 P_d 和 P_{fa} 所需的 SNR。这样做时,单脉冲 SNR——$(\mathrm{SNR})_1$ 所需要的将比平时少得多。这意味着:

$$\mathrm{SNR}_{\mathrm{NCI}} = \mathrm{SNR}_1 \times I(n_P) \tag{5.104}$$

式中:$I(n_P)$ 为积累改进因子。这是通过非相干积累 n_P 个脉冲获得的 SNR 改善的量度(图 5.17)。这个改进因子有许多经验导出的表达式,在此使用 Peebles[3] 给出的表达式:

$$[I(n_P)]_{\mathrm{dB}} = 6.79(1 + 0.235 P_d)\left(1 + \frac{\log(1/P_{fa})}{46.6}\right) \log n_P$$

$$\times (1 - 0.140 \log n_P + 0.018310 (\log n_P)^2) \tag{5.105}$$

与相干积累相比,积分损失是通过非相干积累的 SNR 损失。图 5.18 显示了这一点。

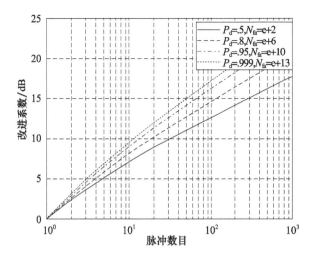

图 5.17　非相干积累脉冲数与改进系数的关系[8]

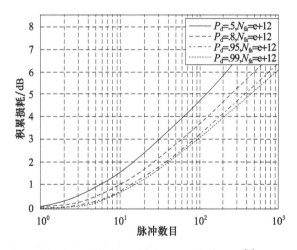

图 5.18　非相干积累脉冲数的积累损耗[8]

在 N 个脉冲非相干积分器的输出端有

$$P_{fa} \approx \left(\frac{N}{2\pi}\right)^{1/2} \left(\frac{e^{(-TNR + N(1+\ln(TNR/N)))}}{TNR - N + 1}\right) \quad (5.106)$$

由于计算问题,使用式(5.106)的自然对数,即

$$\ln P_{fa} \approx \frac{1}{2}\ln\frac{N}{2\pi} + \left\{N\left[1 + \ln\frac{TNR}{N}\right] - TNR\right\} - \ln(TNR - N + 1) \quad (5.107)$$

对于五种类型的 Swerling 目标,下面的等式是可以用来计算 P_{fa} 和 P_d 的。

与单脉冲情况一样,通常指定 P_{fa},然后使用式(5.106)或式(5.107)计算 P_d 要使用的 TNR。

2) 5 种目标类型的 P_d 方程

SW0/SW5：

$$P_d = P_{d1}(10\log(N(\text{SNR})), e^{-\text{TNR}}) - e^{-\text{TNR}-N(\text{SNR})} \sum_{r=2}^{N} \left(\frac{\text{TNR}}{N(\text{SNR})}\right)^{(r-1)/2} I_{r-1}(2\sqrt{(\text{TNR})N(\text{SNR})}) \quad (5.108)$$

SW1：

$$P_d = 1 - \Gamma(\text{TNR}, N-2) + \left(1 + \frac{1}{N(\text{SNR})}\right)^{N-1} \Gamma\left(\frac{\text{TNR}}{1+1/(N(\text{SNR}))}, N-2\right) e^{-\text{TNR}/(1+N(\text{SNR}))} \quad (5.109)$$

SW2：

$$P_d = 1 - \Gamma\left(\frac{\text{TNR}}{1+\text{SNR}}, N-1\right) \quad (5.110)$$

SW3：

$$P_d \approx \left(1 + \frac{2}{N(\text{SNR})}\right)^{N-2} \left[1 + \frac{\text{TNR}}{1+N(\text{SNR})/2} - \frac{2(N-2)}{N(\text{SNR})}\right] e^{-\text{TNR}/(1+N(\text{SNR})/2)} \quad (5.111)$$

SW5：

$$P_d = 1 - \left(\frac{\text{SNR}}{\text{SNR}+2}\right)^N \sum_{k=0}^{N} \frac{N!}{k!(N-k)!} \left(\frac{\text{SNR}}{2}\right)^{-k} \Gamma\left(\frac{2\text{TNR}}{\text{SNR}+2}, 2N-1-k\right) \quad (5.112)$$

上面的等式 $P_{d1}(S, P_{fa})$ 显示了之前定义的单脉冲 SW0/SW5 检测概率方程式(5.108)。$I_r(x)$ 是 r 阶的第一类的修改贝塞尔函数，并且

$$\Gamma(a, N) = \int_0^a \frac{x^N e^{-x}}{N!} dx \quad (5.113)$$

是不完整的伽马函数。上述等式中的 SNR 值是由雷达距离方程定义的单脉冲 SNR 值。此外，上述等式基于幅度检波器是平方律检波器的假设。事实证明，它们也适用于幅度检波器是幅度检波器的情况。

在许多应用中，实现上述计算 P_{fa} 和 P_d 的方程很麻烦。因此经常采用图形技术和从图形技术开发的经验法则。

用于图形技术的图形示例如图 5.19 所示。这是非相干积累器改善因素 $I_i(n)$，与积分脉冲数 n 之间的关系。

将 $I_i(n)$ 和以前的工作相关联，对于一个相干累加器设置：

$$I_i(n) = 10\lg n \quad (5.114)$$

因此，$I_i(n)$ 是由 n 脉冲非相干累积器和指定的目标类型提供的以 dB 为单位的

SNR 的有效增加。

图 5.19 的右下角有 $n_f = 10^8$,这意味着曲线适用于 P_{fa},可得

$$P_{fa} = \frac{0.693}{n_f} = 0.693 \times 10^{-8} \tag{5.115}$$

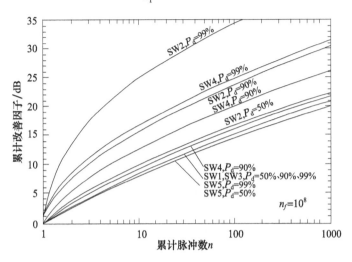

图 5.19 在 5 种目标波动情况下,积累改善因子与积累脉冲数的关系

事实证明,曲线也适用于通常在实际雷达应用中遇到的其他 P_{fa} 值。需要按照如下步骤来使用这些曲线。

(1) 决定所需的 P_{fa}、目标类型和积分脉冲数以及估计值 P_d。

(2) 使用适当的曲线计算合适的曲线 $I_i(n)$。

(3) 增加雷达距离方程的单脉冲 SNR 的 $I_i(n)$。

(4) 使用所得到的增加的 SNR 和所需 P_{fa} 在式(5.82)~式(5.84)中适当地计算实际值 P_d。如果是实际的 P_d 与估计的不同,P_d 可能需要估计,并重复该过程。

作为如何计算相干积累效应和非相干积累效应的一个例子,考虑一个实际的场景。该示例中的雷达采用连续旋转的天线来完成在 T_{scan} 内的旋转。雷达的固定 PRI 为 T。天线的方位角波束宽度为 θ_{AZ}。不会直接关注具体的仰角波束宽度。下面将说明在扫描过程中,仰角波束宽度和目标仰角位置使得天线波束在高度上大致居中于目标。

使用一个相干积累器或非相干积累器,当目标的波束扫描时,它将目标回波积累。为了确定积累器提供的增益,需要确定雷达波束扫描时,雷达将接收到的目标回波脉冲数。

在 T_{scan}(秒)内天线移动 360° 天线角速率为

$$\theta = \frac{360°}{T_{scan}} ((°)/s) \tag{5.116}$$

角速率的倒数为

$$\tau_\theta = \frac{1}{\theta} = \frac{T_{\text{scan}}}{360°} \quad (5.117)$$

人们感兴趣的是波束移动特定方位角所需的时间。使用 τ_{dwell} 来表示

$$\tau_{\text{dwell}} = \tau_\theta \theta_{\text{AZ}} = \frac{T_{\text{scan}}}{360°} \theta_{\text{AZ}} \quad (5.118)$$

式中：τ_{dwell} 为停留时间或目标时间，是指天线波束指向目标的时间(s)。

当波束扫描目标时，雷达每个 PRI(或每 T 秒)将接收目标回波脉冲。因此，在 τ_{dwell} 期间接收的目标回波脉冲的数量为

$$N_{\text{PulInt}} = \frac{\tau_{\text{dwell}}}{T} = \frac{T_{\text{scan}} \theta_{\text{AZ}}}{360° T} \text{Pulses} \quad (5.119)$$

式中：N_{PulInt} 为可以相干积累或非相干积累的脉冲数。

考虑扫描周期 $T_{\text{scan}} = 0.5\text{s}$ 的雷达，方位角波束宽度 $\theta_{\text{AZ}} = 1.5°$，脉冲重复间隔为 $T = 600\mu\text{s}$。由此可得

$$N_{\text{PulInt}} = \frac{0.5 \times 1.5°}{360° \times 600 \times 10^{-6}} = 3.47 \approx 3\text{Pulses} \quad (5.120)$$

如果将三个脉冲相干积累，可获得 3dB 或约 5.8dB 的相干积累增益(假设有 SW0/SW5，SW1 或 SW3 目标)。对于非相干积累增益，使用图 5.20 的曲线。对于 SW0/SW5，SW1 或 SW3 目标(和期望为 0.9 的 P_d)，非相干积累增益约为 5dB。如果目标是 SW2(和期望为 0.9 的 P_d)，积累增益大约为 10dB。对于 SW5 目标，非相干积累增益约为 8dB。

这里需要指出，雷达通常不会完全实现上面所计算得到的积累增益。其原因在于并非所有脉冲都处于雷达距离方程(RRE)预测的峰值 SNR。在波束宽度上，SNR 可以变化 3dB。为了解释这一点，加入了 1.6dB 的损耗项。这会使有效积累增益降低 1.6dB。如果考虑到目标可能实际上不是在仰角中心，那么需要合并另一个损耗为 1.6dB，总损耗为 3.2dB。因此，上面有效的相干积累增益将是 1.6dB。SW0/SW5/SW1/SW3 目标的非相干增益会为 0.8dB，SW2 和 SW5 目标的积累增益分别为 6.8dB 和 5.8dB。

如果雷达使用相控阵天线，则计算得到 N_{PulInt} 会有所不同。对于相控阵天线，波束(通常)不会连续移动。它会逐步移动，停留在特定的波束位置 τ_{dwell} (秒)。在这种情况下，可以积累的脉冲数等于每个驻留的脉冲数，或

$$N_{\text{PulInt}} = \frac{\tau_{\text{dwell}}}{T} \quad (5.121)$$

上述示例，对于 SW2 目标非相干积累增益为 10dB，对于 SW5 目标非相干积累增益为 6.3dB，这两种非相干积累增益都大于脉冲数。这是 SW2 和 SW5 目标

的非相干积累增益的特征。也就是说,非相干积累随着 N_{PulInt}^m 变化,其中 m 是明显大于 1 的数字。实际上,对于 SW2 目标,m 取决于 N_{PulInt} 和 P_d,在 0.8～2.5 之间变化。对于 SW5 目标,m 在 0.75～1.7 之间变化。

使用经验法可以很方便地计算非相干积累增益,而不必依赖图 5.20。SW0/SW5 目标,SW1 和 SW3 目标的经验法则是积分增益等于 $N_{\text{PulInt}}^{0.8}$。

5.10.3 积累检测概率

增加检测概率的第三种技术手段是使用多次检测的方法。虽然将积累技术做了分类,但并未根据其对 SNR 的影响进行分析。人们更关注其对 P_d 和 P_{fa} 的影响。多重检测方法的思想是,如果尝试多次检测目标,将增加整体检测概率。多重检测问题陈述如下。

如果多次检查阈值交叉,那么目标的信号加噪声电压超过阈值至少一次的概率是多少?假设检查三次阈值交叉,想要确定在任何一个、两个或三个场合中达到阈值的概率。计算适当的概率必须使用概率论。

这在相干/非相干积累之后的阈值处理期间发挥作用,导致目标存在或目标不存在之间进行选择——二元选择。如果雷达进行 N 次扫描,则整个检测过程重复 N 次,因此可以得到 N 个二元决策。每个此类决策都将伴随特定的检测概率 P_d 和虚警概率 P_{fa}。为了提高检测决策的可靠性,决策规则可以要求,在 N 个决策中有 M 个被检测为目标时,才认为是有效检测。因此,该方法称为二进制积分,或称为 N 分之 M 检测[2,6,11]。

假设 SW0(非波动)目标,对于每次 N 阈值测试,它具有相同的目标检测概率 P_d。在这种情况下,一次试验中未检测到实际目标(未命中概率)的概率为 $1 - P_d$。如果有 N 个独立试验,那么在所有 N 次试验中错过目标的概率是 $(1 - P_d)^N$。因此,在由二进制积分概率表示的 N 个试验中至少一个检测上目标的概率为

$$P_{\text{BD}} = 1 - (1 - P_d)^N \tag{5.122}$$

缺点是它也适用于虚警。N 次试验中至少一次虚警的概率是虚警的二进制综合概率,即

$$P_{\text{BFA}} = 1 - (1 - P_{fa})^N \tag{5.123}$$

式(5.122)和式(5.123)看起来很相似,小的 P_{fa} 会产生小的 P_{BFA},大的 P_d 会产生大的 P_{BD},P_d 和 P_{fa} 是来自雷达距离方程的单脉冲概率。但是,这些方程仅适用于"1/N"的情况。假设 $P_d = 0.68$,$N = 4$,那么 $P_{\text{BD}} = 0.99$。如果 $P_{fa} = 10^{-6}$,那么 $P_{\text{BFA}} = 39.99 \times 10^{-6}$。将这个论证扩展到"M/N"中[6]:

$$P_B = \sum_{r=M}^{N} \binom{N}{r} p^r (1-p)^{N-r} \tag{5.124}$$

式中:p 为单次试验概率;$\binom{N}{r}$ 为

$$\binom{N}{r} \equiv \frac{N!}{(N-r)!\, r!} \tag{5.125}$$

以上讨论涉及非波动目标的单次试验检测概率 P_d,同时认为每次试验的概率是相同的,然后将这些结果扩展到波动的目标[6]。事实上,对于给定的 Swerling 模型,P_d 和 P_{fa} 指定了 SNR 和试验次数 N,此时对于给定的 P_{BFA}、N 和 SNR,存在一个最佳值 M_{opt}[6],即

$$M_{opt} = 10^b N^a \tag{5.126}$$

可以最大化 P_{BD}。

表 5.1 给出了各种 Swerling 模型在 $P_d = 0.9$ 和 $10^8 \leqslant P_{fa} \leqslant 10^{-4}$ 时的参数 a 和 b(Swerling 0 是非波动的)。

表 5.1 估算 Mopt 的参数[6]

SW	a	b	N
SM0	0.8	-0.02	5~700
SM1	0.8	-0.02	6~500
SM2	0.91	-0.38	9~700
SM3	0.8	-0.02	6~700
SM4	0.873	-0.27	10~700

例如,"3/4"系统将产生一个 P_{BD} 和 P_{BFA} 的 M_{opt}。图 5.20 显示了"3/4"系统的情况。然而,在一些波动的目标情况下,利用差异性频率(脉冲到脉冲)的非相干积累有时可以优于相干积累(图 5.21)。

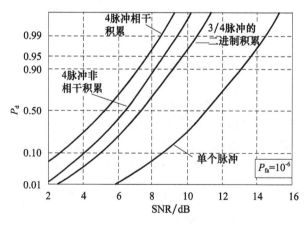

图 5.20 相干和非相干积累[10]

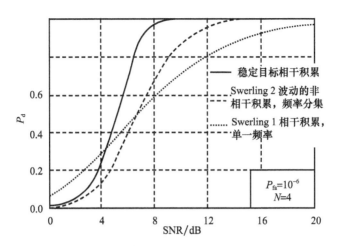

图 5.21 在某些波动目标的情况下,与频率分集(脉冲到脉冲)的非相干积累可以优于相干积累[10]

这个工具特别适用于杂波地图。图 5.22 显示了威布尔杂波[15]中二维积分在普通杂波图(CM)上的功效。因此,"M/N"规则增加了检测概率。这反过来降低了达到最终目标值 P_d 所需的 SNR。二进制积分概率在"$1/N$"的情况下也称为累积概率。

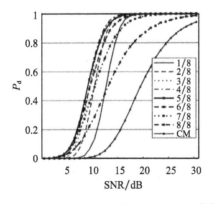

图 5.22 具有二进制积累的杂波图性能[15]

当每次扫描的 SNR 优于 10~13dB 时,使用累积概率会取得较好效果[11]。

图 5.23 解释了该方法。针对阈值 T 测试每个脉冲,结果为逻辑 1 或 0。然后将结果求和并再次针对另一阈值 M 进行测试。如果 $m \geq M$①,表明目标存在;如果 $m < M$,则表明目标不存在。

---

① 译者:原书为 $m \leq M$,应为 $m \geq M$。

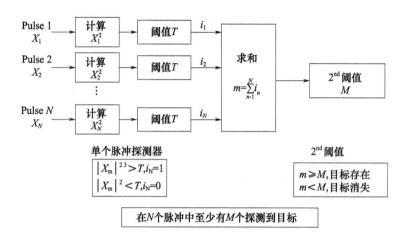

图 5.23　N 的二进制 M 积累[10]

图 5.24 显示了二进制积分器对稳定目标的性能。由图可见，3/4 表现最佳。

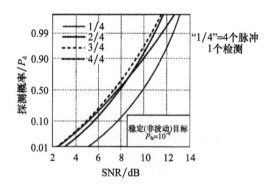

图 5.24　二进制积累的检测统计信息[10]

5.11　恒虚警率处理

瑞利分布噪声的 PDF 有一个长尾，使得虚警率对于检测阈值电压的设置非常敏感。雷达老化随时间变化，其特性永远不会恒定。这与目标背景特征的变化相结合，意味着固定的检测阈值是不实际的，因此，需要借助自适应技术，以便在不考虑环境的情况下维持 CFAR，称为 CFAR 处理。

CFAR 算法取决于噪声统计、杂波特性和目标特性。空中目标实际上没有背景噪声，其周围区域通常是空的，可以获得良好的背景统计。对于地面目标，CFAR 阈值由杂波统计确定，并且可能不是均匀的。

此外,由于杂波的不完整表征,CFAR 处理会引入额外的损失。例如,与理想的单脉冲检测器[8]相比,如果 10 个单元用于瑞利 PDF 的宽带噪声或杂波,单元平均过程将表现出 3.5dB 的损耗。对于 20 个单元,这降低到 1.5dB;对于 50 个单元,降低到 0.7dB。然而,随着积累脉冲数量的增加,损耗减小。如果对于 10 单元 CFAR,将 10 个脉冲与一个脉冲相比较,那么与之前的 3.5dB 相比会损失 0.7dB。在雷达接收机中,返回的回波通常由天线接收,放大,下变频,然后通过检波电路,提取信号的包络(称为视频信号)。该视频信号与接收到的回波功率成比例,并且包括有用的回波信号,以及来自内部接收器噪声与外部杂波和干扰的不需要的功率。

CFAR 电路的作用是确定功率阈值,高于该功率阈值可以认为是目标产生的回波。如果此阈值太低,则将检测到更多目标,但会增加虚警的数量。如果阈值太高,则将检测到更少的目标,但虚警的数量也会降低。在大多数雷达检测器中,设置阈值以便实现所需的虚警概率(或等效地,虚警之间的时间)。

CFAR 可以跨距离单元、跨方位单元或两者混合进行操作,如图 5.25 所示。

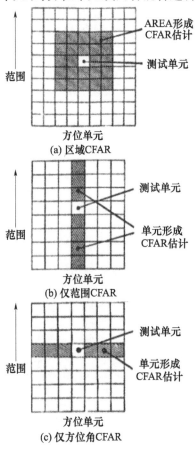

图 5.25 CFAR 选项

5.12 积分平均恒虚警率

在大多数简单的 CFAR 检测方案中,通过估计被测单元(CUT)周围的本底噪声电平来计算阈值电平。这可以通过在 CUT 周围取一块区域的单元并计算平均功率来确定。为了避免使用来自 CUT 本身的功率破坏该估计,通常忽略紧邻 CUT 的单元(并且称为保护单元)。如果被测单元功率大于其所有相邻单元并且大于局部平均功率水平,则声明目标在 CUT 中。有时可以略微增加局部功率水平的估计以允许有限的采样数量。这种简单的方法称为单元平均 CFAR (CA – CFAR),如图 5.26 所示。

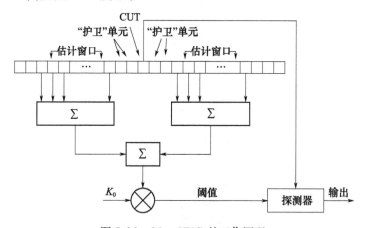

图 5.26　CA – CFAR 的工作原理

在图 5.27 中,使用 25 + 25 移动平均值[8]来确定信号的平均值,可以看出 CFAR 在没有检测到噪声的情况下检测到两个目标。

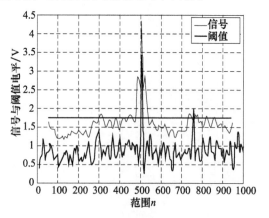

图 5.27　CFAR 性能可保持恒定的本底噪声[10]

在这种情况下,固定阈值为 1.8 同样表现得很好。如果噪声范围下降,则该参数不起作用。在这种情况下,固定阈值不能充分发挥作用,而 CFAR 过程却可以(图 5.28)。

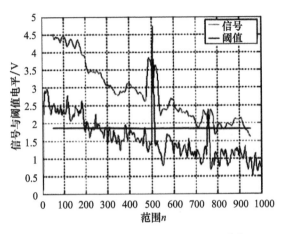

图 5.28　CFAR 性能可降低本底噪声[10]

图 5.29 显示,为了匹配滤波器的性能,CFAR 过程需要集成在大量样本上。缺点是,需要为每个单元执行这种求和,增加了所需的驻留时间。

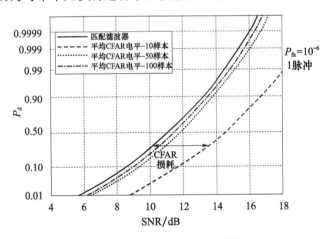

图 5.29　平均 CFAR 性能[10]

5.13　船用导航雷达设计

下面通过一个真实雷达的问题来巩固所学的知识,有关参数如下:
输出功率:1W

载波频率:9.5GHz

调制形式:锯齿

频率扫描:最大 50MHz

扫描时间:0.5939ms

扫描 PRF:2.0257kHz

差拍频率:最大 1MHz

采样频率:2MHz

量程:0.8n mile、1n mile、2n mile、5n mile、8n mile、16n mile、32n mile、50n mile

距离单元数:512

距离分辨率:最大 2.9m,最小 155.7m

FFT 范围大小:1025

水平波束宽度:1.25°

垂直波束宽度:10°

天线转速:可变(最大 25r/min)

Tx – Rx 隔离:大于 65dB

在检测概率 $P_d = 0.9$,虚警之间的平均时间为 9h,目标为 $10m^2$ 的情况下,计算理论的探测距离。

(1)假设匹配滤波器采用去斜处理器形式的相关接收器。

(2)每次扫描的命中率:

$$M_{hits} = \frac{\theta_{Az} f_{PRF}}{\dot{\theta}_{Az}} = \frac{\theta_{Az} f_{PRF}}{6\omega_{scan}}$$

式中:M_{hits} 为每次扫描的积累数;θ_{Az} 为方位角波束宽度;f_{PRF} 为重复脉冲频率(PRF);$\dot{\theta}_{Az}$ 为方位角扫描速率((°)/s);ω_{scan} 为方位角扫描速率(r/min)。

$$M_{hits} = \frac{\theta_{Az} f_{PRF}}{\dot{\theta}_{Az}} = \frac{1.25 \times 2.0247 \times 10^3}{24 \times 360/60} = 17.6 \approx 17$$

(3)虚警概率:

$$P_{FA} = \frac{1}{T_{FA}\beta}$$

1. IF 滤波器带宽的选择

在本章考虑的雷达中,需要确定 IQ 解调混频器后端的带通滤波器的带宽。这些带通滤波器是 IF 滤波器,也是抗混叠滤波器(AAF),因为它们驱动 ADC,去斜处理后使差拍信号通过,如图 5.30 所示。

25r/min:该雷达的最小作用距离为 0.8n mile(1.5km),最大作用距离为 50n mile(75km)。下面显示了 8 个范围环及其相应的扫描带宽:

{40 32 16 8 4 2 1 0.8} n mile
{74 60 30 15 7.5 3.75 1.875 0.938} km
{0.782 0.782 1.563 3.125 6.25 12.5 25 50} MHz

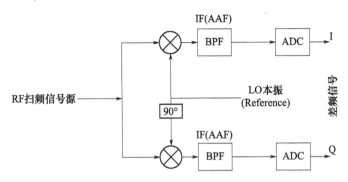

图 5.30 I/Q 解调和去斜处理

为了便于计算,将 n mile 转换为 km。距离环需要向着远距离加倍。在这种情况下,最后一个距离环应该是 65n mile(120km)。然而,显然该距离对于 1W 的最大传输功率来说太远了。因此,设计人员将最大范围限制在 50n mile (75km)。这只是猜测,没有关于其原因的详细信息。为了计算,将使用最大距离为 32n mile(60km)。

15m 的差频:

$$f_b = \frac{R2\Delta f}{T_s c} = \frac{938 \times 2 \times 50 \times 10^6}{0.4939 \times 10^{-3} \times 3 \times 10^8} = 633(\text{kHz})$$

60km 的差频:

$$f_b = \frac{R2\Delta f}{T_s c} = \frac{6000 \times 2 \times 0.782 \times 10^6}{0.4939 \times 10^{-3} \times 3 \times 10^8} = 633.326(\text{kHz})$$

注意,最大差频信号大约是采样频率的一半,应该是 633kHz。上述计算中使用的扫描时间是标称的。可以看出,当用户切换距离环时,扫描带宽改变但不改变最大距离的差频。因此,IF 滤波器带宽约为 326Hz 或 320Hz。这将以 796Hz 或 (800±160)Hz 为中心。TFA 是 9h 或 32500s。因此

$$P_{FA} = \frac{1}{T_{FA}\beta} = \frac{1}{32400 \times 320} = 10^{-8}$$

2. 单脉冲 SNR

使用图 5.4 中的曲线 $P_d = 0.9$ 和 $P_{fa} = 10^{-8}$。将此单脉冲 SNR 定义为

$$SNR_1 = 14.2dB$$

3. 波动的目标

对于船舶,使用图 5.11 中的 Swerling 1 曲线。

额外的 SNR 需求为 8dB。这超过了非波动目标的单脉冲 SNR。

4. 脉冲积累

使用图 5.19 中的曲线,对 Swerling 1 目标,进行 10 次脉冲积累以及 P_d = 0.9 的要求,可以获得 7dB 的改善因子。假设在距离 FFT 之后使用非相干积累。并不认为这是 MTI/MTD 雷达。

5. 需要总单脉冲 SNR

添加要求

$$SNR(10) = 14.2 + 8 - 7 = 15.2$$

$$SNR(10) = (\text{new})SNR_1 = 15.2\text{dB} = 33.11$$

6. 应用雷达距离方程

假设以下损失:

(1) 发射馈线: L_{tx} = 2dB(并入 Tx 功率)

(2) 接收馈线: L_{rec} = 2dB(并入 Rx 噪声系数)

7. 损失

(1) 一维扫描损失: 1.6dB

(2) CFAR 损失: 0.7dB

(3) 杂项损失: 1.3dB

(4) 总损失: 1.6 + 0.7 + 1.3 = 3.6(dB)

发射功率: $10\lg 1000 = 30\text{dBm}$

$$L_{tx} = 2\text{dB}$$

辐射功率 P_{CW} = 28dBm

天线增益:

$$G = \frac{45000}{\theta_{Az}\theta_{El}} = \frac{45000}{1.25 \times 10} = 3600 \approx 36\text{dB}$$

雷达截面: $\sigma = 10\lg 10 = 10\text{dBm}^2$

$$R_{max} = \left[\frac{P_{CW}G_t G_r \lambda^2 \sigma_T}{(4\pi)^3 kT_0 F_R(SNR_1)LSRF}\right]^{1/4}$$

其中

$$P_{CW} = 28\text{dBm} = 631\text{mW} = 0.631\text{W}$$

$$G_t = G_r = 36\text{dB} = 3981$$

$$\lambda = \frac{c}{f} = \frac{c}{9.4\text{GHz}} = \frac{3 \times 10^8}{9.4 \times 10^9} = 0.03\text{m}$$

$$\sigma_T = 10\text{dBm}^2 = 10\text{m}^2$$

$$k = 1.38 \times 10^{-23} \text{J/K}$$

$$T_0 = 290\text{K}$$

接收机噪声系数 $F_R = 2.4\text{dB}$(假设)

$$\text{SNR}_1 = 33.11$$
$$\text{损失 } L = 3.6\text{dB} = 2.29$$
$$\text{SRF} = 2.0247\text{kHz}$$

8. 求解 $R_{\max}$

$$R_{\max} = 25.6\text{km}。$$

可以使用本书附带的 FMCW GUI 来绘制图形,如图 5.31 所示。注意,100m^2 目标的最大范围显示为 45km,10m^2 目标是 26km,如上面的问题所示。

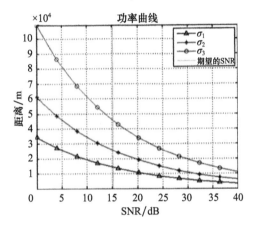

图 5.31　$\sigma_1 = 1\text{m}^2, \sigma_2 = 10\text{m}^2, \sigma_3 = 100\text{m}^2$

5.14　小　　结

本章探讨了检测问题,该问题显示为在热噪声及杂波噪声背景下检测信号。由此可以发现,这需要以可靠的方式来推导信号和噪声之间的区分标准。由此得到奈曼-皮尔逊引理,简单地说它将虚警概率固定在预定的 10^{-6},并将检测概率提高到所需水平(通常为 0.9)。对于大多数雷达和稳定目标,该要求 SNR 通常为 13dB。确定对于 SW1/SW2 目标,此阈值被提升到 20dB。这些都适用于雷达距离方程中的单脉冲情况。得出稳定目标与 Swerling 目标的检测概率和虚警概率。随后将匹配滤波器的概念定义为输出最大 SNR 的滤波器,前提是它与输入信号匹配。这种想法导致了相干接收机,它在 FMCW 雷达中被广泛用作匹配滤波器。这个概念在 FMCW 雷达中作为展宽处理器实现。讨论了在驻留时间内执行脉冲累计的情况。具体来说,研究了相干积累、非相干积累和累积检测概率三种情况。在这些情况下,从雷达距离方程中的单脉冲 SNR 开始,然后使用脉冲积累将其拓展到所需值,从而发现相关积累是最有效的,它对于稳定目标表现最佳,并且对于 Swerling 目标具有不同的结果。非相干积累也有与相干积累相似的积累损失。讨论了积分改善因子的概念,以及它如何随包络检波器之后非相干积累的脉冲数而变化。从而发现,对于相同数量的脉冲,积分改善因子随着 Swerling 目标的类型而变化。研究二元积累,以及其 1 - of - N 检测的特殊情况——累积检测概率。在本章最后对 CA - CFAR 及其需求进行了研究。通过研究海上导航雷达的设计,巩固了对本章知识的理解。

参考文献

[1] Skolnik, M. I., *Introduction to Radar Systems*, Third Edition, New York: McGraw - Hill, 2008.

[2] Barton, D. K., *Radar Systems Analysis and Modeling*, Norwood, MA: Artech House, 2005.

[3] Peebles, P. Z., *Probability, Random Variables, and Random Signal Principles*, New York: McGraw - Hill, 1993.

[4] Papoulis, A., *Probability, Random Variables and Stochastic Processes*, New York: McGraw - Hill, 1991.

[5] Nathanson, F., *Radar Design Principles*, Second Edition, New York: McGraw - Hill, 1999.

[6] Richards, M., *Fundamentals of Radar Signal Processing*, New York: McGraw - Hill, 2005.

[7] Van Trees, H., *Detection, Estimation, and Modulation Theory*, Parts. I and III, New York: John Wiley and Sons, 2001.

[8] Mahafza, B. R., *Radar Systems Analysis and Design Using MATLAB*, Third Edition, Boca Raton, FL: CRC Press, 2013.

[9] Swerling, P., "Probability of Detection for Fluctuating Targets," RAND Corp., Santa Monica, CA, Res. Memo, RM - 1217, March 17, 1954. Reprinted in *IRE Trans. Inf. Theory*, Vol. 6, No. 2, April 1960, pp. 269 - 308.

[10] O'Donnell, R. M., *Radar Systems Engineering, Lecture 6, Detection of Signals in Noise*, IEEE New Hampshire Section, IEEE AES Society, 2010.

[11] Budge, M. C., and S. R. German, *Basic Radar Analysis*, Norwood, MA: Artech House, 2015.

[12] http://www.eng.utah.edu/~bolz/matchedfilters.htm.

[13] Peebles, P. Z., *Radar Principles*, New York: Wiley Interscience, 1998.

[14] Oppenheim, A., *RES. 6 - 007 Signals and Systems*. Spring 2011. Massachusetts Institute of Technology: MIT OpenCourseWare, https://ocw.mit.edu. License: Creative Commons BY - NC - SA.

[15] Meng, X., "Performance of Clutter Map with Binary Integration Against Weibull Background," *AEU - International Journal of Electronics and Communications*, Vol. 7, Issue 7, July 2013, pp. 611 - 615.

第二篇

雷达射频硬件及架构

第 6 章
雷达系统部件

6.1 引言

本章介绍组成雷达系统的各个部件和指标参数,以及放大器、混频器、滤波器和振荡器作为独立部件的性能参数,同时阐述非线性、谐波的产生,两个独立频率之间的相互影响,互调产物,混频器类型,吉尔伯特单元和 PLL 等。

6.2 功率放大器

在射频工程中,放大器是提高信号功率的常用方法[1-5]。这种增强是有条件的,即在增强过程中不能改变信号的频率,并且与输入信号的幅度无关。在实际应用中,这些放大器通常工作在充满干扰源的环境中。放大器有小信号线性模型及大信号非线性模型。大信号会引起放大器增益的非线性,具体取决于输入信号。由此,多个信号经过非线性作用可能会产生原始输入信号中未包含的其他频谱分量。放大器的非线性更详细的解释参见文献[2]。

理想放大器的特性为 $y(t) = G \cdot x(t)$,其中 G 是施加到输入信号 $x(t)$ 的固定增益。显然,这个理想化的系统满足叠加原理,并且是线性时不变的。但是,物理器件只能在有限的输入幅度范围内逼近其理想特性。实际上,任何系统的输出幅度都是有限的。如果输入信号幅度使理想系统的输出超过实际系统的极限,系统的输出将达到饱和。

图 6.1 是非线性放大的示例。当输入幅度足够小,如 $|x(t)| \leq 0.05$ 时,该系统是线性的,此时 $G = 7$。当输入幅度较大时,输出幅度逐渐开始饱和,当输入幅度 $|x(t)| > 0.5$ 时,输出幅度几乎是恒定的。

线性时不变系统具有极其有用和直观的特性。如果输入是特定频率的正弦波,则输出是相同频率的正弦波,但其振幅和相位变化会反映系统的特性。由正弦波的加权组合构成的输入会产生同样加权组合的同频正弦波输出,其振幅和相位变化同样由系统特性决定。

非线性系统不满足上述重要特性。在非线性系统中,由正弦波加权组合而

成的输入会生成其他频率的正弦输出。因此,输出的频率构成与输入不同。非线性的放大特性用泰勒级数展开来说明:

$$y(t) = Gx(t) + c_3 x_3(t) + c_5 x_5(t) + c_7 x_7(t) + \cdots \quad (6.1)$$

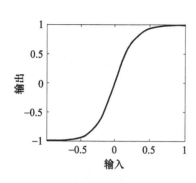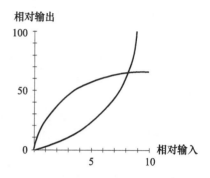

图 6.1 非线性放大的示例

当 $x(t) \approx 0$ 时,第一项 $Gx(t)$ 是系统的线性特征,是表达式的最主要组成部分,其余项则反映了系统的非线性,并对较大的输入幅度有影响。在表现出非线性的放大器件中,输出信号与输入信号的幅度图在部分或全部输入幅度范围内显示为曲线。图 6.1 是两个示例,灰色曲线表示放大器的增益随输入信号幅度的增加而增加,黑色曲线表示放大器的增益随输入信号幅度的增加而减小。在下面将更详细地研究这方面内容。非线性可能会产生相乘的效果。如果信号存在非线性关系,如 $y = x^2$,那么将得到基本信号的整个杂散频率序列(如互调产物)和谐波。这便是射频硬件如混频器、乘法器所采用的原理,这在本书其他地方也有体现。然而,这在放大器中是不希望看到的,很难消除。可以通过各种线性化方法来控制放大器的非线性,但其效果是有限的。

6.3 放大器类型

射频中使用的主要放大器类型:
(1) 低噪声放大器(LNA):决定系统噪声系数 NF 的关键;
(2) 增益模块:从低频到 6GHz 的通用宽带放大器;通常拥有较高的 IP3 值;
(3) 驱动放大器:对于给定的输出功率,提供最高的线性度;
(4) 中频(IF)放大器:用于放大低于 600MHz 频率的信号。

在 FMCW 雷达中,中频放大器最好具有放大倍数随频率的上升特性,如 12dB/oct。与短距离(低拍频)信号相比,这会更加放大远距离(高拍频)的信号。如此分类不十分全面,却涵盖了射频工程中的大多数应用需求。

6.4 放大器特性

有源射频设备最终在实际应用中是非线性的。当用足够大的 RF 信号驱动时,这些设备将产生不希望的寄生信号,此类信号的数量取决于设备的线性度。

如果放大器输入足够大的功率,则输出功率将开始下降,导致增益的下降,称为增益压缩。增益压缩的测量由 1dB 增益压缩点给出。

6.4.1 1dB 压缩点

该参数是器件线性度的另一种度量,并定义为器件饱和导致的线性增益下降 1dB 时的输入功率。1dB 压缩点的示例如图 6.2 和图 6.3 所示。

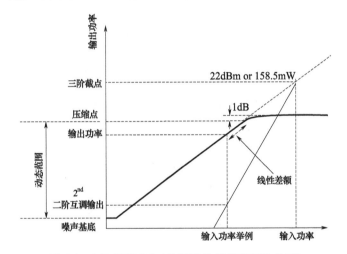

图 6.2 1dB 压缩点(二次谐波的斜率以灰色显示)

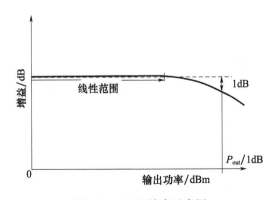

图 6.3 1dB 压缩点示意图

6.4.2 互调产物

例如,将660MHz和666MHz的两个频率信号输入一个非理想放大器,就会产生边带或6MHz倍数的互调产物(图6.4);低于660MHz信号6MHz(654MHz)和高于666MHz信号6MHz(672MHz)的输出是三阶互调(IM3)产物。而低于IM3互调产物6MHz的648MHz和高于IM3互调产物6MHz的678MHz是IM5互调产物。这些存在互调产物的输出会成为问题,它们会落在系统通带内且无法滤除。在基带区域还会出现一个6MHz的信号,这就是IM2产物。IM2和IM3的交截点可以作为线性度的一种度量。利用这两点能够计算奇数和偶数互调产物。

可以看到小信号增益(当放大器类似线性器件时)与图6.3中输入足够大信号产生的1dB增益压缩的对比。结果如图6.4所示[4]。

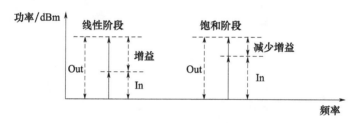

图6.4 饱和时增益损失

图6.5显示放大器进入非线性时可能产生杂散。为了对线性度进行测量,首先输入两个组合的信号(确保功率相同)。对照输入载波之一的功率绘制了IM3和IM5(上、下边带)。如果两个IM3(或IM5)具有不同的功率,则取平均功率。放大器的典型IM2/IM3测量如图6.6所示。

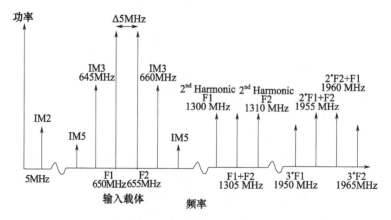

图6.5 放大器被压缩后(在其非线性区域)产生的杂散

图 6.6 展示了放大器中交截点的概念。基波信号的梯度为 1dB/dB。增益下降 1dB 的点称为 1dB 压缩点或 IP1 点。同样地,有 IP1$_{in}$ 和 IP1$_{out}$ 或某些书中的 IP1 和 OP1,分别表示此时的输入和输出功率电平。二次谐波直线的斜率为 2dB/dB。此 IM2 线与基波直线相交于 IP2 点。同样,三次谐波将具有 IP3 交截点。也会有更高次的谐波,但是通常忽略它们。一般地,在射频工程中只关注这三个点。每个放大器的规格表中都列举了这些要点。

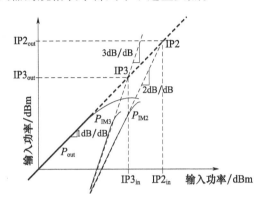

图 6.6 各种交截点的定义

在图 6.6 中,首先是 IP1,然后是 IP3,最后是 IP2。这是因为较高的谐波直线与基波线相交点会低于 IP2 点。这些截距通常相距 10dB[4]。但是,最好以放大器规格表为准。

6.4.3 动态范围和无杂散动态范围

动态范围定义为 1dB 压缩点与本底噪声或最小可检测信号(MDS)之间的动态范围[2,4],如图 6.7 所示。

无杂散动态范围(SFDR)是输出信号中基本信号与最大杂散信号的强度比。最小可检测信号和输入电平之间的差会产生等于系统输入的最小可检测信号的三阶失真产物,即系统无杂散动态范围。无杂散动态范围可以根据模/数转换器的满量程(dBFS)或实际信号幅度(dBc)来确定。图 6.8 显示了无杂散动态范围的两种定义。

最小可检测信号由下式给出:
$$P_{MDS} = N_0 + 10\lg(BW) + NF + SNR_{min} \tag{6.2}$$

式中:N_0 为热噪声,$N_0 = -174\text{dBm/Hz}$;BW 为系统带宽(Hz);NF 为放大器的噪声系数(dB),SNR_{min} 为最小可检测信噪比(dB)。前三项构成放大器的本底噪声,而 SNR_{min} 是可选项,实际上最小可检测信号表示,如果信号超过最小阈值,则可以检测到该信号。一些观点认为,最小可检测信号是比本底噪声超出 3dB 的电平。实际上,通常无法检测到这种信号,它没有超过SNR_{min}定义的阈值。本书倾向于采用式(6.2)中定义的假设。

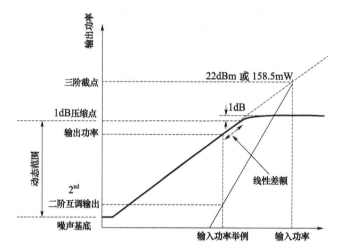

图 6.7　有效放大器本底噪声(取决于放大器噪声系数和带宽)与 1dB 压缩点之间的动态范围

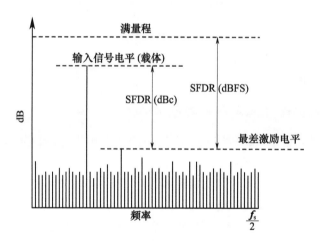

图 6.8　无杂散动态范围

设备的动态范围:

$$DR = IP_1 - P_{MDS} \quad (6.3)$$

无杂散动态范围:

$$SFDR = \frac{2}{3}(IP_3 - P_{MDS}) \quad (6.4)$$

例 6.1　放大器的增益为 20dB,截点(IP_2)为 30dB,噪声系数为 6dB,带宽为 100MHz,$SNR_{Min} = 12dB$。计算 1dB 压缩点,以及动态范围和无杂散动态范围。

假设各截距相距 10dB。
$$P_{\text{MDS}} = -174 + 5 + 10\lg(100 \times 10^6) + 12 = -77(\text{dBm})$$
截点(IP_2) = 30dB。那么其他截点,即
$$\text{IP}_3 = 20\text{dB}, \text{IP}_1 = 10\text{dB}$$
$$\text{DR} = \text{IP}_1 - P_{\text{MDS}} = 10 - (-77) = 87(\text{dB})$$
$$\text{SFDR} = \frac{2}{3}(\text{IP}_3 - P_{\text{MDS}}) = \frac{2}{3}(20 - (-77)) = 64.6(\text{dB})$$

例 6.2 计算生成二阶和更高 IM 产物所需的输入功率(参考 Mini Circuits 公司的放大器 AMP - 15)。

该 LNA 的 $P_{1\text{dB}}$ 点为 8dBm 或 6.3mW。在二次谐波变得足够大之前,输入端给放大器输入多大功率(图 6.9)。

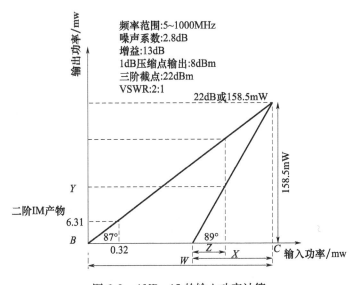

图 6.9 AMP - 15 的输入功率计算

截取点:22dBm = 158.5mW

输出功率:8dBm = 6.31mW

输入功率(以 dBm 为单位的输出功率 - 增益): -5dBm = 0.32mW

斜率:增益 = 6.31/0.32 = 20

所以 θ_{i1} = 87°。

二阶 IM 产物:

斜率:2 × 增益 = 40

所以 θ_{i2} = 89°。

x 轴上的截距为 X,所以

$$X = \frac{158.5}{\tan 89°} = 2.77(\text{mW})$$

$$Y = \frac{158.5}{\tan 87°} = 8.31(\text{mW})$$

x 轴上的截点 $= 8.31 - X = 8.31 - 2.77 = 5.54(\text{mW})$

如果输入信号超过 5.54mW,将获得临界的二阶失真产物。正常情况下,应尽量使杂散保持在低于基波功率 -40dBc 的水平。

假设输入 6mW 的功率,则有

$$\tan 89° = \frac{Y}{Z} = \frac{Y}{0.46}$$

式中

$$Z = 6 - 5.54 = 0.46(\text{mW})$$

所以 $Y = $ 二阶 IM 产物的输出功率
$= 0.46\tan 89° = 26.4(\text{mW}) = 14(\text{dBm})$

这个值太大,在实际系统中不能接受。意味着 LNA 应该具有较高的交截点,才会产生非常低的 IM 产物。

如果 P2 = 25dBm,则截点 = 25dBm = 316.2mW。所以

$$X = \frac{316.2}{\tan 89°} = 5.52(\text{mW})$$

$$Y = \frac{316.2}{\tan 87°} = 16.6(\text{mW})$$

x 轴上的截距 $= 16.6 - 5.52 = 11.08(\text{mW})$

因此,当输入超过 11.08mW,会生成系统不希望的二阶和更高 IM 产物。如图 6.9 所示,当输入信号达到 W 时,它将基波信号的功率水平相匹配。

这意味着,有 11.08 - 6.3 = 4.78mW 的缓冲区,之后才需要开始关注二阶和更高 IM 产物。通常,为了减少 IM,可以将 1dB 压缩点以下的 6dBm 余量视为线性裕度。线性裕度可保护系统免受饱和。在放大器之后放置滤波器以抑制 IM 也是可行的。

IP 点的定义如下[4]:

(1) 二阶交截点 $IP2_{in}$(或 IP2)对应于虚拟输入或输出功率,在该交截点处,二阶互调产物的功率与放大器基波输出功率电平相同。

(2) 三阶交截点 $IP3_{in}$(或 IP3)对应于虚拟输入或输出电平,在该交截点处,三阶互调产物的功率与放大器输出的基波功率电平相同。

在这两种情况下,假设基波是线性变化的[4]。

6.4.4 增益压缩和灵敏度减弱

放大器的输入与输出传递曲线可以表示为

$$y(t) = F(x(t)) = \sum_{n=1}^{\infty} a_n x^n(t) \approx \sum_{n=1}^{N} a_n x^n(t) \tag{6.5}$$

保留式(6.5)的前四项:

$$y(t) = a_0 + a_1 x(t) + a_2 x^2(t) + a_3 x^3(t) \tag{6.6}$$

在式(6.6)中,前两项代表线性部分,后两项代表非线性部分。

将以下信号施加到放大器的输入,可得

$$S_{\mathrm{I}}(t) = A_{\mathrm{I}} \cos 2\pi f_{\mathrm{I}} t \tag{6.7}$$

$$S_{\mathrm{II}}(t) = A_{\mathrm{II}} \cos 2\pi f_{\mathrm{II}} t \tag{6.8}$$

式中:$S_{\mathrm{I}}(t)$、$S_{\mathrm{II}}(t)$代表信号和可能的干扰信号。

$S_{\mathrm{I}}(t)$和S_{II}替代式(6.6)中$x(t)$,可得

$$\begin{aligned} y(t) &= a_1 [S_{\mathrm{I}}(t) + S_{\mathrm{II}}(t)] + a_2 [S_{\mathrm{I}}(t) + S_{\mathrm{II}}(t)]^2 + a_3 [S_{\mathrm{I}}(t) + S_{\mathrm{II}}(t)]^3 \\ &= a_1 S_{\mathrm{I}}(t) + a_1 S_{\mathrm{II}}(t) + a_2 [S_{\mathrm{I}}^2(t) + S_{\mathrm{II}}^2(t) + 2 S_{\mathrm{I}}(t) S_{\mathrm{II}}(t)] \\ &\quad + a_3 [S_{\mathrm{I}}^3(t) + S_{\mathrm{II}}^3(t) + 3 S_{\mathrm{I}}(t) S_{\mathrm{II}}^2(t) + 3 S_{\mathrm{I}}^2(t) S_{\mathrm{II}}(t)] \end{aligned} \tag{6.9}$$

显然,线性项不会产生任何类型的灵敏度减弱。二阶项会生成二次谐波和互调信号,但不会生成任何基波信号。因此,忽略 $a_2[\ ]^2$ 项。然后可得

$$\begin{aligned} y(t) &= a_1 [A_{\mathrm{I}} \cos 2\pi f_{\mathrm{I}} t + A_{\mathrm{II}} \cos 2\pi f_{\mathrm{II}} t] \\ &\quad + a_3 \begin{bmatrix} A_{\mathrm{I}}^3 \cos^3 2\pi f_{\mathrm{I}} t + A_{\mathrm{II}}^3 \cos^3 2\pi f_{\mathrm{II}} t + 3 A_{\mathrm{I}} A_{\mathrm{II}}^2 \cos 2\pi f_{\mathrm{I}} t \cos^2 2\pi f_{\mathrm{II}}(t) \\ + 3 A_{\mathrm{I}}^2 A_{\mathrm{II}} \cos^2 2\pi f_{\mathrm{I}} t \cos 2\pi f_{\mathrm{II}} t \end{bmatrix} \end{aligned} \tag{6.10}$$

式(6.10)可以进一步简化为

$$y(t) = a_1 A_{\mathrm{I}} \left[1 + \frac{3 a_3}{4 a_1} A_{\mathrm{I}}^2 + \frac{3 a_3}{2 a_1} A_{\mathrm{II}}^2 \right] \cos(2\pi f_{\mathrm{I}} t) \tag{6.11}$$

观察式(6.11),如果没有干扰,则所需信号 $A_{\mathrm{II}} = 1$,小信号增益等于 a_1,对于轻微非线性系统,式(6.11)中的高次项与第一项 $a_1 A_{\mathrm{I}} \cos(2\pi f_{\mathrm{I}} t)$ 相比都可以忽略。但是,随着信号幅度的增加,式(6.11)中的增益将产生变化,第二项 $\frac{3 a_3}{4 a_1}$ 变得更重要。而如果 a_3 与 a_1 的符号相反,则输出 $y(t)$ 将小于线性理论所预测的值,从而产生增益压缩现象。压缩增益(dB)由下式给出:

$$G_{\mathrm{comp}} = 20 \log \left| a_1 \left(1 + \frac{3 a_3}{4 a_1} A_{\mathrm{I}}^3 \right) \right| \tag{6.12}$$

从式(6.12)中可以看到,随着 A_{I} 增加,G_{comp} 会减少。当该增益比小信号增益低 1dB 时,可以得到放大器的 1dB 压缩点。通过设置 $G_{\mathrm{comp}} = -1$ 并求解 A 可以得到该值:

$$A_{-1} = \sqrt{(1-10^{1/20})\frac{4}{3}\left|\frac{a_1}{a_3}\right|} = \sqrt{0.145\left|\frac{a_1}{a_3}\right|} \qquad (6.13)$$

1dB 压缩点的概念如图 6.7 所示。

由前面推导可得结论：当存在干扰时，如果 $a_3 < 0$（见式(6.11)），则当干扰源的幅度 A_{II} 增大时，输出信号会减小。干扰使增益降低 $3a_3A_{\text{II}}^2/2a_1$。这种非线性效应（称为失敏）发生时会减弱所需信号的增益。从式(6.11)可以看出，在强干扰的情况下，该增益的降低是增益压缩情况的 2 倍。如果存在强干扰，则增益将减小为零，并且所需信号将被完全阻塞。这种干扰信号也称为阻塞信号。接收机阻塞或接收机灵敏度降低是由接收机放大器/混频器链路中的奇数阶互调产物引起的。干扰的频率可能与感兴趣信号的频率不同，但是由该干扰引起的杂散信号可能会以与感兴趣信号相同的频率出现。这些杂散信号通过增大最小可检测信号降低了接收机的能力。因此，如果通过预置滤波器来确保通带中不存在任何三阶产物，便可以有效地解决阻塞问题。

6.4.5 单频调制

由于放大器是非线性的，因此可以合理地假设即使是一个单频也会产生谐波[2,4]。下面将对比证明。

输入信号定义为

$$S(t) = A\sin 2\pi ft = A\sin\omega t \qquad (6.14)$$

代替式(6.6)中的 $x(t)$，可得

$$y(t) = a_0 + a_1 A\sin\omega t + a_2 A^2 \sin^2\omega t + a_3 A^3 \sin^3\omega t + \cdots \qquad (6.15)$$

应用三角函数性质，有

$$\sin^2 x = \frac{1}{2}(1 - \cos(2x))$$

$$\sin^3 x = \frac{1}{4}(3\sin x - \sin(3x))$$

可得

$$\begin{aligned}y(t) &= a_0 + a_1 A\sin(\omega t) + \frac{1}{2}a_2 A^2 - \frac{1}{2}a_2 A^2\cos(2\omega t)\\ &\quad + \frac{3}{4}a_3 A^3 \sin(\omega t) - \frac{1}{4}a_3 A^3 \sin(3\omega t) + \cdots +\\ &= a_0 + \frac{1}{2}a_2 A^2 + \left(a_1 A + \frac{3}{4}a_3 A^3\right)\sin(\omega t)\\ &\quad - \frac{1}{2}a_2 A^2\cos(2\omega t) - \frac{1}{4}a_3 A^3 \sin(3\omega t) + \cdots +\end{aligned} \qquad (6.16)$$

式(6.16)表明，输出包含基波、二次谐波和三次谐波，如图 6.10 所示。

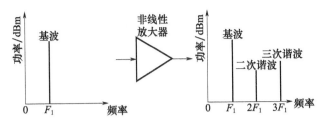

图 6.10 单频信号调制

6.4.6 双频互调

考虑以下两个频率信号：

$$S_1(t) = A_1\sin\omega_1 t \tag{6.17}$$
$$S_2(t) = A_2\sin\omega_2 t \tag{6.18}$$

将式(6.17)和式(6.18)替换式(6.6)中的 $x(t)$，可得

$$\begin{aligned}y(t) =& \frac{1}{2}a_2(A_1^2 + A_2^2) + a_1(A_1\sin(\omega_1 t) + A_2\sin(\omega_2 t))\\&+ \frac{1}{2}a_2(A_1^2\cos(2\omega_1 t) + A_2^2\cos(2\omega_2 t))\\&+ a_2 A_1 A_2[\cos(\omega_1+\omega_2)t + \cos(\omega_1-\omega_2)t]\\&+ \frac{1}{4}a_3(A_1^3\cos(3\omega_1 t) + A_2^3\cos(3\omega_2 t))\\&+ \frac{3}{4}a_3 \begin{pmatrix}A_1^2 A_2[\cos(2\omega_1+\omega_2)t + \cos(2\omega_1-\omega_2)t]\\+ A_1 A_2^2[\cos(2\omega_2+\omega_1)t + \cos(2\omega_2-\omega_1)t]\end{pmatrix}\end{aligned} \tag{6.19}$$

式中：$\omega_1+\omega_2$ 和 $\omega_1-\omega_2$ 是二阶互调产物；$2\omega_1 \pm \omega_2$ 和 $\omega_1 \pm 2\omega_2$ 是三阶互调产物；$2\omega_1 t$ 和 $2\omega_2 t$ 是二阶谐波项；$3\omega_1 t$ 和 $3\omega_2 t$ 是三阶谐波项。

通常，在射频工程中这些二阶、三阶谐波不会干扰系统，因为它们存在于通带之外并且可以轻松滤除。互调产物通常存在于通带内，并且接近基频。应对这个问题的唯一方法是使用 IP3 点很高的放大器，确保杂波不会累积到足够高的值，不会给系统造成问题。另外注意，像 IM 产物一样，二阶和三阶谐波的幅度随着 A^2 和 A^3 而变化。这意味着，随着输入信号的放大，这些杂波的增长速度会更快。例如，基波上升 1dB 会导致三次谐波上升 3dB。像 A^2 一样，由于二阶 IM 失真产物增加，因此在某些功率水平下失真产物将超过基波信号。实际上，由于如图 6.7 所示的 1dB 压缩，不会发生这种情况。因此可以推断，基波信号和二阶失真信号的曲线相交的外推点是交截点(IP2)。根据定义，IM2 = 0dBc 时，输入功率为 IIP2 点，输出功率为 OIP2 点(与 IP3 点类似)。

下式定义了 IP 点：

$$\mathrm{IP}n_{\mathrm{in}} = \frac{a_{\mathrm{IM}n}}{n-1}P_{\mathrm{in}} \qquad (6.20)$$

式中：$\mathrm{IP}n_{\mathrm{in}}$ 为 n 阶输入截取点(dBm)；$a_{\mathrm{IM}n}$ 为 n 阶互调产物与输入信号基波之间的功率电平差(dBm)；P_{in} 为两个输入信号之一的功率电平(dBm)。

综上所述，可得到一个重要结论：在 IP2 上，IM2 为 0dBc(等于输入载波功率)，而在 IP3 上，IM3 为 0dBc，依此类推。这种现象如图 6.11 所示。

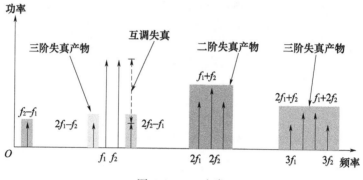

图 6.11　IM 失真

6.4.7　交叉调制

输入信号 $x(t)$ 包括一个小期望信号 $S_1(t)$ 和一个强干扰信号 $S_{\mathrm{Int}}(t)$，振幅调制为 $1 + m(t)$：

$$\begin{cases} S(t) = A\cos(2\pi f_0 t) \\ S_{\mathrm{Int}}(t) = A_{\mathrm{Int}}[1 + m(t)]\cos(2\pi f_{\mathrm{Int}} t) \end{cases} \qquad (6.21)$$

将非线性系统的输出 $y(t)$ 代入式(6.6)，可得

$$y(t) = a_1 A \left\{ 1 + \frac{3a_3}{4a_1} A^2 + \frac{3a_3}{2a_1} A_{\mathrm{Int}}^2 [1 + m^2(t) + 2m(t)] \right\} \cos(2\pi f_0 t) + \cdots$$

$$(6.22)$$

式(6.22)显示了通常的失敏和压缩项，以及新项 $\frac{3a_3}{2a_1}A_{\mathrm{Int}}^2 m^2(t)$ 和 $\frac{3a_3}{a_1}A_{\mathrm{Int}}^2 m(t)$。这些新项意味着，强干扰源上的振幅调制通过与非线性的相互作用而叠加到所需信号上。这种现象称为交叉调制。

6.4.8　功率放大器的非线性

前面的讨论是一般放大器，然而在功率放大器(PA)中存在更多的问题，如 PA 中的非线性会引起 AM – AM 转换(图 6.12)和 AM – PM 转换(图 6.13)。

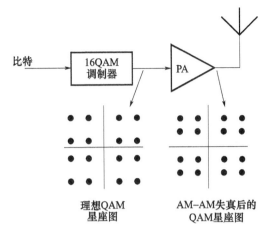

图 6.12 非线性所引入的 AM－AM 转换

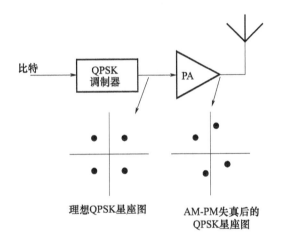

图 6.13 非线性所引入的 AM－PM 转换

AM－AM 转换是 PA 中 AM－AM 失真(非线性)的一种量度。这是由温度、电源变化以及 RF 信号传输中的多径衰减引起的不希望的幅度变化。这种失真在 QAM 和 AM 的调幅信号中更为突出,则

$$x(t) = A(t)\cos(\omega t + \phi(t)) \tag{6.23}$$

通常,放大器的作用由式(6.23)定义。但是,由于 AM－AM 转换,该方程式采用如下形式:

$$x(t) = \Im[A(t)]\cos(\omega t + \phi(t) + \psi(t)) \tag{6.24}$$

式中:$\Im[A(t)]$ 是导致 AM－AM 转换的项。AM－PM 转换是 PA 中 AM－PM 失真(非线性)的量度。这是温度、电源变化以及 RF 信号传输中的多径衰减引起的。这种失真在诸如 QPSK 和 PM 的相位调制信号中更为突出。$\psi(t)$ 是导致

AM-PM 转换的项。但是,因为它们各自的作用重叠,很难确定 AM-AM 或 AM-PM 哪一种现象会影响最终性能。

6.5 混频器

射频混频器是一种频率转换设备[2],它将 RF 频率转换为较低的 IF 频率或基带,以便在接收器中更容易进行信号处理。它还可以将基带信号或 IF 频率转换为更高的 IF 频率或 RF 频率,以便在发射机中高效地传输。

混频器利用非线性或时间变化来实现。但是,在此过程中会产生很多的杂散信号,因此需要进行良好的滤波,可以从这些混合信号中提取出感兴趣的信号。

射频混频器是三端口有源或无源设备。当两个不同的输入频率输入到其中两个端口时,它们可以在另一个输出端口上同时产生和频和差频。此外,混频器可用作相位检测器或解调器。

两个输入端口的两个信号通常是本地振荡器(LO)和射频(RF)信号。输出为中频(IF)信号。如果混频器允许,则 IF 和 RF 端口可以互换。在上变频时,IF 是输入端口(图 6.14)。

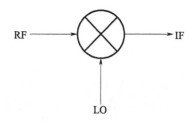

图 6.14 混频器符号

混频器采用以下方法实现混频。

(1) 非线性传递函数:除了所需的频率以外,此方法会产生互调产物。

(2) 切换或采样:这是一个随时间变化的过程,产生的杂散(杂音)较少。这种方法在有源和无源混频器中很常见。

如果 $x(t) = A\cos(\omega_1 t)$,$y(t) = B\cos(\omega_2 t)$,则输出为

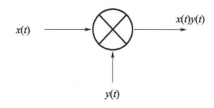

$$A\cos(\omega_1 t) \cdot B\cos(\omega_2 t) = \frac{AB}{2}\cos(\omega_1 - \omega_2)t + \frac{AB}{2}\cos(\omega_1 + \omega_2)t$$

式中:等号右边第一部分为下变频,第二部分为上变频。

这些方法如图 6.15 和图 6.16 所示。

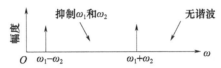

图 6.15 理想的非线性混频器

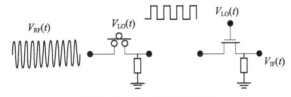

图 6.16 换向开关混频器

$$V_{RF}(t)V_{LO}(t)$$
$$= A_{RF}\sin(\omega_{RF}t) \times sq(\omega_{LO}t)$$
$$= \frac{2}{\pi}A_{RF}\left[\cos(\omega_{RF}-\omega_{LO})t + \frac{1}{3}\text{vos}(3(\omega_{RF}-\omega_{LO})t) + \cdots\right]$$

与同样能够改变信号频率的倍频器和分频器不同,混频器理论上保留了信号的幅值和相位,而不会影响其端口信号的调制特性。这意味着混频器是一个线性设备,即使它利用非线性来完成混频。这对于理解混频器的工作非常重要。

在图 6.16 中,本振 LO 馈入为方波。如果 RF 为正弦波,则将受到方波信号的调制。它产生基波信号和三次谐波,三次谐波随后被滤除。

6.5.1 下变频

如图 6.17 所示,在下变频时天线接收的信号通过 LNA 到混频器。该混频器采用下变频模式(IF 信号是 RF 和 LO 信号的频率之差)。采用这种模式,LO 可以高于也可以低于 RF 信号。在前一种情况下混频器是高 LO 注入,后一种情

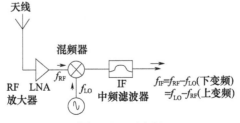

图 6.17 下变频

况下是低 LO 注入。混频器的输入信号会遇到非线性问题,这和 6.4 节中讨论的放大器一样。与此相似,也会产生谐波和 IM 产物,然后将不需要的频率成分滤除。因此,混频器后总是跟随 IF 滤波器。这将在后面详细讨论。

图 6.18 说明了混频器用高本振和低本振注入时输出的差异。在低本振注入时,LO 频率低于 RF 信号,两者之差构成了中频信号。图中还显示了镜像频率。这个频率和射频信号与 LO 信号的频率差相同。因此,其频率差也将恰好是 IF。在设计接收机链路时,设计人员必须注意镜像频率而且必须抑制镜像。镜像频率不一定总存在,但如果存在,它们将出现在通带中并且需要被有效抑制,抑制方法将在第 7 章中讨论。对于高 LO 注入,其道理相似。

图 6.18 混频产物

6.5.2 上变频

图 6.19 展示了上变频,同样也有低本振和高本振注入。但是,与下变频情况相比,由于具体应用不同,下变频通常用差频。

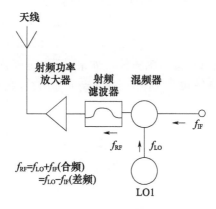

图 6.19 上变频

在上变频中可以用和频混频,也可以用差频混频。尤其是 X 波段及更高频段时更多会使用差频模式。在第 9 章将会看到一个示例,因为是发射机,所以没有镜像频率问题。

6.5.3 混频器指标

混频器的主要指标有混频器类型、频率范围、阻抗、输入功率、变频损耗/增益、隔离度、噪声系数和输出杂散。

6.5.4 混频器互调产物

混频器基于非线性,因而像在放大器中一样必须处理谐波和互调(IM)产物(图6.20)。通常有以下概念:

(1)单频 IM 失真(IMD);
(2)双频谐波定义为 $mRF \pm nLO$,其中 m 和 n 为整数。

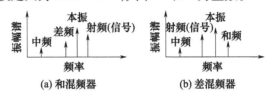

图 6.20 混频器产物

6.5.5 混频器性能

1. 变频增益或损耗

射频混频器的变频增益或损耗取决于混频器的类型(有源或无源),射频的输入负载和端口阻抗,以及 LO 的功率电平。当典型二极管混频器的变频损耗约为 -6dB 时,有源混频器的典型转换增益约为 +10dB。射频混频器的转换增益或损耗为

$$变频(dB) = 输出 IF 功率(dBm) - RF 输入功率(dBm)$$

2. 输入交截点(IIP3)

它是不需要的互调输出产物和所需的 IF 输出功率相等时的 RF 输入功率。从射频系统的角度来看,混频器线性度比噪声系数更重要。混频器中的三阶交截点(IP3)由一阶 IF 响应与二阶、三阶互调 IF 产物的外推交点定义,当两个射频信号作用到混频器的射频端口时,就会产生这种互调(图6.21)。

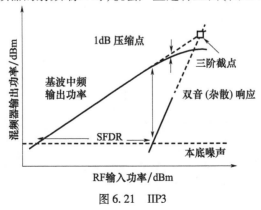

图 6.21 IIP3

3. 杂散产物

由于非线性,将存在杂散分量。只有对这些杂散分量进行抑制,才能实现一个好的混频器(图 6.22)。

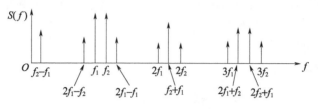

图 6.22　主要 IM 产物

4. 隔离度

本地振荡器功率泄漏到 IF 或 RF 端口的抑制能力。隔离度有多种类型,如 LO 到 RF、LO 到 IF 和 RF 到 IF 的隔离度。

5. 噪声系数

噪声系数是混频器恶化噪声的量度,即噪声转化到 IF 输出的度量。

(1) 对于没有增益而只有损耗的无源混频器,噪声系数几乎等于损耗。

(2) 在混频器中,噪声被 LO 的每个谐波复制并转换,称为噪声折叠。

(3) 除了混频器转换损耗引起的系统噪声系数恶化之外,混频器本身噪声还会进一步恶化噪声系数。

6. 镜像噪声抑制

混频器将以相等的效率转换上边带或下边带的能量。因此,无信号时边带中的噪声也会添加到 IF 输出中,无论先前的噪声系数如何,将使 IF 端口处的噪声系数增加 3dB,如图 6.23 所示。

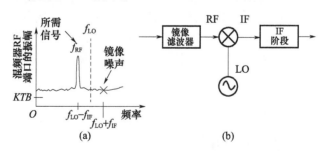

图 6.23　镜像噪声问题

混频器 RF 输入端口处的镜像滤波器可以抑制这种噪声。也有一些特殊的镜像抑制混频器通过其拓扑结构抑制镜像噪声。

LO 的宽带噪声是另一个参数,它会增加 IF 噪声水平,从而降低整体噪声系数。因此,与本振频率间隔 ± IF 的噪声将混频产生 IF 频率的噪声。与 RF 噪声一样,LO 频率倍数附近的任何噪声也会混合到 IF。此噪声转换过程与 LO-RF 隔离相关但不相同。

与本振谐波间隔为 ±IF 频率处的噪声也会影响整个系统的噪声系数。

宽带本振噪声被下变频为中频信号,其转换损耗比所需信号和镜像噪声高得多。

本振和混频器之间的带通滤波器有助于降低宽带本振噪声。当有噪声的本振信号施加到混频器时,其在射频和镜像频率的噪声分量将被下变频到中频端口,就像它们施加在射频输入一样。这种情况如图 6.24 所示。无论是和频混频器还是差频混频器,射频噪声和本振噪声都会在中频端口处叠加。如果本振信号噪声性能较差,即使是无噪声的射频信号,也会变成有噪声的中频信号。

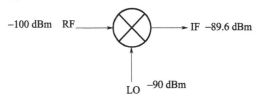

图 6.24 噪声在混频器输出端叠加

$RF_{noise} = -100 dBm = 1^{-10} MW$

$LO_{noise} = -90 dBm = 1^{-9} MW$

$IF_{noise} = RF_{noise} + LO_{noise} = 1^{-10} + 1^{-9} = 1.1^{-9} (mW)$

或 $IF_{noise} = -89.6 dBm$

重要的是应将中频频率选择足够高,使射频和镜像频率处的噪声与本振良好分离,从而可以有效地对其进行滤波。

单边带噪声系数(SSB NF)是假定信号仅从一个边带输入,而噪声是从两个边带进入。测量单边带噪声系数与超外差接收机架构有关,在该架构中通过滤波或抵消电路消除镜像频率。图 6.25 和图 6.26 对此进行了说明。

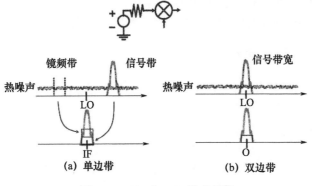

图 6.25 SSB 与 DSB 噪声系数

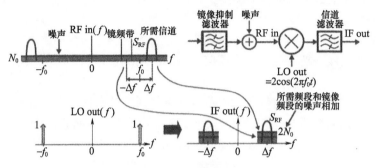

图 6.26 SSB 噪声系数

双边带噪声系数(DSB NF)包括来自两个边带的信号和噪声输入。DSB NF 更易于测量,在信号和镜像频率上都会引入宽带多余噪声。在大多数情况下,它将比单边带噪声系数小 3dB(图 6.27)。

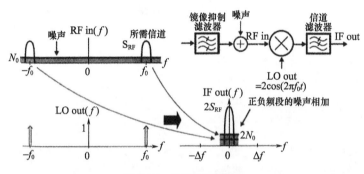

图 6.27 DSB 噪声系数

在图 6.26 中,来自混频器或前端滤波器的宽带噪声将位于镜频和所需频带中。此外,来自镜频和所需频带的噪声将在中频输出中合并。在图 6.27 中,对于零中频,没有镜频。来自正、负频率的噪声会叠加,但信号也会叠加。DSB 噪声系数比 SSB 噪声系数低 3dB,制造商通常会使用 DSB 噪声系数。

6.5.6 混频器硬件问题

在任何方案中都有许多影响混频器性能的硬件问题,下面详细研究这些问题。

1. 隔离度

混频器需要在 RF、LO 和 IF 端口之间保持足够的隔离度。LO/RF 和 LO/IF 隔离度是最重要的特性。减少 LO 泄漏到其他端口的问题可以通过滤波解决。图 6.28 展示了混频器中的隔离。

第 6 章 雷达系统部件

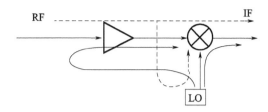

图 6.28 混频器中的隔离度

2. LO 耦合

由于诸如寄生电容和电源耦合之类的因素,LO 信号从 LO 端口耦合到 IF 输出端口。由于高电平的 LO 信号,使得这种耦合通常影响很大。当耦合很大时,由于中频输出会消耗额外的动态范围,因此有可能使接收机灵敏度降低。如果耦合很小,可以通过中频输出端的滤波器去除。图 6.29 显示了 LO 耦合。

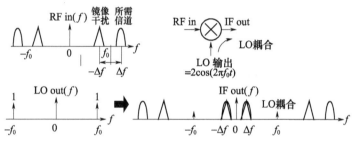

图 6.29 LO 耦合

3. 反向 LO 耦合

由于寄生电容之类的因素,从 LO 端口到 RF 输入端口发生反向耦合(图 6.30)。如果它很大,并且低噪声放大器无法提供足够的隔离度,则 LO 端口的能量可能会从天线中泄漏出去,并违反无线电的发射标准。因此,有必要确保与天线足够的隔离度。这是一个很普遍的问题,尤其是在零中频接收机中。反向 LO 耦合也会导致另一个问题——自混频。

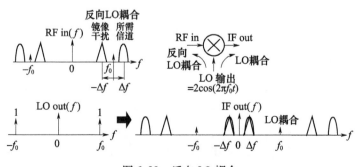

图 6.30 反向 LO 耦合

· 143 ·

4. 反向 LO 耦合的自混频

RF 输入信号中的 LO 分量可以通过混频器反馈,并被 LO 信号调制。因此,在 IF 输出处将产生直流(DC)信号和二倍频 $2f_0$ 信号,尽管这对于超外差系统而言无关紧要,但可能会导致零中频系统中出现问题(零 IF),产生很强的直流偏移,从而干扰信号的解调(图 6.31)。

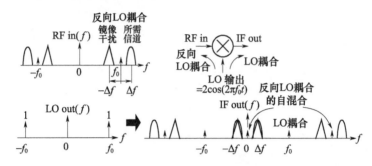

图 6.31　混频器中的自混频

5. 混频器的非线性

如前所述,混频器工作在非线性,但作为一个整体将混频器视为线性设备。如果忽略动态影响,则这些非线性因素主要位于以下三个点(图 6.32)。

(1)非线性 A:与 LNA 非线性相同。

(2)非线性 B:改变 LO 信号的频谱,导致必须分析的其他混频以及改变了转换增益。

(3)非线性 C:引起 IF 输出的自混频。

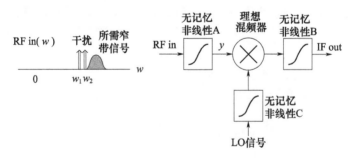

图 6.32　混频器中的非线性

下面分析这些非线性的影响。非线性 B 在大多数情况下不是有害的,LO 信号通常是不受此影响的方波。线性负载可避免非线性 C。但是,非线性 A 会阻碍干扰源的排除。在图 6.33 中,输入信号的三次谐波已被破坏。根据之前对放大器的分析,可以使用具有高 IIP3 点的 LNA 来解决这一问题。使用双频测试法[4]来测量此 LNA 所需的效率。

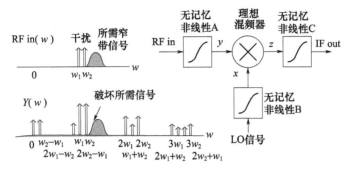

图 6.33 混频器非线性的含义

如 6.5.4 节所述,非线性会引起杂散响应。如何选择频率以使杂散保持最小?按照以下公式进行计算:

$$IF = m \cdot RF - n \cdot LO (对于向下混频模式)$$

$$\frac{IF}{RF} = -n \cdot \frac{LO}{RF} + m, \quad 0 < \frac{IF}{RF} < \frac{LO}{RF} < 1$$

这与以下公式相同:

$$y = -nx + m, 0 < y < x < 1$$

绘制 y 与 LO/RF 的关系,获得一个杂散响应图,如图 6.34 所示。可以使用图 6.34 找到合适的 IF 工作频率。SystemVue 中存在此功能,是一种被称为"WhatIf"的辅助功能。该功能可根据用户输入自动绘制杂散图,并有助于判定合适的 IF 频段。

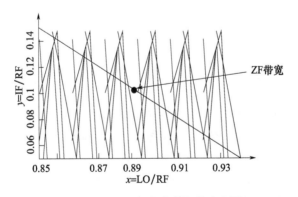

图 6.34 SystemVue 中的杂散响应图

6.5.7 混频器类型

混频器可分为单器件混频器、单平衡混频器、双平衡混频器、镜像抑制混频器、次谐波混频器和鉴相混频器。

1. 双平衡混频器

双平衡混频器由两个平衡变压器和一个二极管环组成。二极管开关在 IF 和 RF 之间提供了高度隔离。平衡二极管开关可以阻止两个平衡转换器之间的直接连接(图 6.35)。

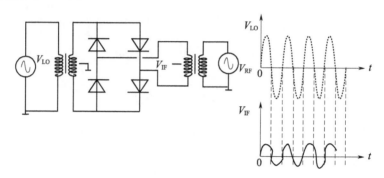

图 6.35 双平衡混频器

注意以下有关双平衡混频器的信息：
(1) 由于对称性，它们抑制偶数阶的杂散响应；
(2) 它们要求 LO 和 RF 之间存在 20dB 的功率差；
(3) 与放大器一样，必须在这些混频器中保持线性裕度；
(4) 它们的增益差，通常为 -6dB；
(5) 它们提供良好的 LO - IF、LO - RF、RF - IF 隔离；
(6) 它们对晶体管速度很慢的高频应用很有吸引力。

图 6.35 所示的桥式结构在极低的 RF 输入下起作用，在低的输入下二极管工作在非线性部分。LO 馈电以规定的方式接通桥式二极管。因此，该系统在 RF 馈电比 LO 馈电低约 20dB 的情况下工作最佳。

2. 镜像抑制混频器

镜像抑制混频器(图 6.36)通过一对平衡混频器的互连实现，对于镜像和 RF 波段重叠或镜像太靠近 RF 以致不能被滤波器滤除的应用特别有效果。

平衡混频器的 LO 端口被同相驱动，但是施加到 RF 端口的信号具有 90°的相位差。一个 90°中频混频器用于分离 RF 和镜像频带。注意事项如下：
(1) 更高的 LO 可以提高镜像抑制能力；
(2) 镜像抑制更多依赖于相位失配。

图 6.37 显示了镜像抑制混频器和 SSB 调制器之间的细微差别。在 FMCW 雷达中展宽处理通常实现为镜像抑制混频器。这是由于 LO 和 RF 频段非常接近。因此，镜像频率会传递到 IF 端口。

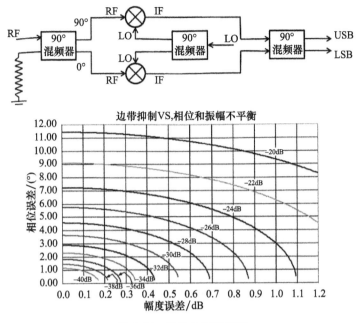

图 6.36 镜像抑制混频器

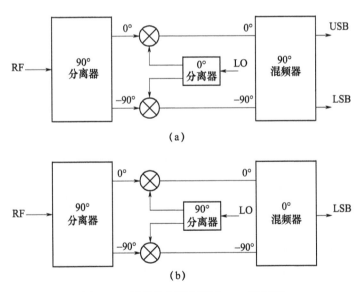

图 6.37 镜像抑制混频器和 SSB 调制器

3. 次谐波混频器

与传统混频器相比,次谐波混频器(图 6.38)生成的输出是 $f_1 + kf_2$,其中 k 是整数。正如传统混频器中的电桥一样,采用了阶跃恢复二极管。这在本振自混频成为突出问题的零中频系统中得到了广泛应用。尤其是在高频下生成所需的 LO 频率变得代价很大,甚至无法实现。这种情况下,次谐波混频器非常有价值,在高频下它们允许使用低成本的微波源来生成本振源。RF 和 LO 的二次谐波可以进行混频。因此,二极管(非线性器件)既执行混频又执行倍频。它们具有较好的变频损耗性能,仅比基频同类产品低几分贝。图 6.39 总结了混频器中普遍存在的问题。

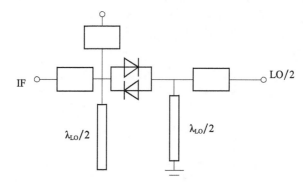

图 6.38　次谐波混频器(工作原理)

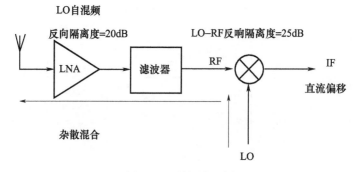

图 6.39　混频器问题

6.6　锁相环合成器相位噪声

锁相环(PLL)合成器相位噪声[4]对于任何基于 PLL 的频率合成器来说是一个特别重要的参数。尽管频率合成器的规格表中广泛引用了频率稳定性、频率范围和合成器步长等关键参数,但相位噪声同样重要。

很多原因说明 PLL 频率合成器的相位噪声是很重要的,它以多种方式影响合成器的性能。

测试中需要用到的信号发生器必须是一个干净的信号源。如果在无线电通信系统中使用了频率合成器,那么它将影响该系统的性能。对于在无线电通信系统中使用的无线电接收机,它将影响相互混频及在某些情况下的本底噪声等参数。

如果在发射机中使用了频率合成器,则导致宽带噪声被传输,从而对其他用户造成干扰。因此,对于任何无线电通信应用而言,相位噪声的水平都是重要的。由于大多数相位噪声很可能由合成器产生,因此 PLL 相位噪声特性非常重要。

6.7 相位噪声的含义

相位噪声可以描述为信号的短期随机频率波动。它可在频域中进行测量,并表示为信号功率与噪声功率之比,该信号功率是在 1Hz 带宽内从所需信号指定偏移处测得的。

相位噪声是信号相位不确定性的度量,它是相对于载波信号的正交(90°异相)噪声功率与载波信号功率之比。这与 AM 噪声相反,后者是与载波信号同相的噪声。

通过两种常用的测量项来获得相位噪声:相位起伏的频谱密度(SD)和 SSB 相位噪声。频谱密度是 SSB 的 2 倍,因为当 SSB 相位噪声对应于一个边带的相对电平时,频谱密度与包括两个边带的总相位变化有关。信号的相位噪声只能由具有相同或更好噪声性能的系统测量。

在所有信号上都存在一定程度的相位噪声,并且相位噪声表现为从主载波的两侧扩散出来的噪声(图 6.40)。在 FMCW 雷达中,这是可能造成或损坏雷达的核心问题。因此,对相位噪声的了解是必不可少的。

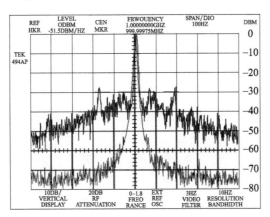

图 6.40 信号源的典型相位噪声曲线

一些信号源比其他信号源更好。晶体振荡器是一种较好的信号源,其相位噪声非常低。开环的变频率振荡器通常表现良好。但是,频率合成器,尤其是那些基于 PLL 的系统,除非设计合理,否则并不总是那么好。如果在接收机中用作本振的合成器存在较差的相位噪声,则混频后它可能会对系统产生不利影响。

相位噪声可描述为相对于载波信号偏移 100Hz/10kHz/100kHz 时的噪声电平(图 9.2)。

6.8 无源器件

到目前为止,本章讨论了放大器、混频器和振荡器中的相位噪声。但也有大量的无源器件有待研究。本书不是射频工程学的教科书,并且没有足够的篇幅使内容覆盖所有这些组件。读者不妨对定向耦合器、衰减器、威尔金森功分器、功分器、功率合成器、隔离器、环行器和巴伦阻抗平衡器进行研究,可以参见文献[6-7]及其参考资料进行详细研究。

6.9 小 结

本章介绍射频架构中一些关键组件的功能和特性。在此过程中重新分析了放大器的性能和特性。同时还介绍放大器传递特性中非线性的存在,以及这些非线性如何产生寄生频率(杂散)。随后继续分析放大器的传输特性,包括 1dB 压缩点以及 IP2 和 IP3 交截点的定义。此外,通过示例介绍了双频互调产生的原理,放大器中的动态范围和 SFDR,以及增益压缩和失敏,从而能够定义阻塞以及阻塞如何降低放大器性能。接着介绍放大器中的单频、双频和交叉调制。介绍上变频和下变频模式下混频器的工作原理、混频器的传输特性和混频器有关的主要定义,变频损耗、1dB 压缩点和各种交截点,以及混频器中的 SSB 和 DSB 噪声。分析了自混频、耦合和隔离之类的硬件问题。此外,阐述了中频选频流程,旨在所选中频产生最小的杂散信号,并介绍了混频器的主要类型和镜像抑制混频器的功能。频率合成器的相位噪声是频率源中的关键因素,因此对这部分进行了详细研究。最后讨论了相位噪声的影响及其对发射噪声的影响。

参 考 文 献

[1] Jankiraman, M., *Design of Multifrequency CW Radars*, Raleigh, NC:SciTech Publishing Inc. ,2007.

[2] Razavi,B. ,*RF Microelectronics*(Second Edition),Upper Saddle River,NJ:Prentice Hall,2011.

[3] MT-063,*Analog Devices Tutorial*,2009.

[4] CommTech Knowledge Ltd. ,Israel; http://www. rf-mw. org/table_of_contents_toc. html.

[5] Kingsley,N. ,and J. R. Guerci,*Radar RF Circuit Design*,Norwood,MA:Artech House,2016.

[6] Pozar,D. M. ,*Microwave Engineering*,New York:John Wiley and Sons,2011.

[7] Chang,K. ,*RF and Microwave Wireless Systems*,New York:John Wiley and Sons,2016.

第 7 章 雷达发射机/接收机结构

7.1 引言

本章首先介绍发射机和接收机结构及振荡器性能,特别分析外差结构、零差结构、镜像抑制、数字中频和子采样结构。其次讨论振荡器的相位噪声以及振荡器牵引的影响,接下来以图例的形式介绍下变频频谱上的相位噪声。为简单起见,分析基于单频信号的体系结构,从射频角度来看,可以认为 FMCW 波形是不同的单频信号,但是信号传输通路上的滤波器应该有足够的带宽。射频仿真系统 SystemVue 就采用了这个原理。例如,如果建模一个具有 100MHz 扫描带宽的 FMCW 波形:首先可以将其分解为 100 个单频信号,每个间隔 1MHz;然后将单频信号作为一个单独的实体进行分析,并检查其在发射机或接收机信道中的行为,检查产生的激励、谐波和互调产物。这里的依据是,如果这些单频信号在设计中表现良好,FMCW 波形也会有一样的结果。因此,本章分析基于单频信号的体系结构。

7.2 接收机结构

7.2.1 一次变频超外差接收机

如图 7.1 所示,单变频超外差接收机通常由射频放大器、带通滤波器和解调器组成。带通滤波器需要非常窄的带宽(滤除不需要的频率),同时可调(接收其他需要的频率)。在千兆赫范围内的雷达频率,这种滤波器将不会是真正意义上的窄带,因为滤波器必须不仅适应所需的频率,还要适应相关的调制边带。在这种情况下,窄带一词就有争议了。此外,在如此高的频率下调频是极其精细的,控制旋钮上的微小误差就能使滤波器完全脱离所需频段。

鉴于此,将频率降至较低的值,满足以上两项要求,这个低频率值就是中频,由此产生了超外差接收机。射频信号通过宽带带通滤波器过滤到混频器,馈入混频器的还有一个可调频率的本振信号,并且与射频信号的差值等于中频,因此如果对特定的输入信号进行调整,就要相应地对本振信号进行调整。由于混频器的输出总是固定的中频频率,因此可以使用具有高度选择性的固定频率的 IF 滤波器。

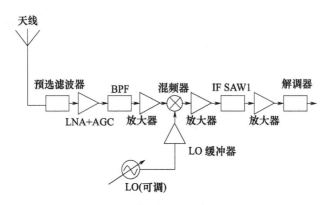

图 7.1　单变频超外差接收机

1. LO 频率

在设计层面,LO 频率有两种选择:

$$f_{LO} = f_{RF} + f_{IF}（高本振注入）\tag{7.1}$$

或

$$f_{LO} = f_{RF} - f_{IF}（低本振注入）\tag{7.2}$$

本机振荡器的频率通常低于所需的射频频率($f_{LO} = f_{RF} - f_{IF}$)。因为振荡器由固定电感器和可变电容器实现,所以通过这种选择电容器的更换完全在可能范围之内。

2. 镜像频率

当接收机对收到的所需信号 f_{RF} 解调时,如果在前端没有加滤波器,还会带来不想要的信号 $f_{RF} + 2f_{IF}$,这个频率称为镜像频率(图 7.2)。

图 7.2　镜像频率

中频的选择必须使可调射频带通滤波器能够抑制 $f_{RF} + 2f_{IF}$ 处的信号,或者说该可调 RF 滤波器应能抑制镜像频率(图 7.3)。

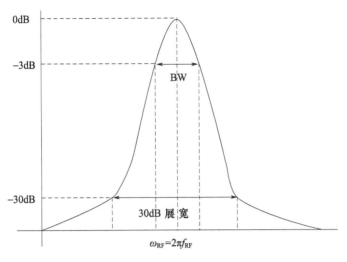

图 7.3 可调中频滤波器

为了简化中频段设计,提高接收机的选择性,f_{IF}应该尽可能低,但是由于镜像频率过于接近所需f_{RF}而增加了可调谐射频带通滤波器的设计复杂度。如果射频信号由ω_{RF}给出,本振由ω_{LO}给出,那么混频器将得到两个输出,即两个频率的和及两个频率的差。两者都是中频频率,有如下关系:

$$\frac{V_{LO} \cdot V_{RF}}{2}\left\{\cos[(\omega_{LO}-\omega_{RF})-\phi]\right\}+\cos[(\omega_{LO}+\omega_{RF})+\phi] \qquad (7.3)$$

如图 7.4 所示,中频滤波器只选择所需的差频或和频,同时抑制所讨论的镜像频率。镜像频率情况如图 7.5 所示。

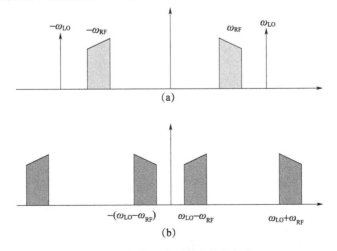

图 7.4 超外差中混频产生的频率

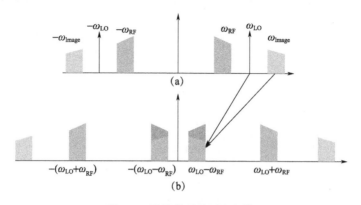

图 7.5 镜像带平移到中频带

如图 7.5 所示,在不需要的镜像频率处的射频噪声被添加到中频信号中,使接收机噪声增加了 3dB。

7.2.2 二次变频超外差接收机

如果中心频率较低,中频滤波器的接收机设计将会简化,但在射频滤波器设计中这将减小需要的射频频段与镜像频段之间的差值,使设计变得困难。

二次变频超外差接收机在许多方面提高了性能,包括稳定性(尽管频率综合器在很大程度上克服了这个问题)、镜像抑制和相邻通道滤波器性能(图 7.6)。

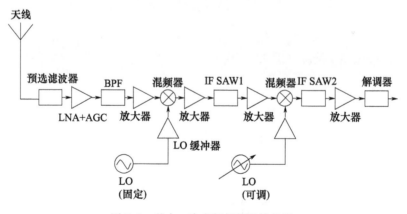

图 7.6 基本二次变频超外差接收机

二次变频超外差接收机是使用高中频来实现高水平的镜像抑制,进一步使用低中频来提供相邻信道选择性所需的性能水平。接收机有两个本振、两个中频滤波器和放大器。

在某些情况下不用差频而是用和频作为第一个中频,这使得中频更高,镜像分离更容易。

7.2.3 直接变频接收机

直接变频接收机也称为零中频接收机或零差接收机,由于其体积小、部件数量少、成本低而广受欢迎。它比超外差结构简单得多,所需的信号施加于混频器输入端口。如果用一个与输入射频信号中心频率相同的本振信号,那么将在混频器的输出端或零中频处得到一个直流信号。在任何超外差设计中中频电路是极其重要的,因为在此级之后就是 A/D 转换器(ADC),信道滤波和大部分信号增益要在此实现。需要用自动增益控制(AGC)控制进入 ADC 的信号电平以防止 ADC 饱和,这意味着 AGC 要在中频级实现。中频级频率相对较低,信道滤波是窄带的,从而降低了系统噪声并精确地选择所需信道。正因如此,中频级常使用晶体滤波器、陶瓷滤波器或声表面滤波器。

在零中频系统中这些都必须在射频级或基带级中完成。为了方便实现,基带通常包含一个 DSP 单元。可以使用基带实现 AGC,但要注意 AGC 的时间常数必须比信号的频率分量快得多。例如,步进频率雷达,AGC 必须在下一个调谐开始前达到稳定,以便 ADC 能及时收集到样本。在超外差接收机中,假设中频频率为 10MHz,AGC 反馈回路必须非常快,因为中频的一个周期是 100ns,而 AGC 控制回路通常需要多个周期。另外,可以使用复杂的算法从基带生成 AGC,也可以使用高动态范围电路而仅需小范围 AGC,甚至使用对数放大器压缩幅度范围,减少甚至消除对 AGC 的需求。在图 7.7 中,增益只能在前端或基带中提供。射频信号过大的增益可能触发系统振荡,甚至使系统超过 IP1 点进入饱和状态。基带增益法也有一些缺点,如高增益会放大在信号、电源和地上的微小波纹,这些波纹是由电路元件如 DC – DC 转换器、电压调节器和数字时钟等引起的。

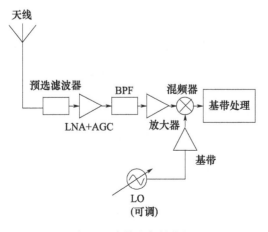

图 7.7 直接变频接收机

混频器的输出如图 7.7 所示。通常包括由和频率($2 \times RF$ 或 $2 \times LO$)、差频(DC,因为 RF = LO)和 LO 频率。在超外差中通过滤波去除不需要的频率。对于频率和相位调制的信号,下变频必须提供正交输出,以避免信息丢失,如图 7.8 所示。因为接收到的频谱两边携带着不同的信息,在转换到零频率时必须将其分成正交相位。零差接收机比外差接收机有许多优点,尤其是中频信号为零,避免了镜像问题,不需要镜像滤波器。混频器之后的 BB LPF 滤波器是抗混叠的,抑制了较高的谐波和本振耦合,只有一个低直流使整个系统易于单片集成。而外差接收机有一个高 Q 值中频滤波器,用来消除镜像频率,不适合单片集成(高 Q 值滤波器体积较大),然而在零差接收中没有镜像频率问题,可以使用 BB LPF 滤波器,因此广受欢迎。但是也有一些缺点,如接收到的频谱如图 7.9 所示。

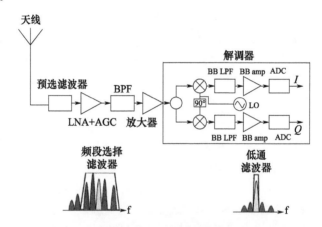

图 7.8　正交解调零中频

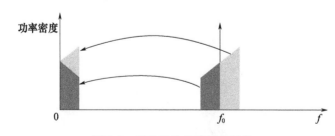

图 7.9　零差接收机的频率平移

零差接收机的优点如下:
(1)最少的组件;
(2)低成本,减少不必要的设计;
(3)没有镜像频率问题。

零差接收机的缺点如下：
(1)前端射频系统本振信号泄漏,将导致较大的直流偏差；
(2)高闪烁噪声；
(3)IQ 调制器/解调器设计难度大,混频器难以匹配(在模拟系统中)；
(4)发射机泄漏(在双工系统和连续波系统中)。

1. LO 泄漏

由于本振和低噪放输入之间的低隔离度,所以本振信号泄漏到低噪放输入,依次进入接收机与射频信号输入端,并与本振混频,这种现象称为自混频。自混频在混频器输出端产生直流偏差,如图 7.10 所示。Razavi[1]在一个例子中解释了这一点。假设在 50Ω 系统中本振的功率为 0dBm,若本地振荡器经过 60dB 衰减,正如图 7.10 中点 1,将低噪放的总增益以及混频器之间的转换损耗取为 30dB,那么混频器输出时产生的本振功率为 −30dBm,若放大器的增益是 40dB,那么在输出端就有 +10dBm 的功率。于是,在 50Ω 系统中,就有 0.707V_{RMS}的偏置电压,使放大器饱和。此外,由于各通道的相移不同,I/Q 通道的直流偏置量也会不同。如果从低噪放或混频器泄漏一个较大的干扰进入到本振端口,并与自身相乘,也会出现类似的情况,如图 7.10(b)所示。如果自混频随时间发生变化,问题将会变得更加严重。如果本振信号泄漏到天线并辐射出去,然后从移动物体反射回接收机,也会发生这种情况。在这种情况下,将很难区分时变偏移量与实际的信号,因此必须使用偏置抵消技术。

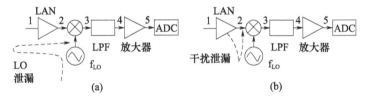

图 7.10　自混频

2. 直流偏置的校正

有很多技术可以纠正这种直流偏置[1-2],每种技术都有其优缺点。一种广泛使用的技术是使用 DAC 来实现偏置抵消(图 7.11)。首先测量 DC 偏置量；其次通过 ADC 和 DAC 的负反馈使其为零,整个负反馈回路收敛到 V_{OUT}最小；最后将结果存储在寄存器中,并在接收机的实际操作期间保持恒定状态。在这种方法中,DAC 的分辨率是关键,或者使用多个 DAC 来缓解这个问题,尽可能以高的分辨率来做偏置量抵消。

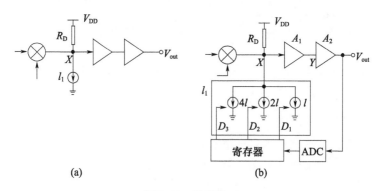

图 7.11 补偿修正

3. I/Q 失配

零差接收机的 I/Q 失配是一个严重问题,要求 I 和 Q 通道完全正交(图 7.12)。由 7.2.3 节可知,若正交性受到干扰,则 I/Q 通道中信号的相位和振幅就会有差异,导致测量误差。通过一些方法可以解决这个问题,常见的一种方法是使用数字 I/Q 解调,避免使用模拟解调器。数字 I/Q 解调也在 7.3.6 节中讨论过。

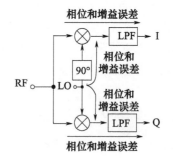

图 7.12 I/Q 失配

考虑接收信号为

$$x_{in}(t) = a\cos(\omega_c t) + b\sin(\omega_c t) \tag{7.4}$$

式中:a、b 是 -1 或 $+1$。

LO 信号的 I 和 Q 相位分别为

$$x_{LO,I}(t) = 2\left(1 + \frac{\varepsilon}{2}\right)\cos\left(\omega_c t + \frac{\theta}{2}\right) \tag{7.5}$$

$$x_{LO,Q}(t) = 2\left(1 - \frac{\varepsilon}{2}\right)\sin\left(\omega_c t - \frac{\theta}{2}\right) \tag{7.6}$$

式中:ε、θ 分别为振幅和相位误差。

将式(7.4)乘以式(7.5)和式(7.6),并对输出进行低通滤波,可得

$$x_{\text{BB},I}(t) = a\left(1 + \frac{\varepsilon}{2}\right)\cos\frac{\theta}{2} - b\left(1 + \frac{\varepsilon}{2}\right)\sin\frac{\theta}{2} \tag{7.7}$$

$$x_{\text{BB},Q}(t) = -a\left(1 - \frac{\varepsilon}{2}\right)\sin\frac{\theta}{2} + b\left(1 - \frac{\varepsilon}{2}\right)\cos\frac{\theta}{2} \tag{7.8}$$

结果如图 7.13 所示。在直接变频接收机中的正交失配往往比在外差拓扑接收机中更大,原因如下:

(1) 通过正交混频器高频 f_{in} 的传播,失配程度更高;
(2) 在较高的频率下本振自身的正交相位失配程度更高。

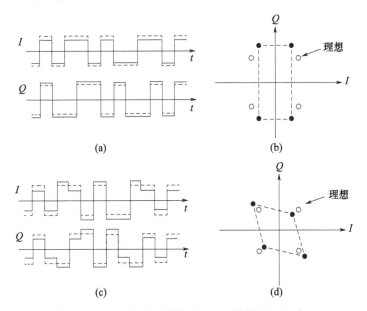

图 7.13 (a) 当 $\varepsilon \neq 0, \theta = 0°$ 时,增益误差对 QPSK 的影响;(b) 当 $\varepsilon \neq 0, \theta = 0°$ 时,相位误差对 QPSK 的影响;(c) 当 $\varepsilon = 0, \theta \neq 0$ 时,增益误差对 QPSK 的影响;(d) 当 $\varepsilon = 0, \theta \neq 0$ 时,相位误差对 QPSK 的影响

4. 发射机泄漏

发射机泄漏通常发生在全双工通信接收机中而不是雷达系统。雷达系统中最接近的等效装置是环行器。

双工器是一种允许在单一路径上进行双向(双工)通信的电子设备。在雷达和无线电通信系统中,双工器将接收机与发射机隔离,同时允许它们共用一个天线。双工器可以基于频率(通常是波导滤波器)、偏振(如正交模变换器)、定时(如典型的雷达,使用发射(TX)/接收(RX)开关)、铁氧体环行器(共用一个天线)。

在无线电通信中(相对于雷达),发射和接收的信号可以占据不同的频段,因此可以用频率选择滤波器来分离。实际上这是双工器的高性能版本,通常两个频率之间有一个很小的间隔(对于商业双向无线电系统,为2%~5%)。

双工器的高频信号和低频信号在共享端口反方向传播。现代双工器经常使用相邻的频段,所以两个端口之间的频率间隔也小得多。例如,GSM 频段的上行链路和下行链路之间的转换在1%左右(915~925MHz),为了防止发射机的输出超过接收机的输入,需要大幅度衰减(隔离),所以这种双工器将使用多极滤波器。双工器通常用于 30~50MHz(低频段)、136~174MHz(高频段)、370~520MHz(超高频),以及 790~762MHz(700MHz)、796~960MHz(900MHz)和1215~1300MHz(1200MHz)频段。

在收发共用天线接点处常采用各种带通双工器,通过消除带外辐射,即消除发射和接收之间的干扰来显著提高接收机的选择性。

前端带选滤波器要权衡选择性和带内损耗,因为增加滤波器阶数就可以使带通频率响应的边缘锐化,但是增加的前端损耗也直接提高了整个接收机的噪声系数。

在全双工标准中,TX 和 RX 同时工作。在 1W 的 TX 功率下,LNA 检测到的泄漏能达到 -20dBm,这要求 RX 压缩点要高得多(图 7.14)。因此,LNA 必须有一个高 P1 点。此外,如果 PA 热噪声对接收机的泄漏为 -60dBm/Hz,将会增加接收机的底噪,使其从 -120dBm/Hz 上升到 -60dBm/Hz 左右。因此,整个 TX 路径也应设计为低噪声。

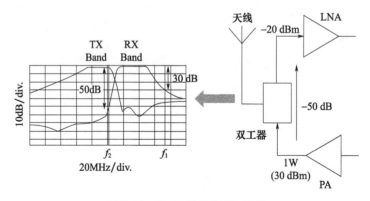

图 7.14 从 TX 链路到 RX 链路

5. 高闪烁噪声

有关高闪烁噪声的讨论参阅 4.3.4 节。

7.2.4 Hartley 结构——镜像抑制接收机

零差接收机最大的优点是,由于输入射频转换成直流,因此不存在镜像频率问题。然而,超外差接收机仍然存在这个问题。前面讨论过超外差接收机中镜像频率的重要性。在混频前使用镜像抑制滤波器并选择中频频率有助于缓解这一问题,但是仍需要解决因过于靠近本振信号而无法过滤镜像频率这一问题。第 6 章讨论过镜像抑制混频器的开发。镜像抑制混频器有 Hartley 结构和 Weaver 结构。图 7.15 描述了镜像抑制混频中的 Hartley 结构[1-2]。

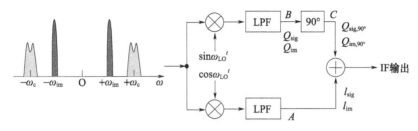

图 7.15 Hartley 结构

Hartley 结构与 I/Q 解调器的不同之处是 I 通道中还有 90°相移,接收器能很好地抵消镜像频率。假设输入信号为

$$x(t) = A_C \cos\omega_C t + A_{im}\sin\omega_{im} t \qquad (7.9)$$

假设 $\omega_C - \omega_{LO} = \omega_{LO} - \omega_{im}$, $x(t)$ 乘以 I 通道中的 LO 频率,在 B 点得到

$$x_B(t) = \frac{A_C}{2}\sin(\omega_{LO} - \omega_c)t + \frac{A_{im}}{2}\sin(\omega_{LO} - \omega_{im})t \qquad (7.10)$$

同样,在 A 点有

$$x_A(t) = \frac{A_C}{2}\cos(\omega_{LO} - \omega_c)t + \frac{A_{im}}{2}\cos(\omega_{LO} - \omega_{im})t \qquad (7.11)$$

由于 $\sin x = -\sin(-x)$,替换 $x_B(t)$ 的第一项,可得

$$x_B(t) = -\frac{A_C}{2}\sin(\omega_c - \omega_{LO})t + \frac{A_{im}}{2}\sin(\omega_{LO} - \omega_{im})t \qquad (7.12)$$

利用恒等式 $\sin(x - 90°) = -\cos x$,对 $x_B(t)$ 引入 90°相移(点 C)的影响,可得

$$x_C(t) = \frac{A_C}{2}\cos(\omega_c - \omega_{LO})t - \frac{A_{im}}{2}\cos(\omega_{LO} - \omega_{im})t \qquad (7.13)$$

由式(7.11)和式(7.13)可得到 IF 输出为

$$x_{IF}(t) = A_C\cos(\omega_c - \omega_{LO})t \qquad (7.14)$$

在 Hartley 接收机中,信号分量具有相同的极性,而镜像分量具有相反的极性,所以能相互抵消。

显然,Hartley 接收机中关键的部件是 90°移相器,通过两个 RC 电路组合实现,一个产生 +45°相移,另一个产生 -45°相移,如图 7.16 所示。

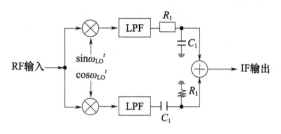

图 7.16　Hartley 结构实现

下面介绍 Hartley 结构的缺陷。

从图 7.15 可以看出,在这样的系统中 90°相移的实现是至关重要的。如果 LO 相位不完全正交,或者上、下路径的增益和相移不完全相同,则抵消是不完全的,镜像会破坏下变频信号。即使能解决这个难题,电路元件也会随着使用过程和温度的变化而变化。可以把接收机的失配归结为单个振幅误差 ε 和相位误差 $\Delta\theta$。

$$\begin{cases} x_A(t) = \dfrac{A_C}{2}(1+\varepsilon)\cos[(\omega_c - \omega_{LO})t + \phi_C + \Delta\theta] \\ \qquad + \dfrac{A_{im}}{2}(1+\varepsilon)\cos[(\omega_{im} - \omega_{LO})t + \phi_{im} + \Delta\theta] \\ x_C(t) = \dfrac{A_C}{2}(1+\varepsilon)\cos[(\omega_c - \omega_{LO})t + \phi_C + \Delta\theta] \\ \qquad + \dfrac{A_C}{2}\cos[(\omega_c - \omega_{LO})t + \phi_C] \\ x_{im}(t) = \dfrac{A_{im}}{2}(1+\varepsilon)\cos[(\omega_{im} - \omega_{LO})t + \phi_{im} + \Delta\theta] \\ \qquad - \dfrac{A_{im}}{2}\cos[(\omega_{im} - \omega_{LO})t + \phi_{im}] \end{cases} \quad (7.15)$$

将输入端镜像与信号的比值除以输出端的镜像与信号比值,得到的结果称为镜像抑制比。则有

$$\left.\dfrac{P_{im}}{P_C}\right|_{OUT} = \dfrac{A_{im}^2(1+\varepsilon)^2 - 2(1+\varepsilon)\cos\Delta\theta + 1}{A_C^2(1+\varepsilon)^2 + 2(1+\varepsilon)\cos\Delta\theta + 1} \quad (7.16)$$

$$IRR = \dfrac{(1+\varepsilon)^2 + 2(1+\varepsilon)\cos\Delta\theta + 1}{(1+\varepsilon)^2 - 2(1+\varepsilon)\cos\Delta\theta + 1}$$

其中 $\varepsilon \ll 1\,\mathrm{rad}$,由于 $\cos\Delta\theta \approx 1 - \Delta\theta^2/2$,$\Delta\theta \ll 1\,\mathrm{rad}$,可以把式(7.16)简化为

$$IRR \approx \dfrac{4 + 4\varepsilon + \varepsilon^2 - (1+\varepsilon)\Delta\theta^2}{\varepsilon^2 + (1+\varepsilon)\Delta\theta^2} \quad (7.17)$$

式中:分子中第一项占主导,分母中 $\varepsilon \ll 1\,\mathrm{rad}$,则有

$$\text{IRR} \approx \frac{4}{\varepsilon^2 + \Delta\theta^2} \tag{7.18}$$

例如,$\varepsilon = 10\%$ ($\approx 0.73\text{dB}$) 将 IRR 限制为 26dB。同样的,$\Delta\theta = 10°$ 产生的 IRR 为 21dB。在直接下变频接收机中,由于不存在镜像频率问题,这个失配值是可以接受的。但是,在超外差系统中就不行,必须将镜像频率做很大的衰减。

如图 7.17 所示的 Weaver 结构接收机能够解决此问题。

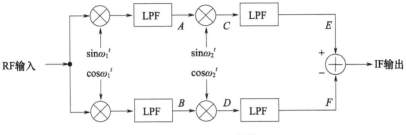

图 7.17 Weaver 结构

7.2.5 Weaver 结构

在 Weaver 结构中[1-2]用二次正交混频代替 90°移相器来实现相同的功能。

假设 $\omega_c - \omega_{\text{LO}} = \omega_{\text{LO}} - \omega_{\text{im}}$,如果用 $x(t)$ 乘以 I 通道中的 LO 频率,在 B 点可得

$$x_B(t) = \frac{A_C}{2}\sin(\omega_{\text{LO}} - \omega_c)t + \frac{A_{\text{im}}}{2}\sin(\omega_{\text{LO}} - \omega_{\text{im}})t \tag{7.19}$$

同样,在 A 点可得

$$x_A(t) = \frac{A_C}{2}\cos(\omega_{\text{LO}} - \omega_c)t + \frac{A_{\text{im}}}{2}\cos(\omega_{\text{LO}} - \omega_{\text{im}})t \tag{7.20}$$

再次进行正交混频,可得

$$x_C(t) = \frac{A_C}{4}\cos\left[(\omega_c - \omega_1 - \omega_2)t + \phi_c\right] + \frac{A_{\text{im}}}{4}\cos\left[(\omega_{\text{im}} - \omega_1 - \omega_2)t + \phi_{\text{im}}\right]$$

$$+ \frac{A_C}{4}\cos\left[(\omega_c - \omega_1 + \omega_2)t + \phi_c\right] + \frac{A_{\text{im}}}{4}\cos\left[(\omega_{\text{im}} - \omega_1 + \omega_2)t + \phi_{\text{im}}\right]$$

$$\tag{7.21}$$

$$x_D(t) = -\frac{A_C}{4}\cos\left[(\omega_c - \omega_1 - \omega_2)t + \phi_c\right] - \frac{A_{\text{im}}}{4}\cos\left[(\omega_{\text{im}} - \omega_1 - \omega_2)t + \phi_{\text{im}}\right]$$

$$+ \frac{A_C}{4}\cos\left[(\omega_c - \omega_1 + \omega_2)t + \phi_c\right] + \frac{A_{\text{im}}}{4}\cos\left[(\omega_{\text{im}} - \omega_1 + \omega_2)t + \phi_{\text{im}}\right]$$

$$\tag{7.22}$$

假设两个混频阶段都采用低本振注入,此时 $\omega_{im} < \omega_1, \omega_1 - \omega_{im} > \omega_2$(图 7.18)。同样 $\omega_1 - \omega_{im} + \omega_2 > \omega_1 - \omega_{im} - \omega_2$,因此,图 7.17 中 C 点和 D 点之后的低通滤波器必须移除 $\omega_1 - \omega_{im} + \omega_2$($=\omega_c - \omega_1 + \omega_2$)处的频率成分,只保留 $\omega_1 - \omega_{im} - \omega_2$($=\omega_c - \omega_1 - \omega_2$)处的部分,所以要滤除式(7.13)和式(7.14)中的第二项和第三项。

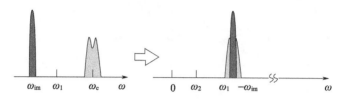

图 7.18 Weaver 体系结构中的 RF 和 IF 光谱

由 $x_E(t)$ 减去 $x_F(t)$ 可得

$$x_E(t) - x_F(t) = \frac{A_C}{2}\cos\left[(\omega_c - \omega_1 - \omega_2)t + \phi_c\right] \tag{7.23}$$

因此,镜像频率被去除,过程如图 7.19 所示。

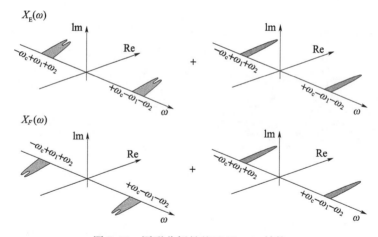

图 7.19 图形分析是基于 Weaver 结构

将正弦信号与低本振注入信号相混频并乘以 $+(j/2)\mathrm{sgn}(\omega)$。$x_E(t)$ 减去 $x_F(t)$,得到滤除镜像频率的信号[1]。

考虑图 7.19 中第二中频不为零的情况,这意味着会有二次镜像的问题。

假设输入频谱包含 $2\omega_2 - \omega_c + 2\omega_1$ 干扰,第一次下变频时,干扰出现在 $2\omega_2 - \omega_c + \omega_1$(作为信号关于 ω_2 的镜像),如图 7.20 所示。为了避免二次镜像问题,在图 7.17 中的第一个混频器之后使用带通滤波器替换 LPF 抑制二次镜像。

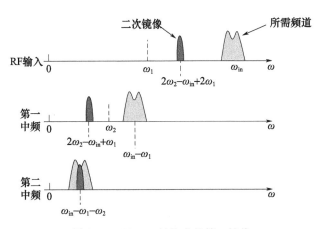

图 7.20 Weaver 结构中的第二镜像

7.2.6 数字中频接收机

先进的技术和模拟 I/Q 解调器存在的诸多问题导致了数字 I/Q 解调器的发展[2-3],如图 7.21 所示。首先将中频信号数字化,与数字正弦信号的正交相位混频,然后经过低通滤波得到正交基带信号。由于所有内容都是数字的,因此不存在 I/Q 不匹配的问题。

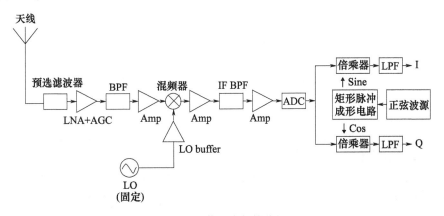

图 7.21 数字中频接收机

这种解调器的主要问题是 ADC 的性能。由于要数字化的信号电平在几百微伏的量级,因此 ADC 的量化和热噪声变得至关重要,且不能超过几十微伏[2,4]。ADC 动态范围必须能够适应路径损耗和多路径衰落引起的信号强度变化,同时在整个范围内具有高线性度。ADC 的带宽也应该与中频信号的带宽相当。

7.3 模/数转换

ADC 是通过对模拟信号进行周期性采样,将模拟信号转换为数字信号的器件,周期由采样信号的频率和所需的量化间隔等定义。转换过程涉及输入的量化,因此必然引入少量的误差。此外,ADC 不是连续执行转换,而是定期执行转换并对输入进行采样,将连续时间和连续幅度模拟信号转换为离散时间和离散幅度数字信号,得到数字值序列。

在实际系统中瞬时采样是不可能的,采样函数具有一定的宽度。这就导致了孔径效应,即信号是在有限的时间内测量的而不是瞬间测量。

然而,由于信号在采样时会发生变化,因此这种非零孔径时间限制了数字化的精度和最大信号频率。实际上,如果输入电压的变化最大值仅为 1/2LSB,那么对于使用二进制 – bit(位)的 ADC 系统,可以数字化的最大频率为

$$f_{max} = \frac{1}{\pi 2^{B+1} \tau} \tag{7.24}$$

例如,实时 DSP 系统使用一个 12 位 ADC,转换时间是 35μs,没有采样保持。假设用一个二进制系统统一量化,在 1/2 LSB 精度内可以数字化的最大频率为

$$f_{max} = \frac{1}{\pi 2^{B+1} \tau} = \frac{1}{3.14 \times 2^{12+1} \times 35} = 1.11(Hz)$$

在实际应用中,ADC 之前通常会进行采样保持,在转换过程冻结信号,使更高频率范围的信号能够精确数字化。假设一个采样保持的孔径时间 25ns,采集时间 2μs,则可以转换的最大频率为

$$2f_{max} < F_s = \frac{1}{(35 + 2 + 0.025) \times 10^{-6}} = 13.5(kHz)$$

因此,最高频率为 13.5kHz 的信号可以以 27kHz 进行采样,或者每隔 35 + 2 + 0.025 = 37.025(μs)。

鉴于此,图 7.22 显示了一个典型的 ADC 及其采样保持系统。ADC 驱动器模拟前置放大器,用于控制 ADC 的输入功率电平,防止其进入非线性区域。

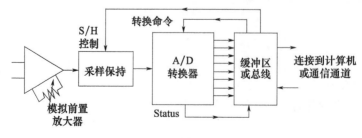

(a)

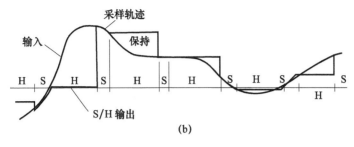

(b)

图 7.22 抽样过程

ADC 结构在文献[2-4]中广泛讨论。本节有两种主要的采样模式,即奈奎斯特采样(图 7.23)和带通采样,重点介绍了其在 RF 系统中的应用,并分析了每种方法的优缺点。

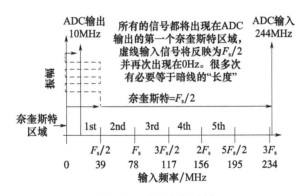

图 7.23 奈奎斯特采样

7.3.1 奈奎斯特采样

奈奎斯特采样定理指出,如果要采样某个信号,采用速度至少是最高采样频率分量的 2 倍,重构该信号才不会丢失任何信息。采样率除以 $2(F_s/2)$ 称为奈奎斯特频率。从 DC(或 0)到 $F_s/2$ 的频率范围称为第一个奈奎斯特区域。下面以芯片 ADC12DL070 作为例子来说明[5]。将 ADC12DL070 设置为 6×13MHz 或 78MSPS 时,奈奎斯特频率设置为 39MHz。所有落在第一个奈奎斯特区域的信号信息都已经过采样且可恢复。如果采样信号从 39MHz 移动到 78MHz 进入第二个奈奎斯特区域,虽然可以恢复但是会丢失绝对频率信息。当输入信号移到 $F_s/2$ 以上时,它已被亚采样,会在 $F_s/2$ 处折返或重叠,并在 ADC 输出返回 0Hz。如果 $F_s/2 = 39$MSPS,40MHz 的输入信号将折返到 39MHz。每个奈奎斯特区域都会发生重叠。例如,如果 244MHz 的中频信号用 78MSPS 采样,则 ADC 输出将产生10MHz的信号。通过找到F_s与所需输入频率(F_{IN},244MHz)最接近的倍数计算混叠频率,然后减去这两个频率:

$$F_{IN} = n * F_s - (3 \times 78\text{MHz})$$
$$= 244\text{MHz} - (3 \times 78\text{MHz})$$
$$= 10\text{MHz}$$

10MHz、68MHz、107MHz、146MHz及以后的信号都会出现在10MHz。由于违反了奈奎斯特准则,因此无法确定原始值。子采样系统利用这种重叠或混频功能降低中频频率,再使用CLC5903数字调谐器。如果所需的信号带宽(BW)小于$F_s/2$,仍然可以恢复所有的信号信息。应该在ADC前面放置一个通道滤波器,以便从其他奈奎斯特区域移除任何不需要的信号。该滤波器还将ADC输入的噪声量限制在一个奈奎斯特区域。

1. 噪声处理增益

随着ADC输入频率的增加,时钟抖动会降低大信号的信噪比,小信号信噪比不受影响。对于ADC12DL070,在244MHz中频,大信号信噪比将为65dBFS(分贝相对于全尺度)。当输入信号降低到-10dBFS或更小时,信噪比将增加到70dBFS。如果所需的信道带宽是过采样的,数字信道滤波器可以进一步提高信噪比。当测量ADC的信噪比时,通常将其指定为第一个奈奎斯特区域的信噪比。换句话说,从直流到$F_s/2$的所有噪声相加,得到相对于ADC满量程的输入信噪比。数字通道滤波器可以滤除掉通道带宽外的ADC输出噪声,输出噪声在较小的频率范围内积分,这种改进称为噪声处理增益如图7.24所示。

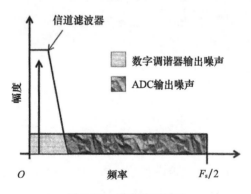

图7.24 噪声处理增益

噪声处理增益为[5]

处理增益 = $-10\log($信道带宽/奈奎斯特带宽$)$

对于一个200kHz的窄带系统:

处理增益 = $-10\log(200\text{kHz}/39\text{MHz}) = 22.9\text{dB}$

处理增益也可以通过计算 ADC 的本底噪声(dBm/Hz)来计算。在 -1dBFS 下,中频 IF 为 244MHz,ADC12DL070 的信噪比为 65dBFS 或 -55dBm,因为 50W 的全尺寸满量程为 +10dBm。要转换成 dBm/Hz,取 $10\log(F_s/2)$ 并从 -55dBm 中减去它,$10\log(39\text{MHz}) = 75.9\text{dB}$,因此本例中的 ADC12DL070 噪声层为 -130.9dBm/Hz。如果通道带宽是 200kHz,再加上 $10\log(200\text{kHz})$ 即 53dB,就可以在 200kHz 中得到 -77.9dBm 的底噪,这比 ADC 本身好 22.9dB。将其转换回 dBFS,在 200kHz 的信道中,总信噪比为 77.9dB,这类似于降低频谱分析仪的分辨率带宽,虽然降低了底噪,但 ADC 的分辨率没有提高。

2. 干扰信号

在通信中没有干扰信号时,GSM 系统要求接收端使用 -13 ~ -104dBm 之间的信号。典型的接收机需要一些额外的裕量来解调接收到的信号。这就是载波 - 干扰(C/I)比,对于 GSM 为 9dB。这意味着,底噪必须低于 -113dBm,从而产生大于 100dB 的动态范围,这是 ADC 无法提供的。通常在系统中加入一个可变增益放大器(VGA),用来调节 ADC 输入信号。

增加 VGA 的效果很好,除非遇到较大干扰信号。在 GSM 系统中,当一个用户离基站很近而另一个用户离基站很远时就会出现这种情况。近距离用户可能正在与相邻信道上较远的基站通话,会阻碍微弱信号的接收。因此,这时候大信号称为阻塞信号。阻塞信号可达 -13dBm,而微弱信号可低至 -101dBm。考虑到 9dB C/I 的比例,带有阻塞信号时,总体动态范围需求现在成为 -13dBm (-110dBm)或 97dB。如果阻塞信号导致 VGA 增益为避免限幅 ADC 输入而降低,则微弱信号也会在噪声中丢失。ADC 前的通道滤波器(图 7.25)将降低阻塞信号的电平,但 ADC 仍将在接近满量程时工作。如果阻塞信号的滤波器抑制不充分,时钟抖动和大信号仍会降低 SNR 并导致灵敏度降低。

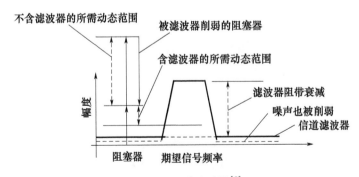

图 7.25 通道滤波器[5]

因此,总结高速 ADC(如 ADC12DL070)与数字调谐器(如 CLC5903)相结合,可以简化接收机设计,并为高动态范围信号提供优良的性能。

7.3.2 带通采样

在某些应用程序中,特别是通信系统中,所需信号只占可用频带的一小部分,如图7.26所示。

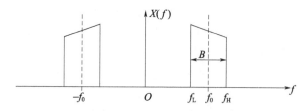

图7.26 需要带通采样,带宽小但高边频

在这种情况下,信号的带宽 B 通常比带通边缘的低频 f_L 和高频 f_H 的频率小。因此,使用奈奎斯特定理(也称为低通(LP)抽样定理)的成本较高。可以采用带通(BP)采样定理[4]。

如果能把一个信号的所有频率都包含在一个带宽 B 中,那么它就是一个带通信号。带宽是最高频率和最低频率之间的差。如果需要理想地再现带宽为 B 的带通模拟信号,则信号的采样频率应为大于或等于信号最大带宽的2倍,即 $F_s \geqslant 2B$。现用一个例子来说明带通采样的机理。

假设有一个从250Hz延伸到300Hz的带通信号,信号带宽 300 − 250 = 50(Hz),如果在数字域中真实地表示这个信号,需要确保采样频率 $F_s \geqslant 100 \text{Hz}(2B)$。这个数值远低于信号的最大频率,即300Hz,这就是称带通采样为欠采样原图。如果保持采样频率为信号带宽的2倍或2倍以上,则可以无误差重构回模拟域。观察图7.27所示的混叠区域,若所需信号位于1区以外,则称带通信号,采样过程称为中间采样(或谐波采样或欠采样或带通采样)。

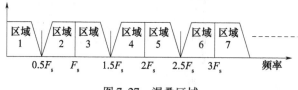

图7.27 混叠区域

注意,区域1是区域2的镜像(具有频率反转),区域3是区域4的镜像,以此类推。同时,任何区域1信号都会被反射到区域2,并发生频率反转,而区域2信号又会被复制到区域3,以此类推。

假设所需的信号位于区域2,将在所有其他区域被复制。区域1还包含频率反转采样信号,可以通过反转数字域中FFT的阶数来进行校正。

无论所需信号位于哪个区域,在执行采样操作之后,区域 1 总是包含该信号。如果感兴趣的信号位于任意偶数区域,那么区域 1 包含具有频率反转的采样信号;如果感兴趣的信号位于任意一个奇数区域,则区域 1 只包含没有频率反转的采样信号。

假设一个以 2MHz 频率为中心的信号,与另外两个相距 20kHz 的信号,即 1.98MHz 和 2.02MHz 信号混频。现在用带通采样来对这个信号进行采样。带宽为 2.02MHz – 1.98MHz = 40kHz。如果采样频率是最大采样频率的 2 倍($F_s \geq 2 \times 2.02\text{MHz} = 4.04\text{MHz}$),则在数字域表示模拟信号是毫无问题的。

如果采用带通采样,就不需要使用在 $F_s \geq 4.04\text{MHz}$ 处运行的采样器,更快的采样器意味着更高的成本。应用带通采样定理,可以使用较慢的采样器,降低系统的成本。该信号的带宽为 2.02 – 1.98 = 40kHz。因此,只要在 $F_s = 80\text{kHz}$ 处采样,就可以很好地将信号转换到数字域,也可以避免使用昂贵的高速率采样器(如果根据基带采样定理,则需要 $F_s \geq 4.04\text{MHz}$)。

设置采样频率 $F_s = 240\text{kHz}$(3 倍于最小要求采样速率 8kHz 或过采样率 = 3)。

利用图 7.27 所示的混叠区域,可以很容易地找到频谱分量在采样输出中的位置。因为 $F_s = 240\text{kHz}$,$F_s/2 = 120\text{kHz}$。因此,区域 1 为 0 ~ 120kHz,区域 2 为 120 ~ 240kHz,以此类推。1.97MHz、2MHz、2.02MHz 三个频谱分量将落在区域 17(1.97MHz/120kHz = 16.42,2MHz/120kHz = 16.67,2.02MHz/120kHz = 16.83,均接近 17)。由混叠区域可知,区域 16 包含区域 17 的副本,区域 15 包含区域 16 的副本,区域 14 包含区域 15 的副本,以此类推,最后,区域 1 包含区域 2 的副本。(在均匀区也存在频率反转。)实际上,区域 1 包含区域 17 的副本。由于原始光谱分量位于区域 17,属于奇数区,所以区域 1 包含区域 17 没有频率反转的频谱分量的副本。

由于没有频率反转,在区域 1 三个分量分别位于 60kHz、70kHz 和 100kHz。那么通过采样得到了什么?

在区域 17,截止频率为 120 × 17 = 2.04(MHz)。现在的最高频率是 2.02MHz(只有 20kHz)。距离太近,需要一个陡峭的滤波器边带。为了更清楚。如果看区域 1,同样的频率是 100kHz,区域 1 滤波器截止频率为 120kHz。与区域 17 滤波器相比,区域 1 的滤波器裙边没有那么陡,因此可以使用低阶滤波器。

这个操作已经将信号从区域 17 向下变频到区域 1,且信号分量无失真。利用滤波器选择基带下变频元件,可以对下变频信号进一步处理。图 7.28 说明了带通采样的概念。

考虑相同的信号,三个分量的频率分别为 1.98MHz、2MHz 和 2.02MHz,以及一个不需要的第四个分量频率为 2.4MHz 和输入信号。如果在 240kHz 处对信号进行采样,就会产生混叠(因为整个信号的带宽是 2.4 – 1.97 = 0.42MHz = 420kHz,240kHz 的采样频率低于带宽的 2 倍)。为了避免反混叠,并摒除 2.4MHz 这个不需要的分量,必须在对 240kHz 进行采样操作之前,使用抗混叠带通滤波器来选择那些需要的分量,也称为预滤波。这种滤波器称为抗混叠滤波器(AAF),更多细节可见附录 C。图 7.29 说明了这个概念。

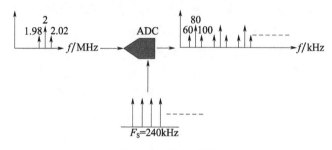

图 7.28 带通采样

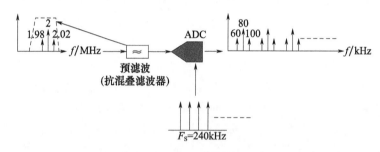

图 7.29 含预滤波的带通采样

7.3.3 采样率的影响

假设有一个频率 $f_{max} = 3\text{MHz}$ 的信号,在 $F_s = 12\text{MHz}$ 处对这个信号进行采样。过采样因子 $F_s/f_{max} = 12 \times 10^6 / 3 \times 10^6 = 4$。很明显,折叠频率 $F_s/2 = 6\text{MHz}$。因此,为防止混叠,需要设计一个能够截止所有超过 6MHz 频率的 AAF。理想情况下需要一个矩形响应的滤波器,这是不可能实现的。在现实生活中,任何滤波器都有通带和阻带之间的过渡带,因此需要有更锐利/更快的滚降过渡带(或窄过渡带)的滤波器。

然而,这种滤波器通常是高阶的。由于抗混叠和重构滤波器都是模拟滤波器,能够提供更快的滚降过渡带的高阶滤波器是很昂贵的(成本随滤波器阶数成比例增加)。随着滤波器阶数的增加,系统也变得更加庞大。因此,需要建立一个不太严格的过渡带来降低成本。这可以通过增加采样率或过采样因子来实现。随着采样率 F_s 的增大,最大频率 f_{max} 与 $F_s/2$ 之间的距离也会增大,两者之间距离的增加将降低对 AAF 过渡带的要求。图 7.30 说明了这一点。如果使用采样频率 $F_s=12\text{MHz}$(过采样因子为4),过渡带会更窄,需要更高阶的 AAF(将非常昂贵和笨重)。如果将采样频率 F_s 增加到 48MHz(过采样因子 $=48\text{MHz}/3\text{MHz}=16$),则所需分量与 $F_s/2$ 的距离大大增加,有利于使用相对便宜且更宽过渡带的 AAF。因此,提高 ADC 的采样率对更简单的低阶 AAF 以及重构滤波器有好处。然而,采样率的增加需要更快的采样器,这会增加 ADC 的成本,必须在采样率和抗混叠/重构滤波器的需求之间取得平衡。

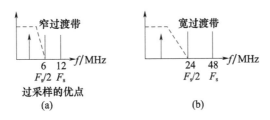

图 7.30 过采样的优点

7.3.4 带通采样定理

采样率定义为

$$\frac{2f_H}{n} \leq F_S \leq \frac{2f_L}{n-1} \tag{7.25}$$

式中: $n = f_H/B$。

在式(7.25)中,n 是一个整数,四舍五入到最大的整数。式(7.25)允许以相当低的速率对高频信号采样,同时仍避免混叠。整数带采样用于无混叠欠采样。

7.3.5 整数带欠采样技术

给定带通信号,如果带边频率 f_H 和 f_L 是信号带宽的整数倍,则可以在不混叠的情况下以理论最小速率 $2B$ 采样:

$$F_{S(\min)} = 2B \tag{7.26}$$

$F_{S(\min)} = 2B$ 有效的条件是下带边和上带边与信号带宽的比值为整数:

$$n = \frac{f_H}{B} \quad \text{或} \quad n = \frac{f_L}{B} \tag{7.27}$$

当满足上述条件时,称信号带为整数带。如果信号带不是整数带,则可以扩展带边频率,使有效频带为整数带。下面通过一系列简单的例子来说明这个过程。

1. 带通采样

考虑图 7.31 所示的接收机前端示意图。接收到的信号频谱如图 7.32 所示,图中已标明信道编号。

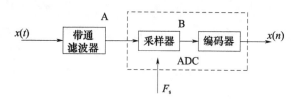

图 7.31 接收机前端示意图

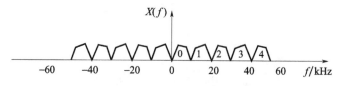

图 7.32 以 20kHz 进行带通采样出现的混叠区域

在以尽可能低的速率数字化信号之前,使用带通信号将信号隔离在所需的信道中。假设理想带通滤波器具有如下传输特性:

$$H(f) = \begin{cases} 1, & 40\text{kHz} \leqslant f \leqslant 50\text{kHz} \\ 0, & \text{其他} \end{cases} \quad (7.28)$$

然后采取以下步骤:
(1)确定最小理论采样频率;
(2)画出采样前(A 点)和采样后(B 点)信号的频谱;
(3)对通过通道 1 的带通滤波器重复上述操作。

解决方案:如图 7.32 所示,最小理论采样频率为 $2 \times 10\text{kHz} = 20\text{kHz}$。结果如图 7.33 所示。

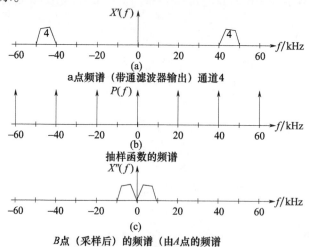

图 7.33 带通采样案例

2. 无混叠带通欠采样技术

窄带信号的频谱如图 7.34 所示。

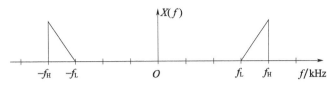

图 7.34 窄带信号的频谱

获取并绘制样本信号的频谱,在 $\pm F_s$ 范围内分别对应下列情况:

$$\begin{cases} f_H/B = 4 \\ f_H/B = 5 \\ f_H/B = 6.5 \end{cases}$$

假设信号带宽 $B = 4\text{kHz}$,在不同情况下均以 $2B$ 的速率对其进行采样。

解决方案:

方案一:

$$B = 4\text{kHz}, F_S = 2B = 8\text{kHz}$$

$$\begin{cases} f_H/B = 4 \text{ (n 为偶数)} \\ f_H = 4B = 4 \times 4 = 16 (\text{kHz}) \\ f_L = f_H - B = 16 - 4 = 12 (\text{kHz}) \end{cases}$$

采样结果如图 7.35 所示。

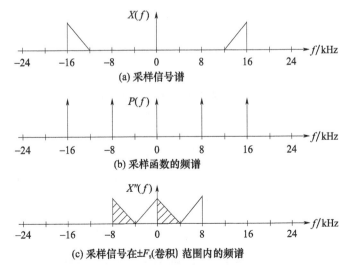

图 7.35 无混叠带通欠采样案例 1:$f_H/B = 4$

方案二：

$$B = 4\text{kHz}, F_S = 2B = 8\text{kHz}$$
$$f_H/B = 5 (n \text{ 为奇数})$$
$$f_H = 5B = 5 \times 4 = 20(\text{kHz})$$
$$f_L = f_H - B = 20 - 4 = 16(\text{kHz})$$

采样结果如图 7.36 所示。

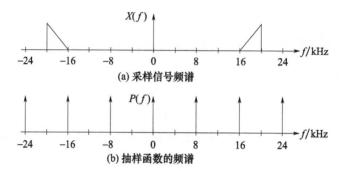

图 7.36　无混叠带通欠采样案例 2：$f_H/B = 5$

方案三：

$$B = 4\text{kHz}, F_S = 2B = 8\text{kHz}$$
$$f_H/B = 6.5 (n \text{ 为非整形常数})$$
$$f_H = 6.5B = 6.5 \times 4 = 26(\text{kHz})$$
$$f_L = f_H - B = 26 - 4 = 22(\text{kHz})$$

采样结果如图 7.37 所示。

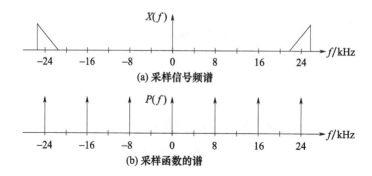

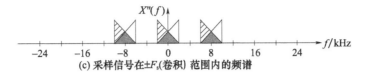

(c) 采样信号在±F_s(卷积)范围内的频谱

图 7.37　无混叠带通欠采样案例 3：$f_H/B = 6.5$

注意非整数导致了严重的混叠,需要扩展带宽以实现无混叠采样。

3. 扩展信号带宽,实现无混叠带通欠采样

正如在整数带通采样中所看到的,假设其中一个带边频率是带宽的整数倍,则可以很低的速率($2B$)采样窄带高频信号,同时仍能避免混叠错误。当 n 不是整数时,就会有混叠。

$$n = \frac{f_H}{B} \quad \text{或} \quad n = \frac{f_L}{B}$$

可以通过扩展带边频率或中心频率来避免这个问题,使 n 变成整数。

将较低的带边频率 f_L 扩展到 f_1:

$$f_1 \leqslant f_L$$
$$f_1 \leqslant n(f_L - f_1) = nB$$

从上述方程可以得出

$$f_1 = \left(\frac{n-1}{n}\right) f_H \Rightarrow \left(\frac{n-1}{n}\right) f_H \leqslant f_L$$

则

$$n \leqslant \frac{f_H}{f_H - f_L} = \frac{f_H}{B}$$

使用下式扩展较低的边带频率:

$$f_1 = \left(\frac{n-1}{n}\right) f_H$$

n 是从下式得出的最接近的整数:

$$n \leqslant \frac{f_H}{f_H - f_L} = \frac{f_H}{B}$$

同样,也可以通过扩展上带边频率来达到预期的目的:

$$f_2 = \left(\frac{n}{n-1}\right) f_L$$

确定方案三的最小采样频率,将较低的带边频率相应延长:

$$\frac{f_H}{B} = \frac{26}{4} = 6.5$$

取 $n = 6$(最接近的整数),可得

$$f_L = \left(\frac{n}{n-1}\right) f_H = 21.66(\text{kHz})$$

当 $f_L = 21.66\text{kHz}$ 时,新的带宽和采样频率分别为

$$B = f_H - f_L = 4.34(\text{kHz})$$
$$F_s = 2B = 8.68(\text{kHz})$$

基于这些新值,重新计算方案三:

$$B = 4.34\text{kHz}, F_s = 2B = 8.68\text{kHz}$$
$$f_H/B = 6(n \text{ 为最近接的整数})$$
$$f_H = 6B = 6 \times 4.34 = 26\text{kHz}$$
$$f_L = f_H - B = 26 - 4.34 = 21.66\text{kHz}$$

采样结果如图 7.38 所示。注意,由于 n 是偶数,导致了频谱翻转,但混叠条件消失了。图 7.39 和图 7.40 分别显示了 n 为奇数和 n 为偶数时的结果。

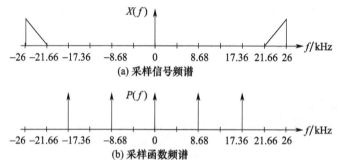

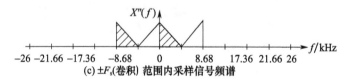

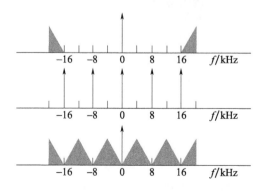

图 7.38 扩展信号带宽的带通欠采样

图 7.39 两种带通采样情况(n 为奇数)

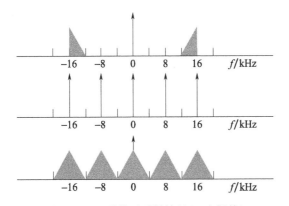

图 7.40　两种带通采样情况（n 为偶数）

注：如果 n 为偶数，频谱会翻转。在采样扫描信号时，必须牢记这一因素。

7.3.6　带通采样位置

带通采样可以在任意射频通道的两个位置进行（图 7.41）。射频采样是最有利的，以 3.56GHz 中心频率采样且具有 5MHz 的扫频带宽，ADC 仅为 40MHz，如果奈奎斯特采样，那么 ADC 的转换速度是 7.13GHz（2×3.565GHz）。也可以在中频阶段实现带通采样。

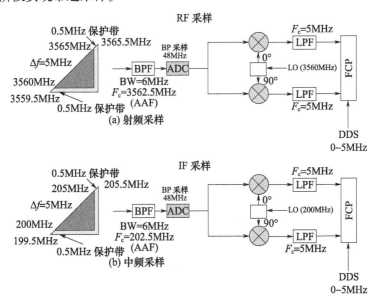

图 7.41　两个采样点位置（ADC 之前的 BPF 为 AAF）

考虑 3560~3565MHz 的射频"啁啾"信号（5MHz 扫频信号）。按照之前讨论的习惯，采样速率应为 $2 \times B$，即 10MHz。然而，这个问题并不那么简单。

考虑如图 7.42 所示具有任意位置频谱的带通信号。为了避免混叠,采样频率应保证负谱带的第 $k-1$ 次和第 k 次移位重复量不与正谱带重叠。从式(7.29)可以看出,如果存在一个整数 k 和一个满足以下条件的采样频率 F_s,那么这种情况是可能发生的:

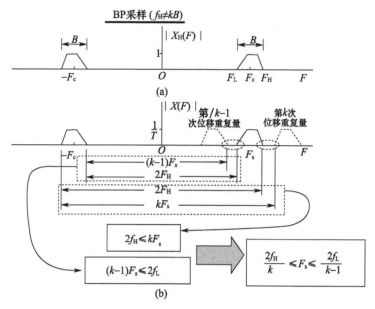

图 7.42 带通信号采样示意图[1]

$$2f_H \leqslant kF_s \tag{7.29}$$

$$(k-1)F_s \leqslant 2f_L \tag{7.30}$$

联立式(7.29)和式(7.30),可得

$$\frac{2f_H}{k} \leqslant F_s \leqslant \frac{2f_L}{k-1} \tag{7.31}$$

由式(7.29)和式(7.30)确定 k:

$$\frac{1}{F_s} \leqslant \frac{k}{2f_H} \tag{7.32}$$

$$(k-1)F_s \leqslant 2f_H - 2B \tag{7.33}$$

进而得到

$$k_{\max} \leqslant \frac{f_H}{B} \tag{7.34}$$

k 取在 $0 \sim F_H$ 范围内带宽倍数的最大值。因此,可接受的均匀采样率范围为

$$\frac{2f_H}{k} \leqslant F_s \leqslant \frac{2f_L}{k-1} \tag{7.35}$$

式中: k 为整数,且有

$$1 \leqslant k \leqslant \text{round}\left(\frac{f_H}{B}\right) \tag{7.36}$$

将式(7.35)和式(7.36)在图7.43中进行了图形化描述,信号采样速率或载波频率的任何微小变化都可能使采样频率进入禁区。因此,在实际应用中需要以更高的采样速率进行采样,这就相当于用一个保护带 $\Delta B = \Delta B_L + \Delta B_H$ 来扩展信号带。扩展频带的位置和带宽由下式给出:

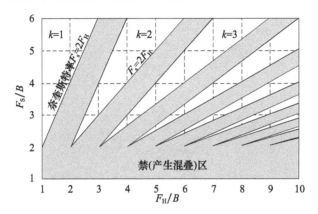

图7.43 最小采样频率 $F_s = 2B$ 对应于无混叠楔形的角[1]

$$f'_L = f_L - \Delta B_L \tag{7.37}$$

$$f'_H = f_H + \Delta B_H \tag{7.38}$$

$$B' = B + \Delta B \tag{7.39}$$

新的采样频率为

$$\frac{2f'_H}{k'} \leqslant F_s \leqslant \frac{2f'_L}{k'-1} \tag{7.40}$$

图7.44显示了带有保护带和采样频率公差的 k' 楔形。如图7.41所示,有一个 3560~3565MHz 的射频"啁啾"信号(5MHz扫频信号)。$f_L = 3560$MHz。

最大楔形数为

$$k_{\max} = \text{round}\left(\frac{f_H}{B}\right) = \text{round}\left(\frac{3565 \times 10^6}{5 \times 10^6}\right) = 713$$

需要指出的是,楔形数只是真实信号所在的区域(其余区域仅包含镜像)。

楔形数为

$$k = \frac{f_H}{B} = \frac{f_H}{F_s/2}, F_s = 2B$$

因此,最小采样频率为

$$F_s = \frac{2f_H}{k_{max}} = \frac{2 \times 3565 \times 10^6}{713} = 10(\text{MHz})$$

$$f'_L = f_L - \Delta B_L, f'_H = f_H + \Delta B_H, B' = B + \Delta B_L + \Delta B_H$$

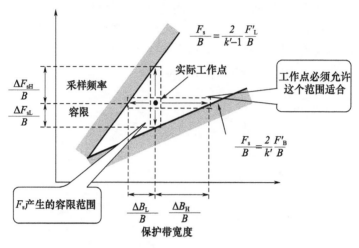

图7.44 第 k 个楔形的保护带大小与所有欠采样频率偏离其标称值的关系[1]

为了避免硬件缺陷造成的潜在混叠,在两侧使用10%的保护带,或者在每一侧使用0.5MHz。此时,信号的有效带宽为

$$B' = B + \Delta B_L + \Delta B_H = 5 + 0.5 + 0.5 = 6(\text{MHz})$$

另外

$$\begin{cases} f'_L = f_L - \Delta B_L = 3560 \times 10^6 - 0.5 \times 10^6 = 3559.5(\text{MHz}) \\ f'_H = f_H + \Delta B_H = 3565 \times 10^6 + 0.5 \times 10^6 = 3565.5(\text{MHz}) \end{cases}$$

可得最大楔形数为

$$k_{max'} = \text{round}\left(\frac{f'_H}{B'}\right) = \text{round}\left(\frac{3567.5 \times 10^6}{6 \times 10^6}\right) = 595$$

将式(7.41)代入式(7.31),可得

$$\frac{2f'_H}{k'} \leq F_s \leq \frac{2f'_L}{k'-1}$$

$$\frac{2 \times 3567.5 \times 10^6}{595} \leq F_s \leq \frac{2 \times 3559.5 \times 10^6}{595-1}$$

$$11.9915\text{MHz} \leq F_s \leq 11.9848\text{MHz}$$

采用48MHz(近4倍过采样)的采样速率。在本例中,真正的信号位于区域595。它的镜像将位于区域1。由于实际镜像位于奇数区域(区域595),所以区域1中的镜像不会翻转。此外,该滤波器在1区(LPF)的过渡区不会太陡。如果查看图7.45中射频采样的情况,可以在图7.45(c)看到以48MHz间隔重复的

信号。这是因为采样速率为48MHz。由于图7.41(a),差分扫频范围从0MHz扩展到5MHz(忽略信号的保护带)。这种扫频起源于上变频之前系统的DDS。因此,现在如果用截止频率为5MHz的LPF滤波,则可以得到一个相对干净的信号,用于快速卷积处理器(FCP),它可以压缩脉冲。注意,由于 n 是奇数,所以保留了扫描的趋势(频谱没有翻转),如图7.45所示。

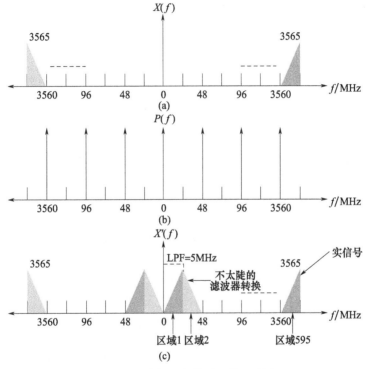

图7.45 线性调频信号的带通采样

图7.41 显示了中频采样的情况。论点是相似的,计算出6MHz的带宽,每侧允许0.5MHz的保护带。图7.41(b)显示了LPF,它提取了从0～5MHz的扫频信号。但是,在本例中功能并未保持,因为 $n=f_H/B=34\rightarrow$ 偶数。需要调整带宽($B=7$MHz),以便为真实信号获得一个奇数区。然后使用 LPF 来提取 FCP 块的扫频信号。这留给读者作为练习。在 FCP 块中,从 DDS 馈至 FCP 的本振应为 0～5MHz(为什么不是7MHz),这也会导致脉冲压缩。

7.3.7 ADC 带通采样信噪比

带通采样时 ADC 的信噪比为[4]

$$\text{SNR}_{\text{ADC}} = 6.02 \times N + 1.76 + 10\lg\left(\frac{f_s}{2f_H}\right) \tag{7.41}$$

式中:N 为 ADC 位数;f_s 为采样频率;f_H 为带通信号的最高频率。

如果 $f_H = 200MHz$,$f_s = 20MHz$,$N = 16bit$,则由式(7.41)可得 $SNR_{ADC} = 85dB$(损失 13dB)。

因此,带通采样降低了 ADC 的信噪比。如果首选带通采样,则需要用额外的 bit 来补偿。

7.4 低中频接收

通常,低中频意味着中频是信号带宽的 2 倍[1-2]。

在低中频接收机[1-2]中,射频信号混频到非零的低中频,通常为几兆赫。低中频接收机拓扑具有许多理想的零中频结构特性,但避免了直流偏差和 $1/f$ 噪声问题。

将镜像频率放置在信号带内是不可取的,因为总体噪声系数将增加约 3dB。低中频的优点如下。

(1)在低中频 Rx 中,镜像落在频带内,但可以通过镜像抑制技术来遏制。由于镜像频率 $f_{image} = f_{RF} + 2f_{IF}$(高 LO 注入为正号,低 LO 注入为负号),所以镜像在带宽范围内。由于 f_{IF} 很小,镜像频率通常非常接近射频信号,无法通过滤波方法除。

(2)对于 GSM Rx,信号会被零中频架构中的闪烁噪声破坏。使用低中频(LOW-IF)架构(对于窄通道标准很有吸引力)可以降低噪声损失。本振频率位于所需通道(200kHz)的边缘。这将射频信号转换为 100kHz 的中频。考虑中频和信号携带信息很少的事实,在边缘附近 $1/f$ 噪声的损失要小得多。此外,该信号的片上高通滤波也变得可行(图 7.46)。在这个下变频中,镜像落在相邻的信道中,但是 GSM 标准要求接收机能够容忍相邻信道,该信道只比所需信道高 9dB。因此,具有中等镜像抑制比(IRR)的镜像抑制接收机可以将镜像降至远低于信号电平的水平。如果 IRR 为 25dB,则镜像仍低于信号 16dB。

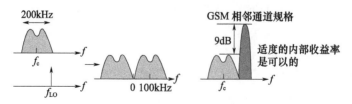

图 7.46 低中频接收机的频谱和文中讨论的相邻信道问题

(3)采用低中频架构的镜像消除技术。可以将 Hartley 接收机的 90°移相器移到射频路径,因为低中频接近直流,而 RC 移相器在高频下工作更好(图 7.47)。

第 7 章 雷达发射机/接收机结构

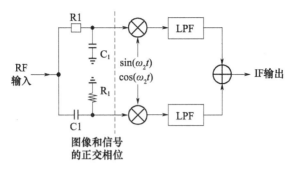

图 7.47 Hartley 低中频接收机

这意味着,在低中频情况下射频设计人员必须使用镜像抑制混频器来抑制落在通频带内的镜像频率。镜像信号和不需要的信号可以被 Hartley/Weaver 接收机和后面的滤波来抑制。

7.5 接收机信号分析

为了更好地理解信号通过接收机信道的行为,选取一个典型的接收机信道,并按照以下步骤分析信号是如何通过该信道的(图 7.48)。

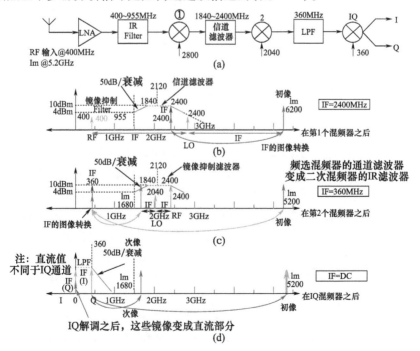

图 7.48 信号流经接收机通道

读者可以在附件中找到名为 color.pdf 的 PDF 文件,文件包含图 7.48 的幻灯片(为了清晰起见,重新标记为图 1)。

输入射频 400MHz 的单音信号。第一个混频器的本振源为 2800MHz(高 LO 注入)。因此,第一个混频器的中频为 2800 - 400 = 2400(MHz)。图 7.48(a)描述了这种情况,可以看到一个箭头标记了 400MHz 的射频输入,另一个标记了 2800MHz 的本振,它们之间的距离构成 2400MHz 的中频。这个配置的镜像频率位于 RF + 2IF = 400 + 2×2400 = 5.2(GHz),现在可以看出,如果混频器的输入端没有镜像抑制滤波器,那么这个镜像频率将在混频器处与本振产生与射频相同的中频 2400MHz。这是不可取的,可以通过在混频器前插入一个镜像抑制(IR)滤波器来解决这个问题。该滤波器的带宽为 555MHz(400~955MHz)。假设输入的射频单音信号需要 555MHz 的带宽,当然只要能去掉 5.2GHz 的镜像频率,带宽也可以设其他值。中频频率的选择由下列因素决定:

(1)如果中频设置过低,那么需要一个高品质因素的镜像抑制滤波器,这将带来更多损耗,使接收机的噪声系数更高(以及成本增高)。

(2)如果中频设置太高,那么后续阶段将消耗更多功率(VGA 和滤波器)。

(3)典型的中频为 100~200MHz。上面的案例是瞄着最终得到 360MHz 的中频来设计的。当前的 IR 滤波器性能很好,且能够完全抑制镜像频率。混频器后面的信道滤波器(IF 滤波器)的带宽为 560MHz(1740~2400MHz)。

该滤波器还有助于稍减少 2700MHz 的本振耦合。由于第一个中频为 2400MHz,它落在如图 7.48 所示信道滤波器的右上角频率上,应尽量将信道滤波器设计得使本振耦合至少比中频信号低 40dBc。图中选择了一个边带为 50dB/dec 的信道滤波器。现在这个信道滤波器成为第二个混频器的 IR。

第二个混频器的本振馈电频率 2040MHz。现在是低频本振注入,因此中频为 360MHz。这意味着镜像频率位于

$$f_{\text{image}} = f_{\text{RF}} - 2f_{\text{IF}} = 2400 - 2 \times 360 = 1680(\text{MHz})$$

在图 7.48(c)中可以看到,这个镜像频率落在 IR 滤波器的下边带(前混频器的前信道滤波器)。同样,需要确保这个镜像频率低于 360MHz 的中频信号 40dBc。其次是第二混频器之后的 LPF。这个 LPF 同时是第二混频器的信道滤波器。从图 7.48(c)中可以看出,1670MHz 的镜像频率也可以转换为 360MHz 的中频。在图 7.48(c)中将主镜像显示为 5.2GHz 信号,只是为了清晰起见,实际上,5.2GHz 的主镜像频率也会转化为 5.2 - 2.7 - 2.04 = 360(MHz)。但是经过许多抑制滤波器之后,它会得到极大衰减。

图 7.48(d)显示了 LPF 之后的信号。可以看到主镜像和副镜像转变为中频,但是功率较低(比中频低 40dBc)。为了清楚起见,此中频并不显示为 360MHz 信号而是显示为直流,因为这是在 I/Q 解调器之后转换成的信号。由

于路径不同(不同相位),这些来自相同中频的直流值对于 I 和 Q 通道将是不同的。同样为了清晰起见,在图中显示了主镜像和副镜像,尽管它们实际上并不存在,但已经在 I/Q 解调器的输出处转换为中频,然后转换为直流。注意,LPF 的截止频率为 360MHz(IF)。

7.6 发射机架构

发射机架构有零差和外差两种主要类型。零差的配置虽然看起来要简单得多,但与接收机类似,其实现要比外差复杂得多。在设计过程中需要考虑一些基本规则如下。

(1)为获得最佳传输功率,考虑发射机和接收机信道的带内性能。在雷达中,最佳传输功率取决于目标类型、波动与否以及波动的性质(Swerling 数)。

(2)带外性能。这定义了发射机泄漏到相邻信道(在信道间隔非常近的通信系统中,这个问题变得至关重要)以及接收机在接收所需信号时抑制干扰的能力。

7.6.1 直接转换发射机:零差

在这种情况下,就像在接收机设计中使用 I/Q 解调器那样使用 I/Q 调制器。BB 信号被分为 I、Q 两路通过 DAC,再通过低通滤波器进一步抑制相邻信道的发射电平,消除混叠产物。滤波后的 I、Q 信号直接上变频为射频,然后由 I/Q 调制器相加(图 7.49)。

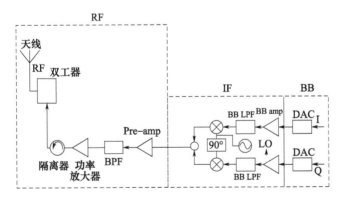

图 7.49 零差(零中频/直接变频)发射机框图

在中频部分,零差发射机将所需基带频率直接转换为射频以获取传输频率;然后将频带信号放大,作为后续射频功率放大器(PA)的输入;随后是在前置放大器和 PA 之间插入 BPF,以抑制带外信号,特别是对接收频带内的噪声和杂散发射进行抑制。由于其结构的性质,零差发射机的突出优点是传输包含的杂散产物比外差发射机少得多。

信号可以表示为

$$BB = I(t) + j \cdot Q(t)$$
$$RF = \text{Re}\{I(t) + j \cdot Q(t)\} \cdot e^{j\omega_c(t)}$$

如果用 ω_m 表示 BB 信号,则有

$A_I \sin\omega_m t$(DAC 的 I 输出端信号)、

$A_Q \cos\omega_m t$(DAC 的 Q 输出端信号)、

$A_{LO} A_I \sin\omega_{LO} t \cdot \sin\omega_m t$(混频器 I 输出端信号)、

$A_{LO} A_Q \cos\omega_{LO} t \cdot \cos\omega_m t$(混频器 Q 输出端信号)和

$A_{LO} A \cos(\omega_{LO} - \omega_m) t$(输入到功率放大器)。

尽管这种发射机有很多优点,但也有一些缺点。

由于与本振耦合,PA 输出的频谱纯度受到干扰,如图 7.50 所示。

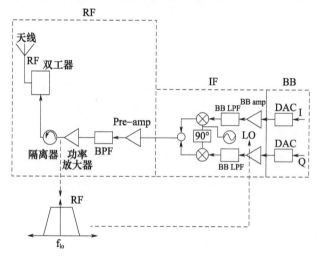

图 7.50 由 PA 输出耦合到本振引起的本振频率牵引

PA 输出为调制波形,其频谱以本振频率为中心。当这种频率变化到达本振电路时,将其视为噪声。然后这种噪声破坏了本振信号的纯度,这种破坏是通过注入拉动或注入锁定[1]而发生的,这是描述本振频率受外部频率刺激所引起的频率牵引(图 7.51)。

注意,随着注入噪声的频率接近振荡器中心频率,注入噪声幅度的任何增加都会导致本振频率随着本振频谱的峰值幅度向注入频率偏移而变宽,直到最后本振电路产生的最强信号是注入信号的信号,这就是锁定条件[2-3]。经验表明,为了避免注入锁定,必须将噪声水平保持在低于本振信号 40dBc 的水平。

有许多方法可以解决这个问题,广泛使用的方法是采用两级上变频,使 PA 输出频谱远离本振的频率,如图 7.52 所示。这使其成为外差发射机。最后的 BPF 滤波器需要有很高的品质因数,以便抑制杂散超过 60dB。因此,单片集成是不可能的,因为滤波器需要是单独的。零差发射机的一个主要问题是 I/Q 相位失配问题,在本书已经讨论过。另一种方法是物理地分离射频和中频部分,这在零差系统中是首选的。

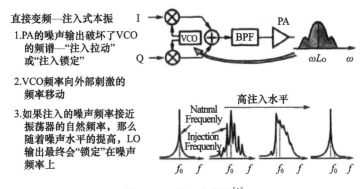

图 7.51 注入式本振[1]

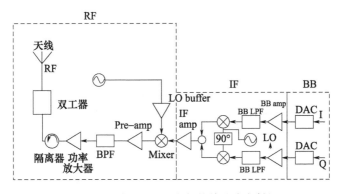

图 7.52 采用两级上变频的外差式发射机

7.6.2 发射机结构:外差

图 7.52 分为基带(BB)、中频和射频部分。从图 7.52 的右侧向左侧看,信号通过基带、中频到达射频部分。将来自 DDS 源的基本信号分解为同相(I)和正交(Q),并利用 DAC 转换成模拟信号[2]。然后使用基带 LPF 对各通道信号进行滤波,再上变频为中频信号。在上变频过程中,Q 路中频信号相对于 I 路相位偏移了 90°,本书已讨论此过程的数学原理。然后用中频放大器(通常是可变增益放大器(VGA))放大复合中频信号。这个中频信号现在通过与适当的本振频率混频转换成所需的射频。该信号连同混频得到的杂散成分,被放大到适合驱

动 PA 的功率水平。在此插入一个具有足够高 Q 值的 BPF,将杂散和无用信号抑制到 60dB 以上。PA 性能及其增益和非线性对负载非常敏感,因此在 PA 和天线之间经常使用隔离器来减小天线环境变化的影响[1-2]。天线环境的变化会影响其输入阻抗,从而影响 PA 负载。最近,可调匹配网络也用来代替隔离器。在频域双工(FDD)的情况下,双工滤波器将通信系统中的发射和接收频带分离。如果发射和接收的频带重合(如雷达的情况),则使用发射/接收(T/R)开关来执行时域双工(TDD)。该开关实现为 PIN 二极管或气体基器件[7]。

7.7 小　　结

本章讨论了发射机和接收机的结构,介绍了一次变频外差接收机,在保持接收机对不同频率调谐能力的同时,提供更好的频率选择性。此外,还介绍了镜像频率的概念,并提出能更好地抑制镜像频率的二次变频外差结构。随后讨论了零中频或零差结构及其优缺点,阐述了在此过程中诸如本振泄漏导致自混频,进而导致直流偏差(以及对该问题的修正)等问题。这就导致了零差结构中 I/Q 解调器的 I/Q 失配问题,以及如何使用基于高精度 DAC 的反馈系统来解决这一问题。接着介绍了镜像抑制混频器的体系结构、Hartley 和 Weaver 体系结构、数字中频接收机以及 ADC 在此类接收机中的性能。注意,与奈奎斯特采样相比,当快速 ADC 较为昂贵时,带通采样在高频具有许多优势。还介绍了带通采样以及如何定义其方法,指出了它的缺点,即比奈奎斯特噪声更大。然后讨论了低中频接收机,其拓扑结构具有许多理想的零中频结构特性,但避免了直流偏差和 $1/f$ 噪声问题。同时,追踪外差接收机从天线到 I/Q 解调器输出的完整链。在分析的每一个阶段检查镜像频率的相互作用。本章以发射机零差和外差结构的介绍作为结束。

参 考 文 献

[1] Razavi,B. ,*RF Microelectronics*,Second Edition,Upper Saddle River,NJ:Prentice Hall,2011.
[2] Gu,Q. ,*RF System Design of Transceivers for Wireless Communications*,New York:Springer,2010.
[3] Budge,M. C. ,and S. R. German,*Basic Radar Analysis*,Norwood,MA:Artech House,2015.
[4] Skolnik,I. ,M. ,*Radar HandBook*,Third Edition,New York:McGraw – Hill,2007.
[5] Lyons,R. G. ,*Understanding Digital Signal Processing*,Third Edition,Upper Saddle River,NJ:Prentice – Hall,2010.
[6] *Intermediate Frequency(IF)Sampling Receiver Concepts*,Texas Instruments,Literature Number:SNAA107,Vol. 4,Issue 3,2011.
[7] Proakis,G. J. ,and G. D. Manolakis,*Digital Signal Processing*,Fourth Edition,Pearson,2006.

第三篇

调频连续波雷达信号处理

第 8 章

多普勒处理

8.1 引　　言

本章介绍多普勒现象，以及如何由目标径向速度改变雷达回波频率。首先解释多普勒现象的物理本质，研究了控制多普勒现象的方程式；随后讨论多普勒混叠问题，其中多普勒读数在某些情况下由于频率折叠而不相同，这会引起多普勒模糊；然后阐述雷达杂波及其在雷达测量过程中产生相互干扰的作用，并研究了脉冲重复频率(pulse repetition frequency, PRF)低 PRF、中 PRF 和高 PRF 状态以及这些 PRF 状态所导致的距离/多普勒模糊；最后介绍脉冲压缩和多普勒处理的方法（包括重要的转弯算法）并通过引入 MTI/MTD 雷达及其信号处理的影响得出结论。

8.2　多普勒频移

测量双程回波时间是雷达的基本功能[1-3]，但是很难将感兴趣的目标与位于相近距离的其他物体或背景回波区分开来。多普勒处理使用回波的相对速度，数字计算机使得多普勒处理成为可能，几乎所有的雷达系统都包含多普勒处理。

多普勒频率是区分地面回波（杂波）和目标非常有用的参数。雷达可以测量飞机、坦克和吉普车等相对速度，甚至可以测量人行走的相对速度。可以利用目标的速度参数来区分它们。例如，使用机载雷达跟踪地面上的吉普车，目标和杂波都在同一范围内，所以唯一的鉴别方法是采用多普勒滤波。地面回波速度接近于零，而吉普车的速度会大得多。

假设发射信号为正弦波，目标回波会产生多普勒频移（图 8.1）。当目标接近雷达时，波谷和波峰之间的时间会缩短，导致波长变小，接收信号的频率变大。换句话说，会得到一个上升多普勒。同样的，当目标远离的情况下，得到的回波有下降多普勒或下降频率。换句话说，目标的运动使得雷达回波产生多普勒频移。多普勒处理采用了回波的相对速度这一特征。

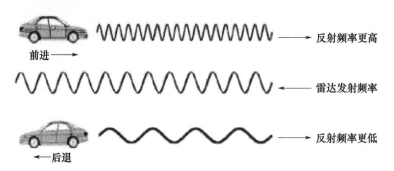

图 8.1 多普勒频移

多普勒效应只适用于相对于雷达的运动。这意味着,如果目标与雷达成直角运动,就不会有多普勒频移。回到机载雷达的例子,假设水平地形和恒定的飞机高度,飞机下方的地面显示零多普勒频移。这里忽略飞机的飞行速度。可以解释为,飞机下方的地面与飞机速度矢量成直角。

地面雷达的情况也类似,所有多普勒频移都是目标运动引起的。如果雷达是车载或机载的,那么多普勒频移将由雷达与目标物体之间的相对运动而产生。

雷达系统利用了这一特点。如果对接收到的回波进行距离和多普勒频移的提取,就可以确定目标的距离和速度。此外,基于不同的速度可以区分不同类型的目标。最后可以消除地面杂波,地面杂波总是接近于零多普勒。

假设有一个雷达工作在 X 波段,频率为 10GHz($\lambda = 0.03\text{m}$)。该雷达是机载的,以 300mile/h 的速度飞行,并跟踪在同一方向上以 500mile/h 前进的目标之后。在这种情况下,速度差是 $-200\text{mile/h}(-89\text{m/s})$。

另一个目标正以 100mile/h 的速度迎面朝机载雷达飞来。这使得速度差为 400mile/h(179m/s)。多普勒频移计算如下:

$$f_D = \frac{2V_{\text{Target}}}{\lambda}$$

第一目标多普勒频移:$2 \times (-89)/0.03 = -5.93(\text{kHz})$

第二目标多普勒频移:$2 \times 179/0.03 = 11.9(\text{kHz})$

接收信号从 10GHz 中心发生多普勒频率偏移。注意,当目标远离雷达时多普勒频移为负,当目标靠近雷达时多普勒频移为正。

8.3 脉冲频率谱

首先需要测量多普勒频移。无限长脉冲串的频率响应由脉冲频谱包络线组成。频谱以脉冲重复频率间隔(图8.2)。

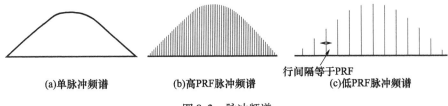

图 8.2　脉冲频谱

值得注意的是,为了准确识别多普勒频移,频移本身必须小于 PRF。大于 PRF 的多普勒频移会引起折叠并混叠成较低的多普勒频率。这类似于雷达距离返回的两次回波,超出了脉冲间隔时间,这些两次回波将混叠到较低的范围内。多普勒频率对接收到的某一个固定距离单元进行检测,通过一组窄带数字滤波器来实现,其带宽覆盖交叠带宽(在此带宽内的谱线一定可以被检测到)。因此,在每个容许的距离采用多普勒滤波。在距离域,雷达测出匹配滤波器输出峰值。同样,针对每个距离单元,雷达对目标回波的多普勒值进行检测,确定接收脉冲中的多普勒频移。

8.4　多普勒模糊

如果多普勒范围大于 PRF,就会产生多普勒模糊。例如,在军用机载雷达中,最快的闭合速度应该是随着目标的接近,且假定两架飞机都是最大速度,此时,雷达载机速度和目标飞机速度是相加的。最快的开启速度应该是目标飞离雷达载机时。这里假设雷达载机以最小速度飞行,目标飞行器以最大速度飞行,目标飞行器与雷达载机的飞行轨迹呈大角度 θ 飞行,这进一步降低了雷达载机在目标方向上的速度。

在 10GHz($\lambda = 3$cm)时最大正多普勒频率(最快的闭合速度)如下:
雷达飞机最大速度:900mile/h = 402m/s
目标飞行器最大速度:900mile/h = 402m/s
最大正多普勒值:$\dfrac{2 \times (402 \times 2)}{0.03\text{m}} = 53.6$kHz

在 10GHz($\lambda = 3$cm)时最大负多普勒频率(最快的开启速度)如下:
雷达飞机最小速度:300mile/h = 134m/s
有效的雷达载机最小速度出现在与目标航迹成 $\theta = 60°$($\sin 30° = 0.5$):
150mile/h = 67m/s
目标飞行器最大速度:900mile/h = 402m/s
最大负多普勒:$2 \times (67 - 536)/0.03 = 22.3$kHz

这导致总多普勒范围为 53.6 + 22.3 = 75.9kHz。除非 PRF 超过 75.9kHz,

否则将会出现多普勒频率混叠和相关的模糊。

假设 PRF 为 90kHz，则会发生多普勒混叠，如图 8.3 所示。

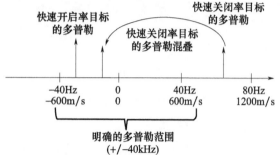

图 8.3 多普勒混叠示例

8.4.1 多普勒效应

图 8.4 描述了飞机接近时的多普勒效应。

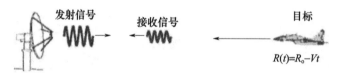

图 8.4 多普勒效应

发射信号：

$$S_T(t) = A(t)\exp(j2\pi f_0 t) \tag{8.1}$$

接收到的信号有多普勒位移：

$$S_R(t) = \alpha A(t-\tau)\exp(j2\pi(f_0+f_D)t) \tag{8.2}$$

式中：α 表示目标回波的幅值很弱；$A(t-\tau)$ 表示接收回波的延时与目标的距离成正比；f_0+f_D 表示由于多普勒效应接收信号的频率发生变化。

延时：

$$\tau = \frac{2R_0}{c} \tag{8.3}$$

多普勒频率：

$$f_D = \frac{2Vf_0}{c}\cos\theta = \frac{2V}{\lambda}\cos\theta \tag{8.4}$$

式中：θ 为目标的相对角度。如果目标与雷达成直角，则 $\theta = 90°$。这意味着没有多普勒频移。

式(8.4)中，式(8.4)的值为正/负，为正表示接近目标，为负表示远离目标。

8.5　雷达杂波

在抗杂波中[1-3],需要处理主瓣杂波和旁瓣杂波两种类型的杂波。主瓣杂波回波是通过雷达天线主瓣波束采集到的杂波。当雷达俯视(负高度)或位于像山顶这样的高地时,都会发生主瓣与地面相交的情况。甚至当雷达位于地面,主瓣是在距离天线较远的地方相交,由于地面的 RCS 很大,地面回波总是比目标回波强,这给雷达设计人员带来了问题。

旁瓣杂波是来自主瓣外方向的多余回波。这意味着雷达天线旁瓣接收到了不需要的信号。由于天线的方向选择性或方向图,旁瓣杂波通常会衰减 50dB 或更多。旁瓣杂波的一个常见来源是地面回波。在雷达指向地平线的情况下,旁瓣波束覆盖俯视区域内很大的地面。由于地面回波的 RCS 较大,即使天线在旁瓣区域有较大的衰减,旁瓣杂波也会带来一定的麻烦。

地面反射或杂波的数量不仅取决于地形的类型或地形的反射率,还取决于雷达能量相对于地面的角度。一些表面,比如光滑的水面,会将雷达发射机发射的大部分能量反射出去,尤其是在较小的角度。而沙漠会将更多的能量反射回雷达,而树木繁茂的地形会反射更多的能量。像城市这样的人造表面往往会将最大的能量反射回雷达系统。

多普勒判别是分辨杂波和运动目标的一种有效方法。然而,如果雷达是移动的(在飞机上),那么即使是杂波也会移动。因为朝向天线波束(方位)的视角不同,地面上不同的点会有不同多普勒回波。多普勒位移也是如此。然而,无论天线的观测方向如何,旁瓣杂波总是存在的,并且覆盖很宽的多普勒频段。

主瓣杂波更有可能集中在一个特定的频率,因为主瓣更集中(通常为 3°~6° 波束宽度),所以被照亮的地面面积可能要小得多,所有的回波都以接近相同的相对速度返回。

下面举例说明雷达如何结合距离和多普勒回波来获得目标环境的更完整的图像。

图 8.5 显示了清晰的距离和多普勒回波。假设 PRF 足够低,可以在一个 PRF 间隔内接收所有的回波;而 PRF 足够高,以包含所有多普勒回波频率。

地面回波通过天线旁瓣接收,称为旁瓣杂波。地面回波高的主要原因是近距离反射面积的增大,尽管天线的旁瓣衰减,但近距离反射面积的增大使回波增大。地面回波主要发生在近距离,本质上是飞机的高度。在主瓣中,山返回的距离回波与近距离目标的回波因为相距很近而接近。可以看出,如果仅仅使用距离回波,目标回波很容易在高地形回波中丢失,这种现象称为主瓣杂波。

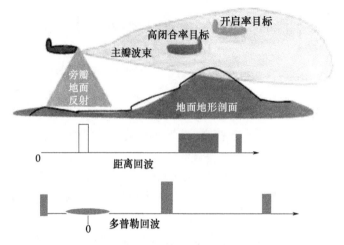

图 8.5 多普勒雷达回波

多普勒回波给出了不同的观点。地面回波以 0Hz 为中心。在雷达飞机前面的地面相对速度为正,在飞机后面的地面相对速度为负。随着与雷达飞机水平距离的增大地面回波减弱。

山区地形的多普勒回波与附近的飞机目标是非常不同的。山区地形是以相对速度移动,速度与雷达承载面速度相等。附近飞机的相对速度是两架飞机速度之和,两者的相对速度要高得多,会产生高速的多普勒回波。另一架目标飞机正与雷达载机缓慢拉开距离时,用负多普勒频率回波来表示。

8.6 脉冲重复频率权衡

不同的 PRF 频率有不同的优点和缺点。

(1) 低 PRF,波形在距离上是不模糊的,在多普勒上是模糊的。典型的 PRF 值通常为 $1 \sim 10\mathrm{kHz}$,脉冲宽度为 $10 \sim 100\mu s$。

(2) 中 PRF(MPRF),波形在距离和多普勒上都是模糊的。典型的脉冲重复频率为 $10 \sim 50\mathrm{kHz}$,脉冲宽度为 $2 \sim 10\mu s$。

(3) 高 PRF,波形在距离上是模糊的,在多普勒上是不模糊的。典型的脉冲重复频率为 $50 \sim 100\mathrm{kHz}$,脉冲宽度为 $0.5 \sim 2\mu s$。

如果波形的脉冲重复间隔(PRI)小于要检测的目标距离,则认为波形是距离模糊的。如果一个波形的 PRF 小于目标的多普勒频率,那么它是多普勒模糊的。

低 PRF 工作通常用于远距离检测。这需要高的发射功率,以便接收到足够的回波功率进行远程检测。为了获得高的功率,需采用长脉冲发射,并使用相应长的匹配滤波器处理(或脉冲压缩)。这种模式通常用于精确测距。强副瓣回波可以通过其相对较近的距离(雷达系统附近的地面)来确定并滤除。缺点是,由于多普勒频域重叠较多,多普勒处理效率相对较低,限制了有大量背景杂波(如地面上的运动物体)存在时检测运动物体的能力。

高 PRF 工作扩展了接收脉冲的频谱,允许一个完整的多普勒频谱,而没有混叠或模糊的多普勒测量。高 PRF 可用于确定多普勒频率,从而确定所有目标的相对速度。在雷达回波中,当感兴趣的运动物体被静止物体(如地面或山)遮挡时也可以使用。清晰的多普勒测量将使运动目标从静止背景中脱颖而出,称为主瓣杂波抑制或滤波。另一个好处是,由于在给定的时间间隔内传输了更多的脉冲,可以实现更高的平均传输功率量级,有助于提高雷达系统在高 PRF 模式下的探测距离。

中 PRF 工作是一种折中,距离和多普勒测量都是模糊的,但不会像更极端的低 PRF 或高 PRF 模式那样严重的混叠或折叠,它可以提供一个很好的检测距离和运动目标的整体能力。然而,模糊区域的折叠也会给距离和多普勒测量带来大量杂波。正如已经讨论过的那样,PRF 的小位移可以用来解决歧义,但如果有太多的杂波,信号可能无法检测或距离和多普勒均模糊。

PRF 总结如图 8.6 所示。注意,由于距离折叠,灵敏度时间控制(STC)不能用于中脉冲重复频率(MPRF)和高脉冲重复频率(HPRF)雷达。

	低PRF	中PRF	高PRF
距离测量	明确的	不明确的	非常不明确的
速度测量	非常不明确的	不明确的	明确的

低PRF
· 被风吹动的杂物可能是一个问题
· 可以使用STC

中PRF
· 被风吹动的杂物可能是一个问题
· 距离遮挡损失
· 远处的目标和近处的目标在杂波中竞争
· 无法使用STC
· 难以消除的歧义

高PRF
· 距离遮挡损失
· 远处目标和近处目标在杂波中竞争
· 无法使用STC

图 8.6　PRF 总结

8.7　脉冲压缩

接收信号的下一步通常是脉冲压缩和多普勒处理[1-3]。在线性调频脉冲雷达中,脉冲压缩就是简单地将接收信号与发射脉冲形状进行匹配滤波或滤波。当接收信号与发射信号完全匹配时,这种类型的滤波会给出最大的响应,表明确实是发射脉冲的反射和延迟(也称为自相关)。脉冲压缩和多普勒处理的顺序可以互换,这里假设先进行脉冲压缩,再进行多普勒处理。

如图 8.7 所示,脉冲压缩被描述为每个 PRF 间隔的接收样本的有限冲激响应滤波器。假设雷达的采样频率为 100MHz,PRF 为 10kHz[3]。对于每个 PRF,在每个纵向的距离元中都接收到 10000 个复杂的样本。然后,每个样本库都经过一个匹配滤波器。当接收到发射脉冲的反射时,这些反射将在匹配滤波器的输出中引起响应。

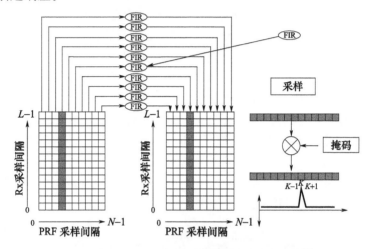

图 8.7　使用有限冲激响应滤波器进行脉冲压缩[3]

发射脉冲通常是伪随机序列,可能通过相位或频率的变化进行调制。伪随机序列或 PN 序列具有很强的自相关特性。这意味着,匹配滤波器只在接收脉冲精确匹配时才会产生输出,这就允许以同样精确的方式确定接收脉冲的到达时间。除了传输脉冲外,往往也会产生非常低的与 PN 序列相关或匹配的其他信号或噪声输出。不同的雷达应用和模式需要不同的发射波形,这本身就是一个很大的课题。匹配滤波器有限冲激响应(FIR)函数可以在频域内实现,通过对接收数据的快速傅里叶变换(FFT)处理得到接收信号频谱,将发射脉冲的频谱掩蔽到接收信号的频率响应上,最大的响应发生在两者匹配时,再使用快速傅里叶反变换(IFFT)将结果转换回时域(这称为线性调频脉冲的 FCP),然后进行多普勒处理。这似乎是一个复杂的选择,但快速傅里叶变换算法很有效,比有限冲激响应滤波计算量更低。

事实上,在 FMCW 雷达中,采用 FFT 方法进行波形压缩。这在 2.12.3 节中进行了广泛的讨论,称为 stretch 处理。stretch 处理器的输出是一个差频信号,其频率对应于目标距离。由于该 FFT 输出是由与目标距离成比例的差频信号组成,因此该展宽处理器也称为距离 FFT。距离 FFT 的输出存在于频域中。这些差频信号将被目标多普勒频移。为了确定这个多普勒值,首先需要用 IFFT 将距离 FFT 输出转换回时域。一旦使用 IFFT 将其转换回时域,就可以根据它们各自的距离单元排列信号(因为距离存在于时域中)。再次说明,当回波作为差频信号存在于频域时,不能根据距离来排列目标回波。这个过程需要在时域内完成。

转角处理是多普勒处理的一种预处理。多普勒处理是必需的,因为需要确定回波是来自静止目标(包括杂波)还是来自移动目标。这种处理是在多普勒维度进行。下面讨论多普勒处理在雷达中的应用。

8.8 多普勒处理

图 8.8 为雷达数据阵上的多普勒处理。数据列对应于每个 PRF 接收数据缓冲区的脉冲压缩过滤。N 列数是相干处理间隔(CPI)中的传输脉冲数。所有的雷达数据都很复杂,有大小和相位。CPI 与数组中数据之间的相位关系有关。随着时间的推移,在时钟电路、数据转换器以及 RF 电路和数字电路中使用的锁相环中出现的轻微时钟漂移和抖动,会导致样品之间的相对相位偏移。对于机载或车载雷达,雷达的运动也会干扰相位关系。接收数据样本的运行时间越长,相对相位退化的可能性越大。此外,任何雷达频率模态的变化或 PRF 的变化都会导致相位的不连续。CPI 是这些相位差携带有用信息或具有相干性的时间间隔的度量,因此可以用于频域处理,如多普勒处理。它通常扩展到多个脉冲时间周期。

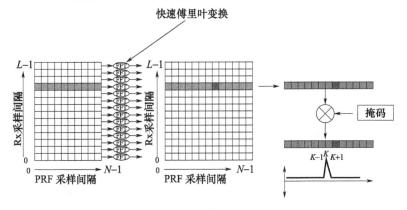

图 8.8 多普勒处理转角

注意,来自脉冲压缩处理的接收样例输出被加载到每个 PRF 的列中。多普勒处理跨行或跨 N 个 PRF。数据必须在一段时间间隔内,或者在 CPI 范围内收集,在这段时间间隔内可以认为数据是相干的。

这种数据流在雷达术语中称为转角,因为数据垂直进入,水平出来,或者转弯出来。这种处理要求在执行任何多普勒处理之前,所有数据都必须存在于阵列中。数据量可能相当大,对于高性能雷达处理需要以非常低的延迟访问它。要么需要非常高的片上内存资源,要么需要非常低的延迟、快速随机访问的外部内存阵列,再加上高性能的内存访问控制器。由于数据以列的形式出现,并以行读取,因此进行读写访问不能同时具有顺序性,使得用传统缓存和 DDR 内存芯片很难满足低延迟要求[3]。

雷达处理要求是相当高的。接收端需要实时、连续地处理输入数据。幸运的是,大部分可以使用并行处理结构实现。波束成形就是一个例子。AESA 天线可以有数百甚至数千个独立的接收/发射单元。天线可能在多个方向跟踪目标,每个方向需要单独处理。处理必须在时间(脉冲压缩)和频率(多普勒)两个维度进行。

8.9　动目标显示的起源

当被雷达照射时,几乎所有表面产生雷达回波。因此,在与飞机回波的竞争中有许多不需要的信号来源。搜索雷达中不需要的信号通常描述为噪声和杂波(噪声在第 4 章有详细讨论)。杂波包括地面回波、海上回波、天气、建筑物、鸟类和昆虫(参见图 8.9)。杂波的定义取决于雷达的功能。天气探测雷达中没有杂波。

图 8.9　雷达杂波场景

由于飞机的飞行速度通常比天气或地面目标快得多,速度敏感雷达可以从雷达指示器中消除不必要的杂波。只探测和处理移动目标的雷达系统称为动目标显示(MTI)雷达。

8.5 节研究杂波如何进入雷达系统,现在研究杂波的本质,以便更好地理解如何抑制。广义上讲,杂波可以分为地杂波、海杂波、雨杂波和鸟杂波,每一种都有其特点。

地杂波的特点如下:

(1)强烈的,离散的;

(2)相当强大的雷达,可以返回多达 50~60dB 的目标回波;
(3)地面雷达速度为零,基于多普勒频移可较好地识别;
(4)小的多普勒扩展。

海杂波的特点如下:
(1)比地杂波低 20~30dB,更分散;
(2)舰载雷达的多普勒速度随平台的移动特征和风向的变化而变化;
(3)中度多普勒扩展。

雨杂波的特点如下:
(1)通常扩散和风吹;
(2)可能比目标回波高 30dB,但也依赖于频率(某些频率在下雨时表现较好);
(3)相对于风向和雷达速度的可变平均多普勒;
(4)中度多普勒扩展。

鸟杂波的特点如下:
(1)鸟类构成数百至数万个点目标;
(2)多普勒速度为 0~60kn(30m/s);
(3)对于现在的低 RCS 目标来说可能非常麻烦。

图 8.10 显示了暴雨在 PPI 上形成一束云。

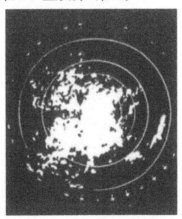

图 8.10 暴雨杂波

前四类杂波可以归纳为以下几点。

(1)地面或海面回波是典型的表面杂波。来自地理地块的回波一般是平稳的,但风对树木和其他类似物体的影响,意味着目标在雷达回波中引入了多普勒频移。该多普勒频移是雷达信号处理中去除多余信号的重要方法。从海中返回的杂波通常也与波浪有关。

(2)天气或箔条是典型的体杂波。在大气中,最重要的问题是气象杂波。

它由雨或雪产生,并含有相当多的多普勒成分。

(3)鸟类、风车和独立的高层建筑是典型的点杂波,这是自然界中没有扩展的一个类别。移动点杂波也称为天使。鸟类和昆虫产生的杂物很难清除,它们的特征很像飞机。

杂波可以是波动的,也可以是非波动的。地杂波通常是不波动的性质,因为物理特征通常是静态的。另外,气象杂波在风的影响下是可移动的,常被认为是波动的性质。

如果所有杂波的密度是均匀的,那么杂波可以定义为均匀的。在此基础上,分析了表面杂波和体杂波的主要类型;然而,在实践中这种简化并不适用于所有情况。非均匀杂波是一种密度不均匀的杂波,在这种杂波中,杂波的幅值随单元格的不同而明显不同。典型的非均匀杂波是由高层建筑在已建区域产生的。

根据杂波的本性,可以通过多普勒域的处理来更好地处理杂波。动目标显示和脉冲多普勒处理(MTD)都利用了杂波与目标间的多普勒变化来抑制杂波。小目标的检测需要非常高的杂波抑制水平。

8.9.1 动目标显示

动目标显示主要是消除或减少静态目标的影响,因此杂波是自动控制的。实现这一目标的方法如下。

(1)使用低通多普勒滤波器抑制杂波,该滤波器可以抑制慢速运动的杂波,有利于检测快速运动的目标。在地面雷达中杂波基本不运动,除了在大风条件下,树木会有小的多普勒速度。在机载雷达中该杂波运动缓慢。这是因为飞机自身的速度不能被完全消除。

(2)动目标显示是使用少量脉冲实现的,通常是三个或四个脉冲。

(3)没有对目标速度的估计。只对移动目标感兴趣,以减少杂波。

动目标显示看起来很简单,但在很长一段时间内无法实现。因为,实现延迟线对消器(构成这种信号处理方法的基础)的适当功能,需要有非常稳定、无抖动和紧凑的振荡器。开发这项技术的成本很高。然而,大约在1975年,技术进步能够生产大容量内存和快速处理器,这使得动目标显示重新成为可能。

具体来说,以下技术对此产生了影响[1-2]:

(1)相干发射机;

(2)A/D转换器的发展,实现了高采样率和线性宽动态范围;

(3)数字处理革命带来的低成本、紧凑的数字内存和处理器(摩尔定律);

(4)新的数字硬件的实际应用及算法形式体系的发展,称为数字信号处理。

这些发展一直是技术的推动者,一直是发展现代雷达系统中杂波抑制技术的关键。

8.10 动目标显示技术

考虑图 8.11[4] 中的波形。

脉冲长度 T:	1μs
带宽 $B = 1/T$:	1MHz
脉冲重复周期 T_{PRF}:	1ms
脉冲重复频率 $f_{PRF} = 1/T_{PRF}$:	1kHz
占空比 $\delta = T/T_{PRF}$:	0.1%
相干处理周期 $T_{CPI} = NT_{PRF}$:	10 个脉冲

MTI 的 N:2,3 或 4(N 为 CPI 中的脉冲数)。

对于脉冲多普勒信号处理,N 通常为 8~1000,这取决于多普勒 FFT 的大小。

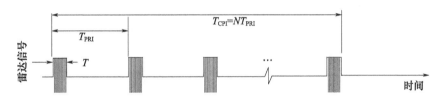

图 8.11　MTI 和 PD 处理的波形[4]

上述值是机场监视雷达的值。图 8.12 显示了数据收集方法。在本例中,查看第 13 个距离门(编号 13)。如图 8.12 所示,准备一个 $L \times M$ 矩阵,这在雷达术

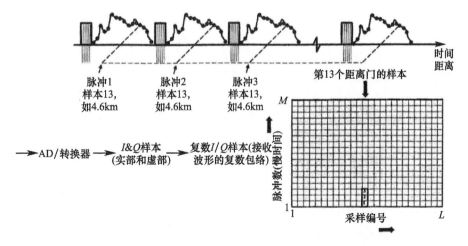

图 8.12　用于 MTI 处理的数据收集:用于三脉冲对消器的收集系统[5]

语中称为转角存储器。将脉冲回波存入其中,其中 L 为距离门数,M 为脉冲数。因此,矩阵的每一列包含每个特定距离门的所有雷达回波。例如,距离门 13 是为三脉冲对消器设计的。因此我们展示了一组三个脉冲。然后将这三个脉冲发送到三脉冲对消器以实现动目标显示。接下来对延迟线对消器的输出作非相干积分。

8.10.1 不模糊距离

图 8.13 显示了第二次回波的情况。在任意脉冲雷达中,不模糊距离为

$$R_{\mathrm{U}} = \frac{cT_{\mathrm{PRI}}}{2} = \frac{c}{2f_{\mathrm{PRF}}} \qquad (8.5)$$

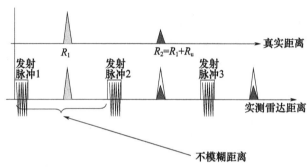

图 8.13 距离折叠

在图 8.13 中,可以看到所需的回波是 R_1。然而,在 R_1 距离的 2 倍处,还有另一个回波 R_2。当雷达发射脉冲 2 时,这个回波将占据 R_1 的距离门。拆分开这一脉冲需要采取特殊措施。式(8.5)表明,不模糊距离由 PRF 决定,若检测 R_2 就需要改变 PRF。因此,雷达采用 PRF 参差,其中 PRF 适当地交错为某个素数的函数,所有 PRF 共有的回波被视为真回波,其他的则视为假回波。在发射第二个脉冲信号之前,如果尚未接收前一个发射脉冲的目标回波,就会发生距离模糊检测。强近目标(杂波)可以掩盖较远的目标,而较远的目标回波较弱。如果不模糊距离是 270km,并且在 300km 之外有一个目标,那么在第二个脉冲之后,该目标将立即出现在 30km 处。在图 8.13 中,目标发出的微弱回波超出了不模糊距离,被 R_1 回波掩盖而无法看到。

由于不模糊距离与脉冲重复频率成反比,在高脉冲重复频率雷达中,二次回波(和杂波)可能成为一个问题。

8.10.2 延迟线对消器

1. 延迟线对消器的频率响应

延迟线对消器的作用是滤除固定目标的直流分量(杂波),并通过运动目标

的交流分量。简单的延迟线对消器就是时域滤波器的一个例子。这种装置的性能取决于用作延迟线的介质的质量。

延迟线对消器的作用是滤除杂波(不需要的目标)的直流分量。由于其周期性,滤波器也会在脉冲重复频率及其谐波附近抑制能量(图 8.14)。在 R_0 距离内从特定目标接收的视频信号为

图 8.14 带延迟线对消器的 MTI 接收器

$$V_1 = K\sin(2\pi f_D t - \phi_0)$$

式中:K 为视频信号振幅;ϕ_0 为相位

由脉冲重复间隔延迟的信号为

$$V_2 = k\sin[2\pi f_D(t-T) - \phi_0]$$

减法器电路的输出为

$$\begin{aligned} V &= V_1 - V_2 \\ &= K\sin(2\pi f_D t - \phi_0) - K\sin[2\pi f_D(t-T) - \phi_0] \\ &= 2K\cos\left[\frac{2\pi f_D t - \phi_0 + 2\pi f_D(t-T) - \phi_0}{2}\right] \times \\ &\quad \sin\left[\frac{2\pi f_D t - \phi_0 - 2\pi f_D(t-T) + \phi_0}{2}\right] \\ &= 2K\left[\cos\left[\frac{4\pi f_D t - 2\phi_0 - 2\pi f_D T}{2}\right] \cdot \sin(\pi f_D T)\right] \\ &= 2K\cos(2\pi f_D t - \phi_0 - \pi f_D T) \cdot \sin(\pi f_D t) \\ &= 2K\sin(\pi f_D t) \cdot \cos\left[2\pi f_D\left(t - \frac{T}{2}\right) - \phi_0\right] \end{aligned}$$

假定通过延迟线对消器的增益是统一的。该对消器的输出由多普勒频率为 f_D 的余弦波组成,幅值为 $2K\sin(\pi f_D T)$,被消去的图像的输出幅值是多普勒频移和脉冲重复间隔的函数。延迟线对消器的相对频率响应如图 8.15 所示。延迟线对消器的频率响应是延迟线对消器输出的幅值与常规雷达视频的幅值之比。

当两个延迟线对消器以级联形式使用时称为双延迟线对消器或双脉冲对消器。它需要两个脉冲才有效,而在单脉冲对消器中只需要一个脉冲。

可以有双脉冲对消器、三脉冲对消器甚至四脉冲对消器。随着对消器数量的增加,MTI 滤波器的边缘变得更陡,滤波效果更好。尽管如此,还是有一些杂

波泄漏。漏失杂波称为杂波残留。

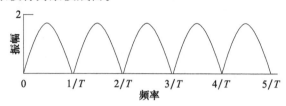

图 8.15　单延迟线对消器的频率响应

2. 双脉冲对消器

对于雷达系统来说,杂波是指从陆地、海洋或雨等目标以外的环境散射体接收到的回波。杂波回波可以比目标回波大许多数量级。MTI 雷达利用运动目标相对较高的多普勒频率来抑制杂波回波,杂波回波的多普勒频率通常为零或极低。

典型的 MTI 雷达使用高通滤波器来去除低多普勒频率下的能量。由于 FIR 高通滤波器的频率响应是周期性的,故而在高多普勒频率下的一些能量也被去除。因此,雷达探测不到高多普勒频率的目标,这称作盲速问题。

双脉冲对消器每次工作需两个脉冲(图 8.16),两个相邻脉冲的回波依次相减。本质上它是一个一阶、非递归、高通数字滤波器,在时域内工作。脉冲以脉冲重复周期间隔发送。它可以在所有距离内工作,不需要为每个距离分辨率单元单独设置滤波器。因此,延迟线对消器是一种时域滤波器,抑制零多普勒频率的静止杂波。该对消器用于两次连续扫描的扫频相减。

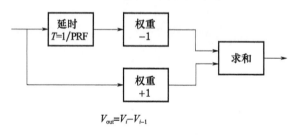

图 8.16　双脉冲对消器

图 8.17 说明了双脉冲对消器的工作原理。

在第 i 次脉冲中检测到两个目标,然后在 $i+1$ 次脉冲中检测到相同的两个目标,但功率水平不同。其余的雷达回波是相同的,因为它们来自杂波。因此,杂波抵消只有目标保留。很明显,要想实现这一点,两个目标都必须移动,这样它们在脉冲之间的功率水平就会不同。否则,它们也会消去。最终的结果是只显示运动目标,而消除静止杂波。这意味着双脉冲对消器是一个有效的高通滤波器,它可以通过除静止杂波以外的所有频率。换句话说,把静止杂波所占的多普勒频谱去掉,并在其他地方提供宽的多普勒通带。该滤波器如图 8.18 所示。

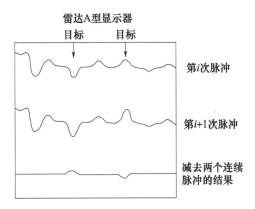

图 8.17 两脉冲相消

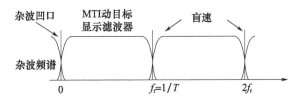

图 8.18 理想的 MTI(注意高通滤波器的周期性)

由图 8.18 可以看出,被去除的不仅有低多普勒频率的杂波,还有周期性的高多普勒频率。因此,雷达无法探测到高多普勒频率的目标。幸运的是,参差脉冲重复频率已用来消除靶场上的幽灵目标。双脉冲对消器的实际频率响应如图 8.19 所示。

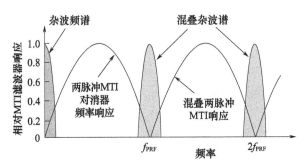

图 8.19 双脉冲对消器的实际频率响应

基杂波频谱很宽,因此位于该区域的任何目标都不会被检测到。为了解决这个问题,采用了脉冲交错法。在解决这一问题之前,有必要先确定杂波频谱为什么具有低多普勒。地面雷达会遇到不同来源的杂波如下:

(1)天线运动,如果天线是机械旋转;

(2) 地面后向散射运动,由于风和雨对森林和植被的影响而发生,树叶和树木的缓慢运动产生低多普勒目标回波;

(3) 发射机不稳定,发射频率不稳定。

如果雷达在运动,像在飞机上一样,就需要使用多普勒效应自消失器(ODN)创建一个非运动的环境。基本上是从雷达回波中减去飞机前进的速度。

可以在图 8.20 中看到单对消器和双对消器频率响应的对比。

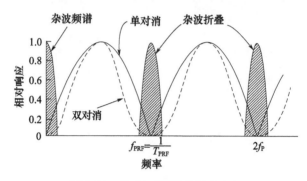

图 8.20　单、双对消器的频率响应

8.10.3　多普勒模糊

脉冲多普勒雷达以 f_{PRF} 速率对目标采样,这意味着在 f_{PRF} 的倍数处会发生混叠,也意味着无法分辨两个多普勒频率为 f_{PRF} 整数倍的目标。显然,目标的最大多普勒频率为

$$V_{\mathrm{U}} = \frac{\lambda \times f_{\mathrm{PRF}}}{2} \tag{8.6}$$

图 8.21 为两个目标在多个 f_{PRF} 下变得无法区分的情况——盲速运动。当 f_{PRF} 等于目标的多普勒速度或其倍数时,就会出现盲速。实际上,在图 8.22 中可以看到三个目标分离为 f_{PRF} 的倍数,它们将出现在多普勒图上的同一位置。盲速是动目标显示的限制,虽然看不见目标,但目标会向着雷达行进,这是很危险的。然而,如果使第一个盲速大于预期目标径向速度的最大值,那么式(8.6)必然很大。采用长的波长和高的 f_{PRF} 更合适。远程 MTI 雷达就工作在 L 波段、S 波段或更高波段。这意味着,为了距离精度,需在低 f_{PRF} 下工作,并以高的代价处理多普勒模糊。然而从好的方面来说,由于高 PRI 和更好的对消,MTI 在远程雷达中表现也很好。与脉冲多普勒雷达相比,这种方法产生的杂波较低,而脉冲多普勒雷达工作在高的 f_{PRF}。

结合式(8.5)和式(8.6),可得

$$V_{\mathrm{U}} = \frac{\lambda c}{4R_{\mathrm{U}}} \tag{8.7}$$

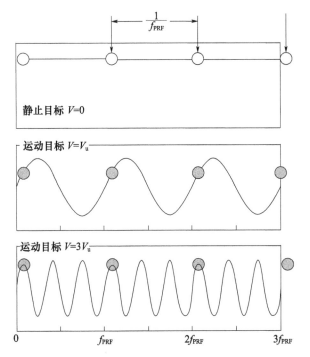

图 8.21 以脉冲重复频率的倍数移动的目标是无法区分的。因此，在 V_U 和 $3V_U$ 处移动的目标变得难以区分

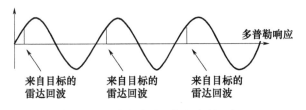

图 8.22 多个脉冲重复频率的目标

式(8.7)表明，大的不模糊距离和大的不模糊多普勒不能共存。如果不模糊多普勒大，则不模糊距离小；反之亦然。

同样，可以通过参差脉冲重复频率来解决这个问题，像解决距离模糊时那样。这方面将在第四篇中详细讨论。

8.10.4 动目标显示盲相

MTI 雷达是相干雷达，人们不仅对雷达回波的振幅感兴趣，而且对相位感兴趣。这意味着必须使用 I/Q 解调器来进行相干解调。为此，使用矢量 MTI（在 I 通道和 Q 通道中都做对消处理）。接下来将说明，如果不这样做会导致无效的 MTI 对消。考虑图 8.23 中的波形。

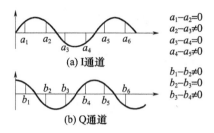

图 8.23 如果仅通过 I 通道进行处理,则信号能量会损失一半

在这种情况下,如果仅通过 I 通道处理信号,则信号能量损失一半。从图 8.23 可以明显看出,在 I 通道中,四个通道中有两个是非零值。然而,在 Q 通道中,结果恰恰相反,称为盲相损耗。因此,为了使对消器达到最佳工作状态,既需要 I 通道也需要 Q 通道。

图 8.24 是另一个盲相损耗的例子。在这种情况下,如果 PRF 是多普勒信号频率的 2 倍,那么 PRF 的相位是这样的:对于 I 通道,采样发生在零点交叉。然而,在 Q 通道中,信号是完全恢复的。因此,在这种情况下既需要 I 通道也需要 Q 通道。

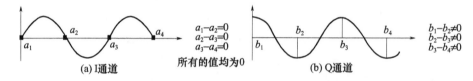

图 8.24 PRF 是目标多普勒的 2 倍

8.10.5 动目标显示改善因子

雷达在杂波环境下的性能可用两个参数来概括,即改善因子 I_f 和子杂波可见度(SCV)。

子杂波可见度描述了雷达在给定信杂比(SCR)的强杂波背景下检测非平稳目标的能力,以及检测和虚警的概率[1-2]。它常用来衡量移动目标指示雷达的性能,等于一个可以被消除的固定目标的信号与一个恰好可发现的运动目标的信号之比。

改善因子定义为杂波滤波器输出处的 SCR 除以杂波滤波器输入处的 SCR,在目标所有速度上取均值。这个定义包括信号增益和杂波衰减:

$$I(f_D) = \frac{(信号/杂波)_{out}}{(信号/杂波)_{in}}\bigg|_{f_D} \\ = \frac{C_{IN}}{C_{OUT}} \times \frac{S_{OUT}}{S_{IN}}\bigg|_{f_D} \quad (8.8)$$

式中：S_{IN}/C_{IN} 为每个脉冲的输入信号杂波功率比，$S_{OUT}(f_D)/C_{OUT}(f_D)$ 为处理器在多普勒频率 f_D 下的输出信号杂波功率比。

式(8.9)中第一项为杂波衰减项，第二项为信号增益项。

子杂波可见度表示为在给定的检测概率下，改善因子与正确检测所需的最小 MTI 输出的比值，即

$$SCV = \frac{I(f_D)}{(信号/杂波)_{OUT}} \tag{8.9}$$

例如，一个具有 20dB SCV 的给定雷达应能探测到比杂波回波缩小到 1/100 的运动目标。子杂波可见度通常在 30dB 左右，即使存在地面、海洋和雨杂波的情况下，也能探测到雷达散射截面（通常为 $0.5m^2$）的目标。

基于子杂波能见度比较不同雷达系统的性能时，应谨慎使用，因为杂波功率的大小取决于雷达分辨率单元（或体积），不同雷达的分辨率单元（或体积）可能不同。因此，只有当不同的雷达具有相同的波束宽度和脉冲宽度时，才能使用 SCV 来比较性能。

SCV 描述了雷达（或雷达操作员）识别比杂波更强的回波信号的能力，通常用于没有专用 MTD 的雷达中，例如，在海杂波环境中没有 MTI/MTD 的海军雷达探测船只就是这样。

如果雷达系统能够在其视场中分辨出强杂波和弱杂波区域，则杂波间可见度（inter-clutter visibility, ICV）描述了在强杂波区域之间的弱杂波或清晰区域中识别回波的能力。在这种情况下主要使用绘制的或电子构建的杂波图。

图 8.25 显示了地杂波和雨杂波的相对强度。地杂波不会移动，而雨杂波可以移动。因此，消除雨杂波更困难，因为它很容易以高达 60kn(30m/s) 的速度移动。

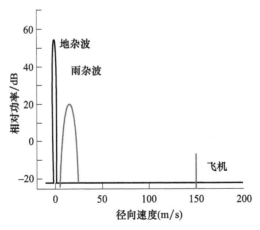

图 8.25　与飞机回波相比，地杂波和雨杂波的相对强度[4]

8.10.6 动目标显示对消器

上面已经广泛地讨论了双脉冲对消器。三脉冲对消器在概念上也有一些相似之处，不同之处在于需要三个脉冲才能对消。双脉冲对消器在执行其功能之前需要一个充电脉冲（图 8.26(a)）。

三脉冲对消器需要两个脉冲作为充电脉冲。三脉冲对消器如图 8.26(b) 所示。权重遵循二项式定律，交替符号由 $(1-x)^N$ 定义，其中 N 是对消器的阶数。

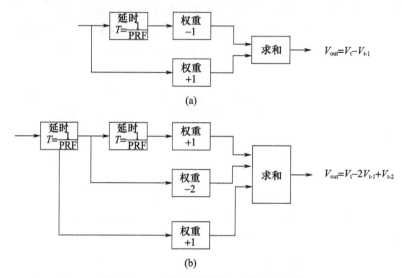

图 8.26 双脉冲对消器和三脉冲对消器

这些对消器的性能如图 8.27 所示。

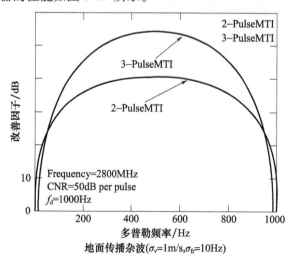

图 8.27 双脉冲和三脉冲对消器的频率响应

可以看出,三脉冲对消器的边缘比较陡峭,可以更好地抑制杂波。同样可以把这个概念推广到 n 脉冲对消器,其中 n 脉冲对消器的频率响应与 n 个单延迟线对消器在 $n=N-1$ 级联中的频率响应相同。N 值越大,杂波衰减越大。

图 8.28 显示了三脉冲对消器在地杂波(平地杂波)中的性能。目标 RCS 为 25m^2,径向速度为 90m/s。注意,如何能够检测出掩藏于杂波中的距离 2km 的目标。N 延迟线对消器的频率响应由下式给出:

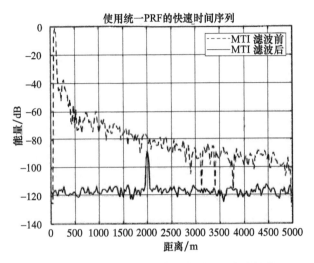

图 8.28　均匀 PRF 三脉冲对消器抗地杂波性能

$$H_N = \sin^N(\pi f_D T_{\text{PRI}}) \tag{8.10}$$

式中:N 为对消器的阶数。

权重是带交替符号的 $(1-x)^N$ 的展开式系数。下式定义了三、四脉冲对消器的改善因子(此式没有证明):

$$\begin{cases} I_{3\text{pulse}} = 2\left(\dfrac{f_{\text{PRF}}}{2\pi\sigma}\right)^4 \\ I_{4\text{pulse}} = \dfrac{4}{3}\left(\dfrac{f_{\text{PRF}}}{2\pi\sigma}\right)^6 \end{cases} \tag{8.11}$$

1. 采用反馈的动目标显示对消器

理想情况是使用矩形滤波器进行 MTI。没有反馈是很难做到这一点的。由于脉冲数较少,在 MTI 对消器中不采用反馈很难设计出矩形滤波器。滤波器设计示例参见文献[8-9]。

矩形滤波器有如下优点[4]:

(1)在多普勒频谱上具有良好的矩形响应;

(2)非常适合气象雷达,因为气象雷达需要抑制地杂波并检测移动降水。

缺点如下：

(1) 对移动的杂波，如雨或谷壳抑制能力差；

(2) 大型离散杂波回波和来自附近雷达的干扰可在这些递归滤波器中产生瞬时振铃。

避免在军用雷达中使用该技术[4]。

8.11 交错脉冲重复频率

多脉冲重复频率的使用为 MTI 多普勒滤波器设计提供了更多的灵活性。不仅降低了盲速的影响，而且与单延迟线对消器级联相比，还允许在频率响应中实现更为陡峭的低频截止。

在相同频率下工作的两部雷达，如果脉冲重复频率不同，其盲速也会不同。因此，某个运动目标一部雷达看不见，另一部雷达不一定看不见。

一部雷达在两个或多个不同值（多个转速）之间共享脉冲重复频率，可以获得相同结果，而不需要使用两部独立的雷达。脉冲重复频率可能会在每隔一次扫描或每次天线扫描半波束宽度时切换，或者每隔一个脉冲改变周期。这种类型的转换称为交错 PRF。

图 8.29 给出了在分时基础上使用两部独立的脉冲重复频率工作的 MTI 雷达的复合（平均）响应示例。

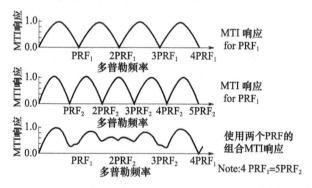

图 8.29　可以通过交错处理 PRF1 来解决盲速问题（4PRF1 = 5PRF2）[5]

PRF 可以在扫描、驻留或脉冲之间切换。交错或改变脉冲之间的时间会升高盲速。结果将会得到一个新的、更高的盲速。n 个转速具有如下关系时会发生这种情况：

$$\eta_1 f_1 = \eta_2 f_2 = \eta_3 f_3 = \cdots = \eta_n f_n$$

具有交错 PRF 波形的第一盲速 V_1 与具有恒定 PRF 波形的第一盲速 V_B 的比值如下：

$$\frac{V_1}{V_B} = \frac{\eta_1 + \eta_2 + \eta_3 + \cdots + \eta_n}{n} \qquad (8.12)$$

如果脉冲重复周期的比值为 25∶30∶27∶31，则有

$$\frac{V_1}{V_B} = \frac{25+30+27+31}{4} = 28.25 \approx 28$$

有以下几种 PRF 方法。

(1) Pulse – to – Pulse：
①目标检测覆盖了整个多普勒空间。相对而言，很少有区域无法实现检测。
②随着杂波能量转移到多普勒空间，其改善因子略有降低。
③在非均匀 PRF 状态下，很难稳定发射机。而固态发射机在一定程度上缓解了这个问题。
④无法抵消多次环绕杂波。

(2) Scan – to – Scan：
①更容易实现。
②可以消除多次环绕的杂波。

(3) Dwell – to – Dwell：类似于 Scan – to – Scan。

8.12　动目标显示性能的限制

动目标显示(MTI)雷达性能下降的原因如下：
(1)天线扫描调制[4]；
(2)杂波的内部调制；
(3)设备不稳定；
(4)限制，导致 MTI 对消器性能下降(如一个三脉冲对消器的 MTI 改善系数从 42dB 降至 29dB[4])；
(5) I 通道和 Q 通道不完全正交；
(6) I 通道和 Q 通道的增益与相位不平衡；
(7)采样保持电路的时间抖动；
(8) ADC 中模拟信号的量化，导致量化噪声，限制了 MTI 的改善因子；
(9)采样不处于匹配滤波器的峰值输出而造成的损耗；
(10)只适用于低转速的情况下，没有距离折叠。在存在距离折叠的情况下，MTI 失效。这就是低转速雷达称为 MTI 雷达的原因。

8.13　数字动目标显示

技术的进步开启了数字 MTI 时代。与早期的模拟 MTI 相比，数字 MTI 具有

以下优点：

(1)可以补偿盲相；
(2)产生更大的动态范围；
(3)与模拟延迟线相比,它满足精确的延迟线定时；
(4)其数字处理器可编程；
(5)比模拟 MTI 更稳定可靠；
(6)现场调整少。

图 8.30 展示了数字 MTI。DLC 可以是任意类型,通常是三脉冲对消器。注意 I 通道和 Q 通道中的 DLC。这种在 I 通道和 Q 通道上都使用 DLC 的方法称作向量 MTI。相位检测器被用作混频器。

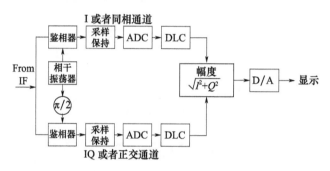

图 8.30 数字 MTI 方案

8.14 动目标探测

8.14.1 脉冲多普勒雷达

MTI 雷达通常在低 f_{PRF} 下工作,在这种情况下距离是不模糊的,多普勒是高度模糊的。因此,MTI 广泛应用于远程监视雷达中,因为需要精确的距离。在这样的应用中多普勒无关紧要。

在频谱的另一端,情况恰恰相反。更重视精确的多普勒目标。假设一架战斗机以马赫数 2(声速的 2 倍)或 640m/s 的速度飞行。如果希望不模糊地测量这个值,则将这个值代入式(8.7)。

在 0.03m(X 波段)波长下,速度的不模糊距离是 3.5km。如果雷达的距离为 35km,那么距离折叠会变成 10 倍,这是很严重的。这个速度的多普勒值(使用式(8.4)计算)在 43kHz 左右。如果希望没有任何多普勒折叠,那么 PRF 至少需要 100kHz。超过 50kHz(PRF/2)的多普勒值将折叠到这个值之后。100kHz 显然处于高 PRF 区。100kHz PRF 的盲速大约是马赫数 4 或者更高。将 PRF 提高到足以避免盲速问题的雷达称为脉冲多普勒(PD)雷达[5]。Skolnik 还将 MPRF 雷达归类为 PD 雷达[7]。数字 MTD 方案的实现如图 8.31 所示。

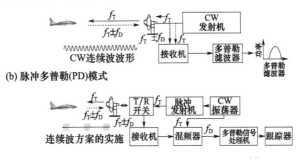

图 8.31　PD 雷达和 CW 雷达的 MTD 方案[5]

8.14.2　动目标雷达与脉冲多普勒雷达的区别

以下是 MTI 和 PD 雷达的主要区别如下：
(1) MTI：低 PRF，低占空比(0.005)；
(2) PD 雷达：高 PRF，高占空比(0.3~0.5)；
(3) 由于高 PRF，PD 雷达通常比 MTI 雷达接收更多杂波；
(4) PD 雷达与性能相当的 MTI 雷达相比，需要更大的改进系数；
(5) 混叠损失。由于 PD 雷达在发射时无法接收到回波信号，如果回波信号在发射脉冲而接收器关闭时到达，那么高占空比将会导致信号丢失，这种情况称为混叠损失。

在前面部分中已经看到，构成 MTI 滤波器的 2~5 个脉冲不会产生陡峭的边缘，这在应用中非常必要。例如，双脉冲对消器在多普勒空间中非常宽。如果可以使用大约 10 个脉冲，那么 MTI 应用会变得更好，边缘会更陡峭。当处理雨杂波时，这一点变得很明显。雨杂波不一定在零多普勒。事实上其运动速度可达 60kn。因此，可以用一组多普勒滤波器和一组带通滤波器来代替，多普勒滤波器的陷波为零多普勒，用来抑制地杂波，而带通滤波器可以检测没有降雨的目标。然而，在 20 世纪 70 年代，计算能力有限，FFT 的出现改变了这一切。

在这种类型的信号处理中，在 MTD 过程中确定目标多普勒，MTD 是通过一组多普勒滤波器从一个特定的距离处发送目标回波来实现(通常实现为 FFT)。实现多普勒 FFT 所需的脉冲数构成一个 CPI。例如，256 点多普勒 FFT 的 CPI 为 256 个脉冲，加上处理其他杂事所需的额外时间可能更多。

在图 8.32 中，对 CPI 中所有可用的脉冲进行相干积分。这是一组多普勒滤波器，每一个都需要 M 个脉冲。滤波器的响应如图 8.33 所示。滤波器的个数通常等于处理的脉冲数。

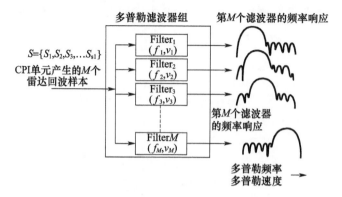

图 8.32 PD 处理

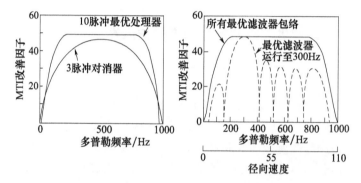

图 8.33 MTI 改善因子对比和滤波器组中所有多普勒滤波器的整体包络[5]

多普勒的定义虽然逐渐完善,但还不够准确。FFT 的出现使之成为可能(图 8.34)。

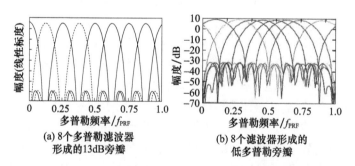

图 8.34 9 点多普勒滤波器组(均匀加权)和加权低多普勒旁瓣

一个 9 点多普勒 FFT 产生四个多普勒单元,平均间隔在 $f_{PRF/2}$ 以下。非加权 FFT 的旁瓣仅比主瓣低 13dB,而加权 FFT 的旁瓣比主瓣低 40dB 左右。然而这是有代价的。主瓣由于加权而变宽,大约是原来宽度的 2 倍。

8.14.3 动目标探测示意图

基于上述讨论的矢量 MTI 的输出,最终的示意图如图 8.35 所示。矢量 MTI(通常是三脉冲对消器)有助于降低多普勒 FFT 必须处理的信号的动态范围。矢量 MTI 只适用于低转速的情况。在 MPRF 和 HPRF 情况下,不使用矢量 MTI,因为这种 PRF 存在距离折叠,导致 MTI 无效。当运动目标出现在不同的多普勒滤波器中时,多普勒 FFT 将运动目标从运动的天气杂波中分离出来(转角说明见 8.8 节)。多普勒 FFT 有 N 个点,接下来是一个包络检波器。然后对雷达脉冲进行非相干积累,以提高信号的信噪比。最后输出均值,再输出给 CFAR 并显示(参见第 9 章)。

考察一个低 PRF 的 MTD 雷达[5]。

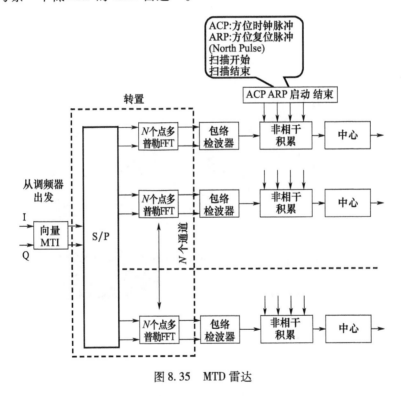

图 8.35 MTD 雷达

8.15 机场监视雷达

人工智能机场监视雷达(ASR9)是一种低 PRF 机场监视雷达。该雷达转速为 1kHz 和 10 脉冲/CPI,细节如图 8.36 所示。

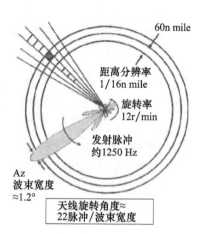

图 8.36　ASR 9 机场监视雷达[5]

从图 8.37 可以看出,MTD 非常有效。可以看到雨的多普勒传播达到 60kn,但是 PPI 没有雨云。

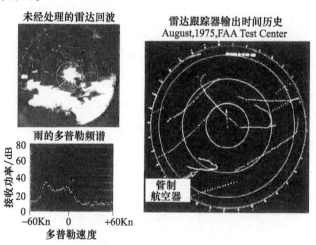

图 8.37　雨中的 MTD 性能[5]

该雷达使用多个 PRF 来处理二次回波和二次杂波。注意,多个 PRF 是逐次扫描的,而不是逐脉冲交错。后者对于二次回波无效。利用多普勒滤波器组克服了雨杂波和地杂波等问题。最后,它对每个距离-方位-多普勒单元使用自适应阈值,总计约 390 万个单元(计算量很大)自适应阈值由目标附近的杂波回波量控制。自适应阈值化类似于杂波映射 CFAR,其中相邻的 16 个单元比较。使用两个 10 脉冲的 CPI 消除盲速。这也消除了二次杂波回波,否则会降低传统的 MTI 使用逐脉冲交错。一个 10 脉冲的 CPI 中,有两个脉冲为对消器充电,其余为 9 个点多普勒 FFT。MTD 是由图 8.38[5] 中所示的配置给出。前面的延迟线对消器将消除所有静止或低多普勒目标。正是基于此,引入了零速滤波器。零速滤波器是用来提供检测交叉目标(切向速度)的能力。它的输出完全是地杂波和交叉目标回波。它是一种特定场域的滤波器,用于从杂波和低多普勒目标中分离回波。MTD 在之前的 30s 内使用多次扫描移动平均来更新杂波图。杂波图是一种用于检测零或极低多普勒时频的运动目标的技术,目的是保持对交叉路径上目标的检测,即通过正交于雷达视线,使径向速度为零。在这种情况下,目标被 MTI 和 PD 处理丢失。当目标 RCS 相对较大,而杂波相对较弱时,杂波映射是有效的。这种情况可能发生在地面空中监视雷达,其中天线向上倾斜,使主瓣地杂波不与目标回波竞争,杂波主要来自旁瓣。利用零多普勒单元等杂波区域的输出,为雷达搜索区域内的每个距离 – 方位单元创建最近杂波回波功率的存储图。这张地图不断更新,以允许杂波变化,由于天气和其他环境的变化。杂波映射系统使用一个单独的检测器对每个距离 – 方位单元的杂波区域多普勒单元中的接收到的电流设定阈值,并为该单元存储杂波功率电平。因此,有基于噪声的阈值检波器和杂波映射阈值检波器。如果一个目标被天气杂波掩盖,则它会在不同的 PRF 设置下再次出现,与三脉冲 MTI 处理器相比,性能提高了 20dB。这些是已经讨论过的 MTD 的基本模块,但是多年来,每一个新的雷达都有围绕这个基本结构构建的新技术出现。

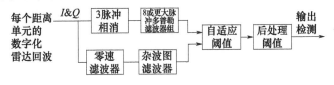

图 8.38　移动目标探测器

8.16　小　　结

本章讨论雷达信号处理的相关问题,特别强调多普勒处理。以讨论多普勒现象及其性质和含义作为本章开始。首先研究多普勒频移的原因,由于目标速度,然后研究多普勒模糊的问题,以及如何发生多普勒模糊。其次研究雷达杂波,并将其分为主瓣杂波和旁瓣杂波两大类。基于多普勒模糊和距离模糊,将转速大致分为低、中、高转速三类。低转速多普勒模糊度较高,但没有距离模糊度;高 PRF 恰好相反,即距离模糊而多普勒不模糊;中转速在距离和多普勒上都是模糊的。系统研究了线性调频脉冲压缩,首先使用匹配滤波器作为 FIR 滤波器进行脉冲压缩。然后进行转角处理,进行多普勒 FFT 来确定任意 y 距离单元内的目标多普勒。同时研究 MTI,它本质上是延迟线对消器,作用于从目标返回的两三个脉冲。如果目标是静态的,脉冲相互抵消,只留下运动的目标供显示。然而,MTI 也存在一些问题,如盲相,需要使用矢量解调器来防止信息丢失。MTI 还使用交错 PRF 来克服盲速问题。然而,我们无法确定目标多普勒。为了实现这一点,需要 MTD,它包括 MTI 的整个信号处理,然后是多普勒 FFT。因此,研究了 MTD 的原理图,并注意到在多普勒 FFT 之前,转角前的向量 MTI 块只在低转速状态下起作用,这是因为在中转速高转速的情况下会发生距离折叠,破坏延迟线对消器的功能。最后介绍典型的机场监视 MTD 雷达 ASR9。

还有另一种信号处理技术,即空时自适应处理(STAP)。STAP 于 1973 年引入,是雷达系统中常用的一种信号处理技术。该算法采用自适应阵列处理算法来辅助目标检测。雷达信号处理得益于 STAP,干扰是一个问题(地杂波和干扰)。通过对 STAP 的应用,可以在目标检测中实现灵敏度量级的提高。STAP 涉及一种二维滤波技术,它使用具有多个空间通道的相控阵天线。将多个空间通道与 PD 波形耦合起来就形成了"时空"这个名称。利用干扰环境的统计量构造了自适应加权向量,该加权向量应用于雷达接收到的相干样本。不幸的是,在此项工作中没有足够的空间来公正地对待这个问题。有兴趣的读者可参见文献[10]。

参考文献

[1] Nathanson, F. E., *Radar Design Principles:Signal. Processing and the Environment*, Second Edition, Raleigh, NC:SciTech Publishing, 1999.

[2] Richards, M. A., *Fundamentals of Radar Signal Processing*, Second Edition, McGraw – Hill, 2014.

[3] Parker, M., http://www.eetimes.com/document.asp?doc_id=1278838, *Altera Corporation*.

[4] O'Donnel, R. M., *Radar Systems Engineering, Lecture 12*, Clutter Rejection, Part 1, *IEEE AES Society*, 2010. Massachusetts Institute of Technology:MIT Open Course Ware, htrps://ocw.mit.edu. License:Creative Commons BY – NC – SA.

[5] O'Donnel, R. M., *Radar Systems Engineering, Lecture 13*, Doppler Filtering, Part 2, *IEEE AES Society*, 2009. Massachusetts Institute of Technology:MIT OpenCourseWare, https://ocw.mit.edu. License:Creative Commons BY – NC – SA.

[6] Mahafza, B. R., *Matlab Simulations for Radar Systems Design*, Boca Raton, FL:CRC Press, 2004.

[7] Skolnik, M. I., *Radar Handbook*, Third Edition, New York:McGraw – Hill, 2008.

[8] Mark, J. W., "A Recursive Digital MTl Radar Filter," *Proceedings of the IEEE*, June 1972, p. 728.

[9] Shrader, W. W., and G. V. Hansen, "Improvement Factor of a Recursive MTI Radar Filter," *Proceedings of the IEEE*, November 1972, p. 1442.

[10] Guerci, j. R., *Space – Time Adaptive Processing for Radar*, Second Edition, Norwood, MA:Artech House, 2014.

第四篇

调频连续波雷达设计指南

第 9 章
调频连续波战场监视雷达的设计与开发

9.1 引　　言

到目前为止已经讨论了基本的 FMCW 雷达理论和雷达设计方法,雷达在搜索和跟踪系统中得到了广泛应用。实际上,对大扫描带宽 FMCW 架构有迫切需求,这带来了与雷达检测问题相关的问题,即 SNR 和检测阈值。本章将探讨这些问题。

设计案例研究是基于著名的地基雷达——双频前向散射雷达(BFSR)。然而基于作者的观点,设计方法旨在坚持说明性和学术性,既不是设计也不是任何其他用途。首先讨论这种雷达的规格,然后确定满足这些规格所需的雷达参数;然后将在 RF 水平上检查实施中的仿真问题以及信号处理问题;最后研究构建此类 BFSR 时需要解决的问题。

9.2　地面监视雷达的特点

目标雷达是由 Thales[1-2] 开发的地面监视雷达(图 9.1)。BFSR 在此类雷达中具有某些特性。它是一个带有旋转天线的雷达。虽然这种方法存在缺点,但它具有成本效益,并且不会影响雷达的任务目标。

图 9.1　地面监视雷达设备实物图(经荷花泰勒斯公司准许复制)

地面监视是一种便携式战场监控系统,可以检测和分辨长达48km的地面移动目标。通过多普勒FFT滤波实现固定目标消除。

该系统具有低峰值功率,固态FMCW雷达几乎无法检测到。通过捕获有关对手活动的早期信息,无论白天还是黑夜以及几乎所有天气条件下,地面监视雷达都具有明显的战术优势。它可以避免向敌人透露自己的位置,具有低截获概率(LPI)或无法被看到的能力。

地面监视雷达可以在和平时期部署,保护宝贵的资产区域,如油田、发电站和其他潜在目标,防止恐怖主义或犯罪行为。该系统适用于协助反毒品操作,控制边境入侵和部队保护。在任何情况下进行部署都需要一个易于运输的系统,不仅可以由车辆运输,也可以由人员运输。为了启用此功能,地面监视雷达可携带两个轻薄的背包。

1. 地面监视雷达的特点

(1)高分辨率和最小距离;

(2)完全固态,可靠性高,维护成本低,生命周期成本低;

(3)便携式,两个背包即可,每个20kg无电源;

(4)低功耗,10mW~1W输出;

(5)低功率密度,确保人身安全;

(6)音频/视觉检测报警和检测/非检测区域;

(7)自动目标跟踪和分类;

(8)几度到360°的扇区扫描;

(9)用于手动分类的多普勒信号;

(10)用于详细目标观察的点窗;

(11)PPI或B范围演示;

(12)杂波图的背景显示;

(13)GPS输入;

(14)经证实的性能;

(15)可用的移动平台配置。

2. 地面监视雷达的规格

1)一般

(1)电源:$24V_{DC}$;

(2)功耗:80W(正常运行)。

2)操作单元

(1)显示类型:LCD,彩色;

(2)分辨率:640×480像素;

(3)显示屏尺寸:10.4in(1in=2.54cm);

(4)外部接口:2x 系列(GPS,C2,遥控器);
(5)质量:6.0kg;
(6)功耗:40W(正常运行)。

3)天线/收发器
(1)水平波束宽度:2.7°;
(2)垂直波束宽度:7.8°;
(3)输出功率:1W,100mW,10mW;
(4)频率:J 波段;
(5)传输模式:连续/扇区;
(6)雷达单位质量:17.8kg;
(7)方位角限制:0°~540°;
(8)扫描扇形:10°~360°;
(9)扫描速率:0(°)/s,7(°)/s 或 14(°)/s;
(10)倾斜度:$-200 \sim +400$ mil(1 mil $= 10^{-3}$ rad);

4)视频处理器
(1)距离单元格:512;
(2)最小径向目标速度:1.7km/h;
(3)仪表距离挡:3km、6km、12km、24km 或 6km、12km、24km、48km;
(4)最小检测距离:100m;
(5)最大目标速度:300km/h;
(6)跟踪扫描:可选。

5)物理特征
(1)雷达单元:650mm(W)×470mm(H)×230mm(D);
(2)操作单元:335mm(W)×285mm(H)×111mm(D);
(3)三脚架有效高度:1.2m。

6)环境
(1)符合北大西洋公约组织标准;
(2)温度:工作温度 $-31 \sim +410$℃,存储温度 $-46 \sim +71$℃;
(3)相对湿度:35℃时高达 105%。

7)距离表示
(1)自由空间探测距离:$P_{ra} = 10^{-6}$,$P_d = 90\%$,移动目标;
(2)行人($RCS = 1m^2$):10km;
(3)直升机($RCS = 5m^2$):15km;
(4)吉普车型($RCS = 10m^2$):15km;
(5)车辆护航($RCS = 300m^2$):40km。

9.3 地面监视雷达规格

9.2节给出了完整的规格表,但是缺少某些参数,如距离分辨率和方位分辨率。需要解决的第一个问题是距离分辨率。

雷达距离方程:

$$R_{\max} = \left[\frac{P_{CW} G_T G_R \lambda^2}{(4\pi)^3 LkTF_R B_{R_O}(\text{SNR}_{R_O})} \sigma_T \right]^{1/4}$$

式中:P_{CW} 为平均功率(W);G_T 为发射天线的增益;G_R 为接收天线的增益;λ 为波长;σ_T 为目标的 RCS;L 为雷达系统的总损耗;k 为玻耳兹曼常数 $k = 1.3806505 \times 10^{-23}$ J/K;T 为有效系统噪声温度;F_R 为接收机噪声系数;B_{R_O} 为输出带宽;SNR_{R_O} 为输出信噪比。

雷达距离公式的第二种形式:

$$R^4 = \frac{P_{CW} G_T G_R \lambda^2 \sigma}{(S/N)(4\pi)^3 LkTF_R(\text{SRF})}$$

式中:SRF 为扫描重复频率。

9.4 距离分辨率

距离单元的数量是512,这意味着需要1024点距离向FFT。此外,最小距离刻度是3km(该刻度为最高距离分辨率)。这意味着,最接近的距离单元的距离宽度为 $3000/512 \approx 6(\text{m})$。也意味着最高分辨率的扫描带宽为

$$\Delta f = \frac{c}{2\Delta R} = \frac{3 \times 10^8}{2 \times 6} = 25(\text{MHz}) \tag{9.1}$$

最大的距离为48km,可获得往返时间为

$$\tau = \frac{2R}{c} = \frac{2 \times 48000}{3 \times 10^8} = 320(\mu s) \tag{9.2}$$

这意味着,扫描时间至少为 $5\tau = 1.6(\text{ms})$,以确保距离区间具有大致相同的距离分辨率。值得注意的是,在 FMCW 技术中距离分辨率随着距离而变差,在最近距离时分辨率最佳。如果大于 5τ 的扫描时间,则可以减轻这种变化。稍后在计算 FMCW 扫描时间时会遇到这个问题。

9.5 扫描带宽

剩余的扫描带宽:

$$\{24\ \ 12\ \ 6\ \ 3\}\ \text{km} \qquad \{48\ \ 24\ \ 12\ \ 6\}\ \text{km}$$
$$\{3.125\ \ 6.25\ \ 12.5\ \ 25\}\ \ \{1.5625\ \ 3.125\ \ 6.25\ \ 12.5\}\ \text{MHz} \tag{9.3}$$

9.6 雷达工作频率和发射机选择

该雷达工作在 J 波段(10~20GHz)。工作频率的选择是基于要求达到雷达工作在 Ku 频段(12~18GHz)的最高频率。雷达频率越高,雷达对多普勒的灵敏度就越高。雷达频率与雷达对多普勒的灵敏度之间的关系为

$$f_D = \frac{2V\cos\theta}{\lambda} \tag{9.4}$$

式中:c 为光速;θ 为目标逼近的角度;V 为目标的速度(m/s)。

该雷达设计用于跟踪以速度 1.7km/h 行驶、标称距离为 10km 的目标。这与其他竞争的 BFSR 一致。

之所以选用水平极化,是因为它在陆地上表现更好,并选择 13.7GHz 作为该雷达的中心频率。这也取决于感兴趣的频率下组件的容易获得性。为这个 BFSR 选择了五个通道。这意味着 5 部 BFSR 可以同时工作。在选择这些信道中心频率时,应注意在每个信道的任意一侧提供足够的保护频带。发射机是基于 DDS 的。其优点是 BFSR 中必需的高频灵活性,以及 FMCW 波形所需的高线性度。由于输出端的 DAC,DDS 会引入一定量的非线性。

9.7 扫描重复间隔

扫描重复间隔由 SRF 交错确定。在 MTI 雷达中,SRF 交错通常用于对抗具有与 SRF 速率相同的多普勒目标的盲速。SRF 交错基于一系列通过经验完善的质数。建议使用 SRF 交错比例 25∶30∶27∶31。由于这种雷达有 0(°)/s、7(°)/s 和 14(°)/s 三种扫描速率,因此采用三种匹配这些扫描速率的方案,分别称它们为 0r/min、7r/min 和 14r/min。下面仅讨论 0r/min 方案,其他情况类似。

固定中频带宽至关重要,它决定了雷达的噪声带宽。假设最大采样率为 250kHz,这使得 16 位 ADC 成为可能,它们具有高动态范围。采样率为 4μs。因此,对于 1024 点 FFT(512 个距离区间),扫描时间将为 4.096ms。

对应于未交错的盲速的频率为

$$1/T_s = 1/4.096 \times 10^{-3} = 244(\text{Hz})$$

标称工作频率为 14GHz,因此,波长 $\lambda = 0.0214$m。

所以,没有交错的盲速为

$$\frac{\lambda \times 244}{2} = \frac{0.0214 \times 244}{2} = 2.6(\text{m/s}) = 9.4(\text{km/h})$$

采用 25∶30∶27∶31 的交错比率。盲速会在更高的距离内转移到新的盲速:

$$V_{\text{stag\_blind}} = \frac{25+30+27+31}{4} \cdot V_{\text{unstag\_blind}}$$

$$= \frac{113}{4} \times 2.6 = 73.5(\text{m/s}) = 264(\text{km/h})$$

在任何雷达中,通常重点将放在雷达停留时间内尽可能多的脉冲积累上,这改善了信号的 SNR。现在考虑加倍雷达旋转 RPM 的情况。在这种情况下,停留时间减半,减少了可用于积累的脉冲数。因此,有必要通过将扫描时间减半来使 SRF 加倍。快速浏览以下拍频方程式,会发现这样的移动将使拍频信号的频率加倍。不能将扫描带宽减半以保持相同的最大拍频信号,因为这会影响雷达的距离分辨率,从而导致额外的复杂性,有

$$f_b = \frac{R2\Delta f}{T_s c}$$

注意到 IF 滤波器带宽应尽可能小。实际上,ADC 的采样频率为 250kHz,最大的差拍信号为 125kHz。

因此,不要使 SRF 加倍,而是保持原样,并接受脉冲积累的损失。标称 SRF 为 244Hz。表 9.1 给出了综合结果。

表 9.1 雷达性能

SRF	交错比	扫描时间/μs	交错盲速	无交错盲速
0r/min、7r/min、14r/min	25	4096	73.5m/s (或 264km/h)	2.6m/s (或 9.4km/h)
	30	4915.2		
	27	4423.7		
	31	5079		

所有模式下未交错的盲速均为 2.6m/s。该雷达的最大可分析距离为 48km,最小分析距离为 100m。

未交错的盲速度为 9.4km/h,远低于所需的 300km/h,因此,需要交错而行。从 2.12 节注意到,对于固定距离,如果改变扫描时间,必须改变扫描带宽;否则,差频将在相同距离上改变,这是不可接受的,它会使整个测距系统失控。因此,随着扫描时间的改变,扫描带宽也需要按比例改变,使差频保持恒定在同一距离内。这样做改变距离分辨率,因为这取决于扫描带宽。因此,SRF 交错应慎重决定。然而,这种按比例改变扫描带宽的决定并不是强制性的,因为距离分辨率的误差是很小的。

然而,电子反对抗(ECCM)原因,计划在雷达中采用随机跳频,以及采用权重为 1-3 3-1 扫频的块交错(即 25 25 25 25∶30 30 30 30∶27 27 27 27∶31 31

31 31)。交错选项(块或脉冲交错)是用户输入。显然,在确定这些扫描时间时,应满足等于或超过最小扫描时间 1.6ms 的标准。因此,距离单元的距离分辨率几乎相似。

9.8 单元平均恒虚警率

该雷达观测地面,因此,由于高杂波,MTI 或多普勒 FFT 是不可避免的。采用了多普勒 FFT,同时还采用了单元平均恒虚警处理(CFAR)作为最基本的 CFAR 恒虚警处理。使用 Matlab 进行的仿真表明,这种布置能够检测到在 10km 距离内、以 1.7km/h 的速度的行人。

9.9 功率输出控制

雷达的功率输出受到严格控制,应该足以达到选定的测距范围。从控制 LPI(ECM 考虑)以及减少第二次回波的角度来看这是必要的。根据雷达距离方程已经进行了分配,见表 9.2。

表 9.2 发射功率随距离的变化

距离/km	发射功率/dBm
48	30
24	27
12	22
6	15

表 9.2 需要在现场试验期间不同的中心频率上进行验证。

9.10 中频带宽

IF 带宽在雷达距离方程中的分母位置,意味着 IF 滤波器带宽需要尽可能窄,使雷达对于给定的一组雷达参数具有最大作用距离。问题仍然存在:IF 差频应该是多少,雷达接收机的动态范围直接受到接收机相位噪声的影响。考虑 STALO 相位噪声特性(图 9.2),以及随附的文件夹 color.pdf(重新标记为图 2)。

基本振荡器是 320MHz 晶体源,是法国 Rakon Temex 销售的 OCSO。所有其余的频率都来自它,相位噪声的恶化遵循法则 $20\lg N$,其中 N 为谐波数。

这些曲线需要注意 10Hz 偏移时的相位噪声和 10kHz 偏移后的本底噪声。

在脉冲/脉冲多普勒/线性调频脉冲雷达中,接收器通道一般是低 IF(它归结为某些合适的 IF,如 70MHz)。70MHz 的 IF 是基本载波信号的降频频率。因此,这种信号中的相位噪声是零偏移点(载波处)的 STALO 相位噪声。例如,从 3360MHz 特性注意到在 10Hz 频移时,相位噪声比载波低 70dBc。如果我们推断这条曲线,它在载波上约为 −50dBc。这定义了这种基于脉冲的雷达的本底噪声,这种雷达的动态范围通常约为 55dB。

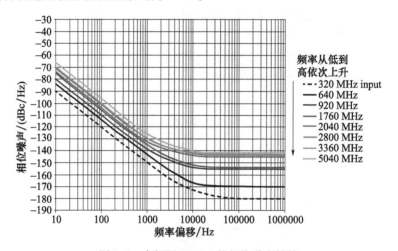

图 9.2　多频源 STALO 的相位噪声特性

然而,FMCW 技术并非如此。在 FMCW 雷达中,距离由差频信号给出,该差频信号从载波偏移。差频信号为几兆赫,在这种情况下 STALO 的相位噪声将比载波低约 145dBc。

正是这个原因,FMCW 雷达具有出色的本底噪声,产生了令人惊讶的动态范围。实际上,在 FMCW 雷达中,如果正确选择差频,则 STALO 的相位噪声不是问题。本底噪声由其他常见的噪声因素决定,如 AM 噪声和传输泄漏。这就是为什么 FMCW 雷达具有如此干净的显示效果,几乎是照片质量(见第 10 章)。例如,雷达动态范围为 128dB。

在本章考虑的雷达中,需要确定在 I/Q 解调后跟随混频器的低通滤波器的带宽。这些低通滤波器(实质上是带通滤波器)是 IF 滤波器,它们滤出拉伸处理后的差频。

该雷达有三种操作方式,有 0(°)/s、7(°)/s 和 14(°)/s 三种扫描速率,采用了三组匹配这些扫描速率的方案,分别是 0r/min、7r/min 和 14r/min。下面仅讨论 0r/min 案例,其他情况类似。

该雷达的最小距离为 100m,最大指示距离为 48000m。在相应的扫描带宽下显示两组距离刻度:

{24　12　6　3} km　　　　{48　24　12　6} km
{3.125　6.25　12.5　25}　{1.5625　3.125　6.25　12.5}

100m 的差频：

$$f_b = \frac{R2\Delta f}{T_s c} = \frac{100 \times 2 \times 25 \times 10^6}{4096 \times 10^{-6} \times 3 \times 10^8} \approx 4(\text{kHz})$$

48km 的差频同样：

$$f_b = \frac{R2\Delta f}{T_s c} = \frac{48000 \times 2 \times 1.5625 \times 10^6}{4096 \times 10^{-6} \times 3 \times 10^8} \approx 122(\text{kHz})$$

24km 的差频：

$$f_b = \frac{R2\Delta f}{T_s c} = \frac{24000 \times 2 \times 3.125 \times 10^6}{4096 \times 10^{-6} \times 3 \times 10^8} = 122(\text{kHz})$$

这些计算中使用的扫描时间是标称值。可见，当用户切换距离刻度时，扫描带宽改变但并不改变最大距离的差频。保持改变拍频带通滤波器是不切实际的，因为正在讨论 8 种不同的差频（4 个距离的两组设置）。因此，具有足够带宽的一个标准带通滤波器以满足所有模式中的一切情况更为实际。当改变距离时，相应地改变扫描带宽，使得在最大距离（对于该距离刻度）的差频保持相同。选择所有模式下均为 125kHz。同时还满足 IF 放大器 STC 行为（如果滤波器增益变化为 -12dB/八倍频程（或 -40dB/十倍频程），则它根据 R^4 定律模拟变化增益）。这将有效地衰减来自近距离目标的强回波，并相对放大来自远距离目标的强回波。表 9.3 给出了最终结果。

表 9.3　不同体制下的 IF 带宽

模式	IF 带宽/kHz	STC
0r/min、7r/min、14r/min	4 ~ 125	高达 125kHz 的 +12dB/八倍频程扫频增益

注意：在每种模式 ADC 采样率 250kHz 保持不变。

在表 9.3 中，IF 滤波器的初始下限截止频率为 4kHz。通常，在这个偏置处的 STALO 相位噪声也是可觉察到的，当然在如此近的距离内信号也是很高的。这是因为不需要将 SRF 加倍并且转速加倍（由于较少的停留时间而接受积累脉冲的损失），因此只需要使用一个 IF 滤波器来获得所有转速。简而言之，如果为所有 f_{RPM} 提供一个 IF 滤波器，那么丢失具有更高转速的积累脉冲。如果不这样，则对不同的转速使用不同的 IF 滤波器，同时保留积累脉冲。

下面介绍动目标显示案例。

如果不丢失积累脉冲，则 SRF 加倍有其优点。例如，在 MTI 雷达中对测量目标多普勒不感兴趣。

我们只关注具有多普勒的目标。在这种情况下，由于没有进行多普勒 FFT，因此停留时间不再是关键。只需要满足 MTI 充电脉冲和距离向 FFT 的大小。

鉴于通常的雷达旋转速度,用于此目的的停留时间通常是足够的。如表9.4所列,它与 MTD 雷达的参数相同,但用了速度较慢的 ADC。距离向 FFT 为1024,以便为相同的512个距离单元提供服务。因此,扫描时间是 ADC 速度和距离向 FFT 长度的乘积。由于已经将 ADC 速度加倍并且天线的转数上升,因此每个停留时间的脉冲数保持不变(为193)。如果减去三个脉冲,四脉冲消除器作为充电脉冲,就留下190个脉冲(190距离向 FFT 的输出)用于非相干积累。采用四脉冲交错(脉冲到脉冲交错)。在确定非相干积累脉冲之前,需要检查距离 FFT ($10 \times \lg 1024 = 30(\text{dB})$)的处理增益以及 RF 通道的增益。考虑到 LNA 输入端的单脉冲 SNR = 8dB,需要考虑这些增益来确定距离向 FFT 输出端的 SNR。然后,确定所需的 SNR,例如,给定 P_{fa} 和 P_d 的 SWI 目标。差异是通过非相干整合来弥补的。可以采用平衡脉冲作为开销信号处理时间。附录 B 中讨论了这些细节和更多内容,现在回到 MTD 雷达。

表9.4 MTI 模式性能

转速模式	停留时间/ms	脉冲数量	交错比	扫描时间/ms	最大差频信号	ADC 采样率
0r/min	无限	无限	25	4.096	125kHz	250kHz
			30	4.9152		
			27	4.4237		
			31	5.079		
7r/min	386	193	25	2.048	250kHz	500kHz
			30	2.457		
			27	2.212		
			31	2.539		
14r/min	193	193	25	1.024	500kHz	1MHz
			30	1.228		
			27	1.106		
			31	1.269		

9.11 消 隐

MTD 雷达发射锯齿波,扫描结束时会发生突然变化,将产生大量的傅里叶谐波,因此将波形的末端(在转换处)消隐。图9.3解释了这个过程,显示了100MHz 的扫描带宽,脉冲交错。ADC 采样频率为10MHz 时,扫描时间为256μs 标称值。距离向 FFT 为4096点。图9.4说明这种消隐是使用消隐放大器在接收器链中实现的。表9.5给出了该雷达的最终规格。

第9章 调频连续波战场监视雷达的设计与开发

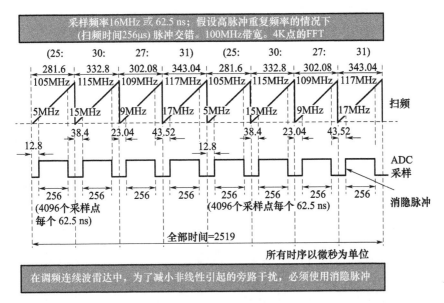

图 9.3 MTI 交错

盲速和 SRF 交错的详细信息如表 9.1 所列,表 9.3 显示了差频(IF 带宽)。

表 9.5 BFSR 规范

参数名称	参数值
天线增益/dB	32
天线 3dB 波束宽度/(°)	2.7(方位向) 7.8(水平方向)
扇形扫描速度/((°)/s)	(0,7,14)
倾斜/mil	-200 ~ 400
扇区可在 10°~360°范围内以可编程步长进行调节	μP 控制
天线隔离度/dB	>65
频率/GHz	13.3 ~ 14.1
发射机(基于 DDS)	10mW,300mW,1W(max)
输出功率(CW)	
AM 噪声	整个 IF 带宽为 -160dBc
FM 噪声	在选定的最大差频上的本底噪声
距离单元	512
CFAR	多普勒 FFT 后单元平均
最小径向目标速度/(km/h)	1.7
仪器距离/km	{3,6,12,24},{6,12,24,48}
主动扫频带宽	{3.125,6.25,12.5,25} {1.5625,3.125,6.25,12.5}

因为雷达也要观察空中目标(直升机),所以天线采用余割平方 $\cosec^2$ 赋形波束。现在检查 MDS 和接收器动态范围等细节。为了研究这些问题,有必要确定该雷达的整体系统配置。需要明确整个系统配置,再处理细节。一旦详细说明,就可以使用 System Vue 软件进行模拟,计算出 MDS 和动态范围,再将这些值与使用数学方程获得的理论值进行比较。现在讨论该雷达关于封闭文件夹 color.pdf 中的数字。这样做是因为可以在计算机上增强 PDF 文件以研究细节,这在印刷图中是不明显的。整个系统配置如所附文件夹 color.pdf 中图 3 所示。该系统基于 DDS。DDS 非常适合用于雷达信号生成,它是一种极其纯净的信号,具有可忽略的谐波。它也非常适合跳频到不同的频道。所附文件夹的图 3 显示了一个三阶超外差上变频器,后面是三阶超外差下变频器。在原理图中选择了 5 个通道,每个通道具有 25MHz 带宽,对应于该雷达的最大扫描带宽。

在选择这些通道时,必须在两侧提供足够的防护带,并使用带有陡边裙的预选滤波器(通常是腔体滤波器)。基本频率由 DDS 时钟驱动,本例中为 1GHz。DDS 可以传输的最高频率为 500MHz(参见文献[3]的附录 G)。需要从这个级别向上转换到 Ku 波段。

正因为如此,三级向上变频非常必要,然而这仅仅是一种示例。也可以使用次谐波混频器,只需一级即可转换为 Ku 波段。由于传输的是锯齿波,因此必须确保在任何上变频混频器中没有差混(RF 和 LO 都要减去)。使用差分模式混频锯齿波会反转[3]。如果需要在上变频过程中求助于差分混频,则必须用一次反转来纠正它。

在所附文件夹 color.pdf 中的图 3,在 13.3～14.1GHz 范围内选择了 5 个 25MHz 带宽的通道。下变频器再次成为三级外差下变频器。在这种情况下,I/Q 解调器也可以兼作展宽处理器。如果有合适的 I/Q 解调器可用,那么也可以设计成零差雷达。如果是窄带系统,零差雷达效果最好。然而,零差雷达也存在自身问题。这种直接混频会使灵敏度受到限制,混频器的闪烁噪声与输出信号一起给出(多普勒频率随机叠加低频噪声的分布),使微弱的信号和低多普勒频率常不能被测出[3]。

所附文件夹 color.pdf 中的图 3 中的 I/Q 解调器显示为模拟解调器和展宽处理器。它也可以是数字解调器,因为数字 I/Q 解调器相比模拟解调器具有许多优点,这已在前面的章节中讨论过。所附文件夹中的图 3 显示了 LO1、LO2 和 LO3 三个本振。LO1 是 DDS 本身,LO2 是 STALO,其显著特性是已经讨论过的,LO3 是雷达信号发生器。I/Q 解调器的输出是与拍频相对应的 I 和 Q 信号。这些信号由 ADC 采样并提供给 DSP 单元。

9.12 原理图详细信息(SystemVue)

基于所附文件夹 color.pdf 的图 3 所示的原理图,我们现在充实细节并在 System Vue 上进行测试。详细信息如附图 4~图 6 所示。图 4 涉及信号生成,其中 DDS 生成扫描 220~245MHz 的信号。它向上混频到 F_1_25MHz(频段 1)。STALO 频率 F_1 与基本 DDS 信号相加。类似地,对于具有 STALO 频率 F_2 ~ F_5 的四个剩余频带。信号接下来进入上变频器,如所附文件夹 color.pdf 的图 5 所示,其中它与 STALO 频率 F_6 和 F_7 混频,最终输出通过功率放大器发送。根据表 9.2,有一个可变衰减器来控制发射功率。在 Ku 波段需要使用同轴元件,因为在进入印制电路时代,SMD 在这些频率下是无法使用的。同轴元器件具有的优点:它们能在诸如天线背面(如 BFSR 中的情况)的不适环境中良好地工作,其中存在空间问题和与噪声完整性有关的问题。同轴元件稳定且不易产生噪声,而制造 Ku 频段频率的 PCB 非常棘手。

接收机是标准的外差三级接收机,它显示在所附文件夹的图 6 中。输入端有一个预选过滤器。它降低了噪声系数,但有必要确保 BFSR 信道是互斥的。在一个位置通常安装多个 BFSR 以覆盖大面积区域,这些 BFSR 将使用不同的通道,输出到一个主显示屏,使用户可以看到整个战场。

然后将预选器的输出提供给具有足够增益和低噪声系数的 LNA。预选器的插入损耗通常约为 0.5dB,将使整个雷达接收机噪声系数降低 0.5dB。因此,高质量的 LNA 是值得投资的。有频率为 F_7 和 F_6 的下混频器会降低 IF 频率到 220~245MHz 的基带。选择的 AGC 工作在 50~800MHz 之间。因此,它非常适合手头的任务。文献[4-5]更多地研究 AGC 的设计和使用,也包括下变频器的 LPF1 和 LPF2 改善了接收机的噪声性能。所附文件夹的图 7 显示了 I/Q 解调器之前的 220MHz 音频信号的质量,可以看到其二次谐波 440MHz 比 220MHz 音频低 -45dBc,而杂散比 220MHz 音频低 -124dBc。值得注意的是,所有杂散(二次谐波及以上)应至少比主信号低 -45dBc。天线输入处的最强回波与最弱回波的比由 AGC 在整个接收机信道中维持不变,然后提供给解调器。然后解调器(兼作展宽处理器)输出差频信号,其频率根据目标距离而变化。接着将其提供给具有 -40dB/十倍频程(-12dB/八倍频程)的 STC,该梯度几乎是接收信号的倒数。STC 大致遵循雷达距离方程的 R^4 定律,因此出自 STC 滤波器的输出或多或少就是电平信号。对于各种操作方式,输入梯度以表 9.3 中规定的频率切断。LPF3 和 LPF4 是两部分抗混叠 IF 滤波器,为满足 STC 功能,其初始斜率已调整为 -40dB/十倍频程(-12dB/八倍频程)。接着用锐截止进行抗锯齿操作。在低于二次谐波的频率下(在本示例中为 1MHz),截止频率应低于 50dBc,详细信息如图 9.4 所示。

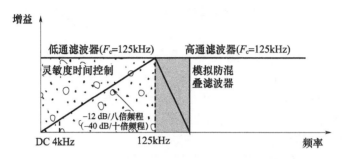

图 9.4　中频滤波器 LPF3 和 LPF 4 的构造

滤波器 LPF3/LPF4 已在 SystemVue 中模拟,并显示在所附文件夹 color. pdf 的图 8 中。IF 滤波器是通过级联高通滤波器和低通滤波器构成的。HPF 是一个四阶滤波器,因此满足 STC 要求。它的截止频率为 125kHz。LPF 是一个六阶滤波器,可以满足抗混叠要求。实际上,感兴趣的是最高拍频信号的二次谐波(250kHz)远低于 50dBc 线。这很重要,因为在这类雷达中很难消除第二次回波(即超出最大指示距离的目标回波)。在这种情况下,正确设计的 AAF 将确保这些回波(如果有的话)能够低于 50dBc 线。(在图 9.5 中是在 250kHz 左右)。因此,陡峭的边带是必不可少的。对所附文件夹 color. pdf 中的图 8 的检查表明,滤波器的频率响应明显为三角形。感兴趣的读者可以访问下载软件文件夹中的文件 AAF. wsv,来检查各种类型的过滤器的响应。在这种情况下使用了四阶切比雪夫用于 STC 和六阶切比雪夫用于 AAF。生成从 1~300kHz、间隔 15kHz 的音频,并跟踪滤波器响应。频谱的下端受近距离目标 4kHz 最低差频信号的限制(表 9.3)。同时,DC 也被阻挡。虽然严格来说这个滤波器实际上是 BPF 而不是 LPF,但通常称为 LPF。

该接收机的整体噪声系数已经模拟为 2.1。这显示在所附文件夹的图 9 中。鉴于预选滤波器插入损耗为 0.5dB,对于此 BFSR 来说非常好。VGA 用于控制混频器的功率。关于 LO 和 RF 功率水平,混频器非常挑剔。在整个原理图中允许 5dB 的接近度,这是为了保护系统在运行期间不进入饱和区域,进入饱和区域将破坏这种相干雷达中的所有相位信息。

所附文件 color. pdf 的图 9~图 13 描绘了 System Vue 仿真结果。图 9 显示了接收机的级联噪声系数。在 IF 滤波器的输出端,这可以达到 2.1dB。在图 10 中,注意到了图表(接收机通道上的增益变化),IF 滤波器输出的增益显示为 36dB 左右,这对于三级外差接收器来说是合理的,太多的增益会影响接收机的动态范围,因此需要权衡。图 11 显示 IF 滤波器输出的通道功率为 2dBm,图 12 显示了同一点的信道噪声功率为 -78dBm,这意味着接收机的动态范围为

80dB,虽然可以更好,但已足够。该动态范围值还包括仿真中提供的 5dB 线性裕度,作为防止接收机在任何时刻进入非线性区域的安全保障,否则会完全破坏相干的运作。这意味着,在顾及 1.5bit 噪声情况下,应至少使用 16 位的 ADC 或约 89dB。图 13 给出 MDS 为 -115dBm,这是该接收机的 MDS。实际上,由于 EMI/EMC,可能会收敛到 -100dBm 左右,这在此类接收机中也是可以接受的。但是,对于更好的工程,我们的目标仍然是 15dBm 的储备。MDS 需要尽可能低,以便检测远距离和低 RCS 的弱目标——这些也是无人机的关键点。EMDS 是基于方程的 MDS,并且是根据雷达距离方程计算的。我们的仿真也是接近这些值。表 9.6 给出了接收机的汇总值。

表 9.6 接收机的 MOS 和动态范围

IF 带宽/kHz	NF/dB	MDS(仿真)/dBm	动态范围/dB	EMDS/dBm
125	1.10~2.1	-115.75~115.18	85(含 5dB 的线性余量)	-115

9.13 性能评估

雷达距离方程基于单脉冲概率检测和误报警。通常的程序是使用尽可能弱的 SNR 来达到所需的距离,然后将雷达停留时间上的信号整合到目标上。附录 A 中有基于 Matlab 的 GUI 作为讨论,将其用于计算。

根据雷达距离方程计算以 10% 的虚警概率(单脉冲)、以 5% 的检测概率检测到 $1m^2$ 目标(行人)的范围。满足这些概率的 SNR 在 Swirling 1 目标的相关图中给出(图 2.10)[12]。SNR = 8dB(单脉冲)。9.2 节规格中给出的雷达探测范围是 $P_d = 90\%$ 和 $P_{fa} = 10^{-6}$,这需要 SNR = 15dB(图 5.21)。这种不足是由雷达回波在目标停留时间内的相干/非相干积累组成的。为此,需要在 GUI 中输入天线旋转速率和波束方向图参数,其他参数在 GUI 中是不言而喻的。用鼠标点击每个参数的标题,查看详细的解释。注意,在 GUI 中需要输入 ADC 采样率。

在这些计算中,假设以下参数:SNR = 8dB,通道损耗为 8.10dB,噪声系数为 2.1dB,发射功率为 1W,Tx/Rx 天线增益为 32dB,14GHz 的发射频率对应波长为 0.0214m,目标 RCS = $[1\ 10\ 100]m^2$,再计算距离向 FFT 输出端的信号带宽。将所选距离挡设置[24 12 6 3]的最大差频除以距离向 FFT(512 个单元),得到以赫兹为单位的距离单元宽度,然后在距离方程的分母中输入该值作为信号带宽 B 的值。本例,B = 125kHz/512 = 244Hz。IF 滤波器带宽是所选 ADC 采样率的一半,这些都是 LPF。

当存在不模糊距离和模糊的多普勒(在 122Hz 之后进行折叠)时,在低 SRF 下获得如图 9.5 所示的功率曲线。将在 9.14 节进一步研究多普勒方面的事情。

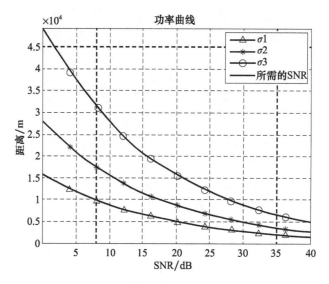

图 9.5　Sigma $1 = 1m^2$, sigma $2 = 10m^2$, sigma $3 = 100m^2$,
单脉冲 SNR = 8dB, ADC 采样 250kHz, 距离单元为 512, SRF = 244Hz

GUI 显示窗口中的打印栏为提供了剩余的参数,包括所需的 IF 滤波器带宽。此 GUI 提供了 0r/min、7r/min、14r/min 三种模式的完整详细信息。注意到单脉冲距离大致与各个 RCS 的雷达规格中详述的相同。如果存在单脉冲距离,则可以通过脉冲积分将其输出到 $P_{fa} = 10^{-6}$, $P_d = 90\%$。由单脉冲距离可知目标在哪里,但 $P_d = 5\%$。因此,需要通过脉冲累积来增加 SNR 以匹配 $P_d = 90\%$。然而,如果没有目标,即使是 $P_d = 5\%$,也需要尽可能提高功率,改善天线增益或减少通道损耗。

雷达是一种射频设备,其性能取决于 RF 通道设计的质量。在 ADC 之后的信号处理只能略微改善性能(例如,MTI 以消除杂波效应,以便更好地向操作员呈现目标)。尽管如此,目标必须存在,否则任何数量的信号处理或算法都不会检测到目标。

现在还有一个小问题需要讨论:FMCW 信号波形的距离多普勒耦合。预期目标(直升机)的最大速度为 360km/h(或 100m/s)。多普勒的工作原理:在最坏的情况下,$f_0 = 2V/\lambda = (2 \times 100)/0.0214 = 9.345$,故在 14GHz 的频率下约为 9.4kHz。拍频率为 100kHz。如果距离 48km 对应 100kHz 的拍频信号,那么距离频率梯度为 0.48m/Hz。因此,由于快速移动的直升机造成的 10kHz 多普勒频移,距离误差为 4800m(或 5km),这意味着目标位于 (48 ± 5) km 范围内。这对于工作在最大作用距离时的监视雷达来说只是一个小误差。同样,在最小距离 3km 时,距离频率梯度为 0.03m/Hz,在 3km 时产生 10kHz 多普勒频移,距离误差为30m,这也是一个不大的误差。但是,如果这是不可接受的误差,就必须使用三角波形,三角波形可在基于DDS的系统中轻松编程。

9.14 信号处理

现在需要处理已经存在的目标回波,即通过增加其信噪比来清理信号,以满足 $P_{fa}=10^{-6}$, $P_d=90\%$ 所需的SNR并减少雷达显示中的混乱来确定目标的多普勒等。作为雷达数字信号处理的一部分,这些功能在FPGA模块中的ADC之后执行。

ADC需要16位,FPGA需要带两个ADC,一个用于I,一个用于Q。另外,如第7章所述,如果进行数字 I/Q 解调器,就需要三个ADC。DSP通路的框图如所附的文件夹 color.pdf 的图14所示。

在开始DSP设计之前,需要检查雷达性能规范。规范规定最小可检测目标速度为1.7km/h(或0.5m/s)。第二个信息是方位角波束宽度为2.7°,旋转速率为[0 7(°)/s 14(°)/s]。零旋转情况意味着阵列正在瞄准目标并且脉冲积累时间是无穷大。然而,旋转情况下的停留时间由(7(°)/s)给出:

$$停留时间 = \frac{波束宽度}{旋转速度} = \frac{2.7}{7} = 386(ms)$$

同样,对于14(°)/s,停留时间为192ms。这意味着CPI期间提供了足够的脉冲,可以不完全依靠距离FFT和转角处理后的多普勒FFT。多普勒FFT的大小由所需多普勒精度决定(多普勒的最小可检测目标速度为0.5m或50Hz):

$$f_D = \frac{2V}{\lambda} = \frac{2 \times 0.5}{0.0214} = 47 \approx 50(Hz)$$

计算结果如下:
① 频率为14GHz;
② 波长为0.0214m;
③ 最大目标速度(直升机)为360km/h = 100m/s;
④ 所以最大多普勒: $2 \times 100/0.0214 = 10.3 = 10(kHz)$;
⑤ 最小多普勒(行人):1.7km/h = 0.5m/s;
⑥ 所以最小多普勒: $2 \times 0.5/0.0214 = 47 = 50Hz$;
⑦ 多普勒扩展:0.5~100m/s 或 50Hz 频段,最高 10kHz;
⑧ 多普勒频段数:10kHz/50Hz = 200 或 256 个频段;
⑨ 这意味着512点多普勒FFT,分辨率为310Hz;
⑩ SRF/2 = 10kHz,或 SRF = 20kHz;
⑪ 所以扫描时间:1/SRF = 1/20kHz = 50μs;

⑫这个扫描时间太短,因为它需要至少 1.6ms(如前已述);
⑬现在距离单元 =512,或者需要 1024 点的距离向 FFT;
⑭所以 ADC 采样率 =50μs/1,024 =50ns 或 20MHz。

这太高了。因此,要从不同角度处理这个问题。首先调查最高转速。如果多普勒问题对此有效,则积累脉冲应足以满足较低的转速。
⑮快速扫描 =14(°)/s,停留时间 =2.7°/14° =192ms。

如前所述,选择的扫描时间为 4ms。这意味着将有多达 192/4 =48 个脉冲用于多普勒积累。

用 32 个脉冲进行 32 点多普勒 FFT 或 8 点 6 个 CPI。这引出一个问题:哪个更好?为了回答这个问题,需要研究此雷达的多普勒性能。

最大预期多普勒是直升机,先前计算的是 10kHz。最小多普勒是行人,50Hz。SRF/2 =122Hz。这意味着需要至少 122/50 =2.4 点 FFI 或 4.8 点 FFT。最接近的高 FFT 值是 8 点 FFT,其多普勒定义为 122/4 =30.5(Hz)。这已经够用。但直升机将折叠超过 10kHz/122 =82 次。很难解开这种折叠,因为距离是明确的,可以从雷达跟踪器图中得出直升机速度。

但是,如果对这种情况不满意,则在扫描时间为 50μs 下必须采用 20MHz (ADC)。往返时间最长为 20μs,相当于 3000m 距离。当然,也存在距离误差。此外,由于这是 HPRF 模式(多普勒不含糊),因此距离本身将会折叠,这些都是困扰雷达设计人员的问题。

因此,对于多普勒处理,将使用 8 点分 5 个 CPI 进行处理,并为信号处理运行保留一个 CPI:

一个 CPI 所需的时间为 8 ×4 =32(ms),

5 个 CPI 所需的时间为 5 ×8 ×4 =160(ms),这为信号处理运行留下了 192 − 160 =32(ms)。

然而,这种静态或旋转模式一次只能看到 2.7°。在战场上,通常需要每次检视 100°以上。这也揭示了数字波束成形 BFSR 的优势,如 Spexer 1000[6]。在 Spexer 雷达中有四个侧面,每个面覆盖一个基本方位,在战场上形成 360°的覆盖。在每个方位 Spexer 1000 都具有数字波束赋形,始终覆盖整个 100°区域。BFSR 的整体 DSP 框图如所附文件夹中图 14 和图 15 所示。下面详细地研究每个方位面。

9.15　距离向快速傅里叶变换

首先信号从 I/Q 解调器提供给距离向 FFT,然后信号进入 IFFT 模块,再进入转角处理。有关转角处理已讨论。为每个距离单元执行 N 点多普勒 FFT。这

里 N 取决于雷达模式(0r/min、7r/min、14r/min)。以 14r/min 为例,雷达天线以 $14(°)/s$ 的速率旋转。由于停留时间的限制,在这个速率下最多可以进行 32 点多普勒 FFT,最小可检测多普勒为 30.5Hz 或 1.2km/h。

雷达具有 1.2km/h(最快扫描速度)的最小多普勒检测能力和 122Hz 或 5km/h(无折叠)的最大多普勒检测能力。这应该足以检测以 1.7km/h(行人)的径向速度行进的目标。因此满足所有设计要求。

信号进入多普勒 FFT,在此进行相干积累,然后进行包络检测,接下来是非相干整合。现在检查 MTD 雷达中的脉冲积累导致的 SNR。首先计算脉冲积累引起的相干增益;然后根据所随文件夹 color.pdf 的图 14 的信号处理链计算非相干增益。

建议读者在继续学习之前先阅读附录 B。

例 9.1 假设 $n_{P_{COH}}$ 扫描 = 69.7,停留时间为 71.4ms/(°)(扫描速度 = $14(°)/s$)。

扫描时间 1.024ms。12 次扫描用于 MTI 充电(假设 LPRF 模式)。

假设一个目标(一个脉冲/扫描),在输入距离向 FFT = $(SNR)_1$ = 13dB 时需要 SNR(单脉冲 SNR)(P_d = 50%,P_{fa} = 10^{-6})。

假设一个 32 点距离向 FFT;输出距离向 FFT 时的 SNR_{Range}:10lg32 + 13 = 28(dB),扣除 12 次扫频以进行 MTI 充电,有 57.7 次扫频用于信号处理。

MTD 雷达

这意味着需要在每个距离脉冲上实现多普勒 FFT。丢弃 1.7 个脉冲以便得到 2 的偶数倍增益,使得要用 56 次扫频来进行信号处理。

将其作为一个 56 点 FFT(不是 2 的幂)或 7 组 8 点 FFT,则

$$SNR_{Doppler} = 8 \times SNR_{Range}$$

$$SNR_{Doppler} = 10lg8 + SNR_{Range}\,dB = 10lg8 + 28dB = 37dB$$

包络检波器输出端的脉冲数 $n_{P_{NON-COH}}$ = 56/8 = 7 个,则有

$$SNR_{NCI} = 10lg n_{P_{NON-COH}} + SNR_{Doppler} - L_{NCI}$$

$$L_{NCI} = \frac{1 + SNR_{Doppler}}{SNR_{Doppler}} = \frac{1 + 5011.9}{5011.9} = 1 = 0(dB)$$

$$SNR_{NCI} = 10lg n_{P_{NON-COH}} + SNR_{Doppler} - L_{NCI} = 10lg7 + 37 - 0 = 45.5(dB)$$

因此,在累加器的输出处,在 MTD 模式下对于天线的每 2.7° 旋转获得 45.5dB 的 SNR。使用矢量 MTI(因为现在处于 LPRF 模式),这能减少多普勒 FFT 库上的杂波加载。下面以实例说明,再研究另一个 BFSR 的 LPRF 操作情况来比较 MTI 的性能和 MTD 案例。

例 9.2 假设信号处理通路如图 9.6 所示,MTI 雷达是 MTD 雷达的子集,这是 LPRF 模式(没有距离折叠)。假设有 0r/min、7r/min、14r/min 三种类型的模

式(方案),具有三种不同的 IF 带宽(表9.7)。在扫描模式下,接收的总扫描数为610,从中消耗12个MTI和一个距离向FFT。从剩余的56次扫描中,可以执行7次8点FFT。

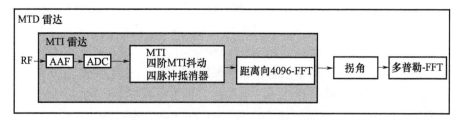

图9.6 在 LPRF 模式下 MTI 操作的 MTD 辐射

表9.7 MTD 雷达性能参数

模式	模拟防混叠滤波器的中频带宽	ADC 采样速度	没有扫频	动目标指示雷达所需的扫频	距离向快速傅里叶变换所需要的扫频	7次8点多普勒 FFT 的扫频
固定模式	500kHz	1MSPS	无限制	12	1	56
7(°)/s 扫描模式	1MHz	2MSPS	69	12	1	56
14(°)/s 扫描模式	2MHz	4MSPS	69	12	1	56

示例计算:

(1)对于14(°)/s 旋转,旋转1°需要71.4ms。对于2MHz 的拍频,一个扫描时间 = 1.024ms。因此,扫描的总次数为1° = 71.4ms/1.024ms = 610.7次扫描。

(2)MTI:这里是四脉冲消除器,它需要三个扫描延迟(充电脉冲),然后是四级 MTI 交错。因此,对于 MTI 系统充电,所需的总扫描次数 = 3×4 = 12次。

(3)FFT:距离向 FFT 所需的时间是一次扫描。BFSR 作为纯 MTI 雷达和之后作为 MTD 雷达的性能:

(4)BFSR 为 MTI:

选择 $SNR_1 = 8dB$, $P_{fa} = 10^{-8}$, $P_d = 5\%$。在停留时间内集成56个脉冲作为 MTI 的示例:

$$SNR_{NCI} = SNR_1 + I(n_P) = 8 + 11.21 = 19.21(dB)$$

式中:$I(n_P)$ 为整合改进因子。

该值超过56次的改善因子为11.21dB。查看它们的 Swerling I 目标表,这个 SNR 水平将为 10^{-8} 的 P_{fa} 产生98%的 P_d。

(5)BFSR 为 MTD:

选择 $SNR_1 = 8dB$, $P_{fa} = 10^{-8}$, $P_D = 5\%$。在停留时间内集成了 7 个 8 脉冲组作为 MTD 的示例。

对于 $SNR_1 = 8dB$, $L_{NCI} = 0.09dB$

$$SNR_{CI} = 8 \times SNR_1$$

$$SNR_{NCI} = 7SNR_{CI} - L_{NCI} = 25.47 - 0.09dB = 25.38dB$$

其中,

$$L_{NCI} = 1 + SNR_{CI}/SNR_{CI}$$

对于 10^{-8} 的 P_{fa},该 SNR 级别将产生 98% 的 P_d。然而,仅具有 6dB 的 MTD 优势。因此,似乎 MTD 模式不能证明大量硬件的合理性。在说这个的时候,我们是错误的,MTI 在低多普勒情况下不是很适用(比如一个人在走路),这是由于 ADC 采样抖动造成的。在这种情况下,MTD 更适用。如果 BFSR 专门针对快速移动目标,不需要精确测量目标多普勒,那么此时可以采用 MTI 模式,节省大量的硬件搭建。

9.16 质心跟踪

在非单脉冲机械扫描监视雷达中,当波束扫描目标时,每个目标可以被检测多次。为了防止重复报告目标,采用了一种质心处理算法,将多个被称为基元的检测关联聚类为一个单一的目标测量[7-8],这使得方位估计的精度更高。

9.17 恒虚警率和阈值

这些已在 5.11 节中进行了研究。

9.18 天 线

本书虽然不是关于天线设计的内容,但是 FMCW 雷达应该有一个发射天线和一个接收天线同时工作。该配置要求发送和接收阵列(椭圆补丁)位于同一阵列,但彼此隔离。且需要有高的差频,尽可能地利用这些频移处的低调频相位噪声。通常在大多数情况下,调频相位噪声在大于 100kHz 的频移量时极小。然而,在近距离情况下就完全是另一回事了。靠近天线,差频信号可以小于 100kHz。在低于 100kHz 偏移的情况下,调频相位噪声成为一个问题。因此,需要在拉伸处理器 LO 馈送中使用延迟线,延迟匹配到近范围(通常是前 10 个范围箱)。在这种情况下,由于相关性,调频噪声会在拉伸处理器中被消除。这使得中频阶段的噪声水平很低。为了实现这一点,隔离应优于 60dB。详细信息在[3]中给出。但是,目前还存在从发射天线直接拾取的问题。一个时刻的反射将显示,如果隔离是90dB,发射功率是30dBm(1W),那么直接拾取的信号将是−60dBm。这个信号是雷达回波之外的。在这种情况下,接收机的噪声值会下降。根据极差方程,这引起极差的边际下降。如果这个范围的下降是不可接受的,那么将有必要将隔离提高到更高的值。然而,建议尽可能多地设计隔离,希望读者可以在SystemVue中尝试练习。在发射频率上增加一个频率源,功率级别为−60dBm,并在SystemVue中测量新的噪声值,然后使用所附GUI检查性能来修正噪声数据。

读者会注意到作用距离的下降。可以推断,如果隔离不充分,这种直接拾取甚至可能成为一个阻碍,而导致灾难性的后果。显然,天线隔离是该雷达的关键组成部分。雷达回波通常弱于直接拾取。然而,它们出现在展宽处理器的输出端,因为该输出是根据差拍信号的频率排列的,直接拾取是最近的距离,具有最低的频率,也可以被过滤掉。这个看起来像椭圆形补丁的每个部分如图9.7所示。

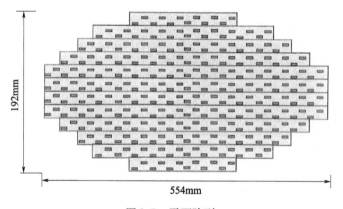

图9.7 平面阵列

接收阵列不是矩形,这是因为发射和接收波束分别为2.7°×7.8°。出于杂波的考虑,不用扇形波束,因为整个天线如图9.1所示安装在三脚架上,地面上的天线高度并不高。整个电子设备安装在后面板中,只有数字显示器输出用于驱动显示。让LNA靠近天线输出是有利的。它可以提供更好的噪声系数。发射天线也将受益,因为它靠近PA,因此损耗最小。天线的电源通过隔离器供电,以保护PA免受由于VSWR恶化引起的反射。

该天线的发射和接收波束必须正确对准并具有相同的尺寸。这是本设计的优点,因为这可能是唯一基于BFSR的旋转天线。在DBF(非旋转)数字波束形成阵列中,发射波束通常是宽波束,以便一次覆盖整个扇区。这降低了发射增益并因此降低了作用距离。为了补偿,考虑到 LPL,雷达不得不发射更高的功率。由于有扇形扫描和相同尺寸的发射/接收波束,因此不会降低作用距离。发射功率仍为 1W,不会影响 LPL。缺点是它不像 DBF 阵列那样快速检测敌人的移动。

由于更少的硬件,雷达的成本远小于 DBF 雷达。在典型的 DBF 雷达中,为了实现高的方位分辨率,设计人员通常采用 64 个波束。每个波束都需要一个 RF 通道,经验法则是每个 RF 频道 1000 美元,64 个波束需要花费 64000 美元。雷达天线通常有四个侧面(360°覆盖),该雷达的成本约为 256000 美元。因此,选择 DBF 设计需要经过深思熟虑的考虑。由于元件的进步,最近出现的趋势是带通采样和数字 DBF 雷达的出现。如果在 RF 进行带通采样,则可以节省大量成本。尝试在 IF 和 RF 带通取样的工作仍在进行中[9-10],这使得该雷达价格实惠。该技术的详细介绍在第 7 章中,如图 7.41 所示。

9.19 雷达跟踪

雷达跟踪器[11-14]是雷达系统的一个组成部分,也是相关的指挥和控制(C^2)系统,它将同一目标连续的相关雷达观测结果用于跟踪。当雷达系统报告来自几个不同目标的数据或者需要组合来自若干不同雷达或其他传感器的数据时,它尤其有用。

9.19.1 雷达跟踪器

监视雷达在噪声和杂波背景下检测目标回波,这些探测称为图,并在极坐标中记下目标的距离和方位。此外,噪声有时会超过 CFAR 系统的检测阈值,也会被检测为目标。雷达跟踪器监视来自雷达的连续更新,其在天线旋转时周期性地发生,并通过一组数学假设确定那些图序列是否属于同一目标,并同时消除虚警。知道这些曲线序列后,雷达跟踪器在屏幕上绘制轨迹并估计目标航向和速度。存在多个目标的情况下,跟踪器维护每个目标的历史记录以指示目标的来源。

将多个雷达系统连接到一个报告站是很常见的。在这种情况下,该跟踪器成为多雷达跟踪器,常根据来自所有雷达的数据更新,通过检测数据整合用于监视器并形成跟踪。在这种模式下,由于多部雷达跟踪同一目标,因此跟踪比只是单一雷达跟踪更加精确。除了关联描图、消除虚警,以及估计航向和速度之外,雷达跟踪器还起着滤波器作用,因为它可以平滑各个雷达的测量值。这更像是跟踪器的曲线拟合练习,因为它选择最佳曲线来连接相关图,从而提高了雷达系统的精度。该基本跟踪系统通常通过各种传感器如敌我识别(IFF)系统和其他电子支持测量(ESM)数据报告的组合来得到进一步增强。

典型的雷达跟踪通常包含位置(二维或三维)、标题、速度和独特的追踪编号。

此外，根据应用程序或跟踪器的复杂程度，跟踪还包括：民用SSR模式A、C、S信息；军事IFF模式1、2、3、4和5信息；呼号信息；跟踪可靠性或不确定性信息。

9.19.2 一般方法

雷达跟踪器根据它们采用的算法类型而有所不同。许多公司不仅使用通用算法，而且使用自己的专利算法来实现市场化。从广义上讲，这些都执行以下操作：

(1)将雷达图与现有轨迹相关联(用于跟踪关联的图)；

(2)使用最新绘图更新跟踪(轨道平滑)；

(3)在发现新的轨迹时(目标突然进行新的、完全不同的机动，从而产生新的轨迹)；

(4)删除未更新的轨迹(因为与之前的曲线无关(轨迹维护))。

在整个方案中，跟踪更新是最重要的，正在投入巨大的资源来开发专利算法。在这种情况下，追踪者需要考虑的因素如下：

(1)将雷达测量值与目标坐标相关联的建模；

(2)研究雷达测量的建模误差；

(3)目标运动建模；

(4)目标建模中的错误。

基于上述输入，精心设计的雷达跟踪器试图通过来自雷达当前位置报告的加权平均值(具有未知误差)和跟踪器最后的目标预测位置来更新轨迹(也有未知错误)。如果目标具有不可预测的运动(突然转弯)，非高斯测量(通常假设高斯测量)，或者目标建模中的错误，则任务变得更加困难和复杂。杂波也会导致错检和误报的混乱。这些问题需要极其复杂的算法。计算能力是唯一的限制。

9.19.3 图迹关联

在该处理步骤中，雷达跟踪器试图确定应该使用哪些图来更新哪些轨迹。许多方法中，给定的图只能用于更新一个轨迹。但是，在其他方法中可以使用绘图来更新多个轨迹，这是在确定该图属于哪个轨迹时存在不确定性。无论哪种方式，该过程的第一步是通过基于最近的状态估计(如位置、航向、速度和加速度)预测它们的新位置来将所有现有轨迹更新为当前时间。假设的目标运动模型(如恒定速度和恒定加速度)更新了估算值后，可以尝试将图表与轨迹相关联。

可以通过以下方式完成。

(1)通过在当前轨迹周围定义接受阈值,然后选择以下之一:

①阈值中与预测位置最接近的情节;

②阈值中最好的图。

(2)通过统计方法,例如概率数据关联过滤器(PDAF)或联合概率数据关联过滤器(JPDAF),通过所有可能的图的统计组合选择最可能的图。已经证明,在高雷达杂波的情况下该方法是好的。

一旦轨迹与绘图相关联,它就会移动到轨迹平滑阶段,其中轨迹预测和相关绘图被组合,以提供目标位置的新的平滑估计。

在完成此过程后,许多曲线图将保持与现有轨迹的关联,而许多轨迹将保持不更新,这导致了轨迹启动和轨迹维护的步骤。

9.19.4　跟踪启动

轨迹启动是从无关联的雷达中创建新雷达轨迹的过程。当首次打开跟踪器时,所有初始雷达图用于创建新轨迹,一旦跟踪器运行,只有不能用于更新现有轨迹的图用于产生新轨迹。通常,新轨迹被赋予暂定状态,直到来自后续雷达更新的图已成功与新轨迹相关联。未向操作员显示暂定的轨迹,因此它们提供了防止错误轨迹出现在屏幕上的手段,代价是首先报告轨迹的稍许延迟。一旦收到多个更新,轨迹就会被确认并显示给操作员。将预计轨迹推进到确定轨迹的最常见准则是 $M-of-N$ 规则。该规则指出,在最后 N 次雷达更新期间,至少有 M 次描图必须是已经与预计轨迹相印证,其中 $M=3$ 且 $N=5$ 是典型值。更复杂的情况下可以使用统计方法,当其协方差矩阵下降到给定值时才确认轨迹。

9.19.5　跟踪维护

跟踪维护是决定是否结束跟踪寿命的过程。如果在跟踪关联阶段的情节期间轨迹没有与绘图相关联,那么目标可能不再存在(如飞机可能已经着陆或飞离雷达覆盖物)。雷达可能在该更新时未能看到目标,但会在下次更新时再次找到它。决定是否终止跟踪的常用基准包括以下内容:

(1)在过去 M 次连续更新机会中未看到目标(通常 $M \approx 3$);

(2)在 N 个最近的更新机会中没有看到过去 M 中的目标;

(3)目标的航迹不确定性(协方差矩阵)已超过某个阈值。

9.19.6　轨迹平滑

在这个重要的步骤中,最新的轨迹预测与相关的绘图相结合,提供目标状态新的、改进的估计以及该预估中误差的修正估计。存在具有不同复杂性和不同计算负荷的多种多样的算法,都可以用于该步骤。

9.19.7　Alpha – Beta 跟踪器

Alpha – beta 跟踪器是目标跟踪的早期尝试,它使用了一个 Alpha – beta 跟踪滤波器,该滤波器假定固定的协方差误差和恒定速度的非机动目标模型来更新跟踪。

9.19.8　卡尔曼滤波器

卡尔曼滤波器最早由 Rudolph E. Kalman 在 20 世纪 60 年代初开发,然后由南加州大学的 Richard S. Bucy 更新,因此也称为卡尔曼 – 布西滤波器。卡尔曼滤波器采用目标的当前已知状态(位置、航向、速度和可能的加速度)并在最近的雷达测量时预测目标的新状态。在进行该预测时,它还更新其在该预测中对其自身不确定性(误差)的估计。然后考虑到已知的测量,雷达误差及其在目标运动模型中的不确定性,形成该状态预测和最新状态测量的加权平均值。最后更新其状态不确定性的估计。卡尔曼滤波器数学中的一个关键假设是测量方程(雷达测量与目标状态之间的关系)和状态方程(基于当前状态预测未来状态的等式)是线性的。

卡尔曼滤波器设计中的一个主要假设是雷达的测量误差、目标运动模型中的误差以及其状态估计中的误差都是已知协方差的零均值。意味着这些错误源都可以表示为协方差矩阵。卡尔曼滤波器的数学涉及传播这些协方差矩阵,并使用它们来形成预测和测量的加权。

在目标运动与基础模型一致的情况下,卡尔曼滤波器过度自信于自身的预测,并且开始忽略雷达测量。如果目标发生机动动作,则滤波器将无法跟踪机动。因此,实施滤波器时通常是在每次更新时稍增加状态估计协方差矩阵的幅度以防止这种情况。这称为卡尔曼增益。

9.19.9　多假设跟踪器

应当理解,在跟踪期间变得难以预测下一个航迹将发生的方向。多个假设跟踪器(MHT)可以允许在每次更新时通过多个绘图更新轨道来克服此困难,从而产生多个可能的轨迹。因此,随着每次雷达更新,轨迹都在尽可能多的方向上更新。MHT 计算每个潜在轨迹的概率,并且通常仅报告轨迹中最可能的轨迹。但计算机内存和计算能力是有限的,因此采用一些专利算法来删除最不可能的潜在轨迹更新。由于考虑了所有潜在的轨迹更新,MHT 最适合于目标运动非常不可预测的情况。

9.19.10 交互多模型

交互式多模型(IMM)是一个既可以使用 MHT,也可以使用 JPDAF 的估计器。IMM 使用两个或多个卡尔曼滤波器并行运行,每个滤波器针对不同的目标运动或误差使用不同的模型。IMM 形成所有滤波器输出的最佳加权,并能够快速调整到目标机动。当 MHT 或 JPDAF 处理关联和跟踪维护时,IMM 帮助 MHT 或 JPDAF 获得目标位置的过滤估计[15]。

9.19.11 非线性跟踪算法

非线性跟踪算法使用非线性滤波器来处理测量与最终轨迹坐标具有非线性关系的情况,其中误差是非高斯的,或者运动更新模型是非线性的。常见的非线性滤波器有扩展卡尔曼滤波器(EKF)、非线性卡尔曼滤波器(UKF)和粒子滤波器[16]。

9.19.12 扩展卡尔曼滤波器

扩展卡尔曼滤波器用于雷达测量与轨道坐标和运动模型之间的非线性关系的情况。在这种情况下,测量和状态之间的关系为 $h = f(x)$,其中,h 为测量矢量,x 为目标状态,$f(\cdot)$ 为与两者相关的非线性函数。进一步扩展论证,未来状态与当前状态之间的关系为 $x(t+1) = g(x(t))$,其中,$x(t)$ 为时间 t 的状态,$g(\cdot)$ 为预测未来状态的函数。为了处理这些非线性,EKF 使用泰勒级数的第一项来线性化两个非线性方程,然后将该问题视为标准线性卡尔曼滤波器问题。虽然在概念上很简单,但如果关于方程线性化的状态估计很差,则滤波器很容易发散(运行变得越来越坏)。而非线性卡尔曼滤波器和粒子滤波器会试图克服线性化方程的这些问题。

9.19.13 非线性卡尔曼滤波器

非线性卡尔曼滤波器试图通过消除线性化测量和状态方程的需要来改进扩展卡尔曼滤波器。它通过一组点的形式表示均值和协方差信息来避免线性化,其中包括西格玛点。然后这些表示具有指定均值和协方差的分布直接通过非线性方程传播,再重新计算五个更新的样本来计算新的均值和方差。因此,该方法不会由于线性化不良而产生发散的问题,且仍然保留了扩展卡尔曼滤波器整体计算的简单性。

9.19.14 粒子滤波器

粒子滤波器可以认为是非线性卡尔曼滤波器的推广。它不对滤波器中的误差分布做出假设,也不要求方程是线性的。相反,它会产生大量的随机潜在状态(粒子),然后通过方程传播这个粒子云,导致输出处的粒子分布不同。然后,所得到的(粒子)分布可用于计算均值或方差,或者任何其他需要的统计判断。生成的统计数据用于生成下一次迭代的粒子随机样本。粒子滤波器以其处理多模态分布的能力而著名(PDF 具有多于一个峰值的分布)。但是,它在计算上非常密集,目前不适用于大多数现实世界的实时应用程序。

9.19.15　商业跟踪软件

跟踪软件很复杂。在雷达的早期,这是一项技术挑战,因为无论雷达设计如何,雷达的最终性能都存在于跟踪器中。然而,现在跟踪软件通常被买断并与雷达集成,它们是带有菜单驱动选项的现成包装。最受欢迎的是由 Cambridge Pixel,Royston,United Kingdom)[17]开发的软件,几乎集成在每一个军用和商用雷达上,它将雷达跟踪的问题从雷达设计人员的脑海中解脱出来。但是,某些类型的 FMCW 雷达仍然需要开发跟踪软件。

该类别中最突出的是汽车雷达,由于交通问题,它具有严重的跟踪问题。实际上,由于高目标密度,汽车雷达比硬件更依赖于跟踪软件的质量。

参 考 文 献

[1] https://www.thalesgroup.com/sites/default/files/asset/document/03_pl85749 thales_squire_leaflet.pdf.

[2] https://www.thalesgroup.com/sites/default/files/asset/document/tha0136_squire_datasheet_drone_detection_def_c.pdf.

[3] Jankiraman, M., *Design of Multifrequency CW Radars*, Raleigh, NC: SciTech Publishing, 2007.

[4] Whitlow, D., *Design and Operation of Automatic Gain Control Loops for Receivers in Modern Communications Systems*, Tutorial, Analog Devices, Beaverton, OR.

[5] Perez, J. P. A., et al., *Automatic Gain Control: Techniques and Architectures for RF Receivers*, New York: Springer, 2011.

[6] http://northamerica.airbus-group.com/north-america/usa/Airbus-Defense-and-Space/SPEXER/SPEXER-1000.html.

[7] Cullen, L. E., *Computing the Apparent Centroid of Radar Targets*, Sandia National Laboratories, SAND95-1708C, 1995.

[8] Slocum, B. J., and W. D. Blair, "EM-Based Measurement Fusion for HRR Radar Centroid Processing," *Proc. SPIE4728*, *Signal and Data Processing of Small Targets*, 7 August 2002.

[9] Zhang, C., and L. Zhang, "Intermediate Frequency Digital Receiver Based on Multi-FPGA System," *Journal of Electrical and Computer Engineering*, Hindawi Publishing Corporation,

Vol. 2016, Article ID 6123832.

[10] Harter, M., and T. Zwick, "An FPGA Controlled Digital Beamforming Radar Sensor with Three - Dimensional Imaging Capability," *IEEE Radar Symposium (IRS) 2011 Proceedings International*, Leipzig, Germany.

[11] http://www.blighter.com/products/blightertrack.html.

[12] http://www.cambridgepixel.com/products/SPx-Server/.

[13] Blackman, S. S., *Multiple - Target Tracking with Radar Applications*, Norwood, MA: Artech House, 1986.

[14] Blackman, S. S., and R. Popoli, *Design and Analysis of Modern Tracking Systems*, Norwood, MA: Artech House, 1999.

[15] Blackman, S., et al., "IMM/MHT Solution to Radar Benchmark Tracking Problem," *IEEE Trans. on Aerospace*, Vol. 35, Issue 2, April 1999.

[16] Wan, E. A., and R. Van Der Merwe, "The Unscented Kalman Filter for Nonlinear Estimation," *Adaptive Systems for Signal Processing, Communications, and Control Symposium* 2000, IEEE 2000 Conference, Alberta, Canada, 2000.

[17] http://www.cambridgepixel.com/.

第 10 章
调频连续波船用导航雷达的设计与开发

10.1 引言

到目前为止,已经讨论了战场监视雷达的体系结构,研究了目标多普勒、雷达目标驻留时间等相关的问题。可以看到,超低多普勒目标或低 RCS 目标需要很长的积累时间。下面讨论海洋导航雷达,它的任务与陆地监视雷达不同。由于船用导航雷达需要在海上工作,必须面对相对较大 RCS 的海上目标(相对于战场监视雷达中行人的 $1m^2$ RCS)和快速变化的海杂波条件。因此,在海洋环境中雷达切换到垂直极化运行更好。这就带来了与雷达探测问题相关的信噪比和检测阈值等问题,本章将探讨这些问题。

10.2 问题描述

Pilot 导航雷达是海军 FMCW 导航雷达的前身,其旗舰导航雷达是 SCOUT 雷达[1]。该雷达的第一种改型是一个简单的脉冲压缩雷达,而 Mk2 和 Mk3 版本是 MTD 雷达。第 9 章介绍了 BFSR MTD 雷达。本章讨论一种基于 MTD 的海上导航雷达。由于涉及大量的数据集成,战场监视雷达(BFSR)是一种低速旋转雷达。它需要大量的驻留时间来跟踪小型 RCS 目标,如行人。然而,海上导航雷达的任务目标是快速旋转以获得高数据更新。最小的期望目标通常是快速巡逻艇和拖网渔船等,RCS 通常为 $5m^2$。本章主要针对海洋雷达设计中存在的问题,海洋雷达在垂直极化情况下工作,垂直极化的杂波回波更加良性。陆地雷达在水平极化情况下工作,但这不是一个硬性规定,如侦查(SCOUT)雷达就使用水平极化。

图 10.1 为 SCOUT Mk3 雷达[2]。

图 10.1　SCOUT Mk3 雷达

10.3　侦察雷达

侦察（SCOUT）雷达最初是由荷兰斯西尼亚·拉帕拉坦 BV 公司赞助的,并由本公司与英国开尔文休斯（Kelvin Hughes）合作执行。Mk2 侦察雷达是真正的 LPI 雷达系统,设计用于舰载监视和导航应用。SCOUT Mk2 雷达使用 FMCW 发射波形,使其能够在电子对抗设备检测到 SCOUT 雷达之前检测到对方目标。

SCOUT 雷达是一种 LPI 雷达,主要是由于低峰值功率（仅 5W）发送到天线。相比之下,脉冲雷达需要 25kW 左右的峰值功率发送到天线。此外,FMCW 雷达只需要 1mW 的功率,就可以满足许多任务的要求。SCOUT 雷达在超过几千米的范围内通常难以被电子监视设备或雷达告警接收器机探测到。在同样的条件下,它们能在超过 50km 的范围内就可以探测到脉冲雷达。

SCOUT Mk3 是用于潜艇以外平台的雷达,其与 SCOUT Mk2 雷达唯一的不同是部署在潜艇上的天线需要能够承受潜艇环境。FMCW 雷达集成了多个雷达平面位置显示器（PPI）,用来展示雷达回波,侵入告警,自动（目标）检测与跟踪以及雷达状态信息。FMCW 雷达非常适合监视和导航,它提供多目标跟踪,并显示跟踪历史、跟踪向量和用于目标拦截的最接近点计算。下面列出的特性和规范既不能保证也不能验证,其只是在缺乏关于这种早期版本信息的情况下而做出的有根据的猜测。SCOUT 雷达的特点是"FMCW 多普勒技术的最新发展",具有高的距离和多普勒分辨率。此外,SCOUT 雷达提供了绘图级别的速度指示。结合 CFAR 和先进 MHT 的使用,SCOUT 雷达在其市场优于其他雷达。

1. 产品特性

（1）几乎检测不到；
（2）最低支持需求；
（3）可靠性高；
（4）操作方便；

(5)性价比高,生命周期长,成本低;

(6)完全由现货设备组成;

(7)自动防盗报警;

(8)使用手动和自动获取目标报警;

(9)自动跟踪多达 500 个目标。

2. 产品规范

1)天线

(1)类型:双隙缝天线;

(2)增益:32dB;

(3)波束宽度(3dB):水平 1.2°,垂直 20°;

(4)转速:10r/min,20r/min,40r/min(可选);

(5)极化:水平;

(6)发射/接收天线隔离:>60dB。

2)发射机

(1)固态;

(2)输出功率:5W,3W,1.5W,1.0W,0.1W,0.01W 或 0.001W(CW);

(3)频率:I/J 波段;

(4)距离选择{6,12,24}n mile 或{12,24,48}km;

(5)FMCW 多普勒波形。

3)接收机

(1)动态范围:128dB;

(2)噪声系数:2.4dB;

(3)交调与谐波:<−60dB(峰值);

(4)模/数转换:16 位,4 倍过采样;

(5)高分辨率 FIR 多普勒处理;

(6)CFAR 检测器。

4)处理器单元

(1)距离单元数量:4096 个;

(2)距离单元尺寸:减少到 3m;

(3)最小距离:15m;

(4)距离精度:1m(6n mile 尺度);

(5)方位角精度:+0.2°;

(6)方位角分辨率:1.2°;

(7)高分辨率 FIR 多普勒处理;

(8)杂波抑制:>60dB。

5）显示系统

（1）类型：彩色；

（2）最小有效 PPI 直径：250mm；

（3）分辨率：768×1024 像素；

（4）跟踪能力：500 个目标；

（5）比例尺精度：选定比例尺的 1.5% 或 50m，以较大为准。

6）性能

（1）$P_d = 95\%$，$P_{fa} = 10^{-8}$ 条件下检测范围；

（2）小型战斗机 15km；

（3）直升机 19km；

（4）大型战斗机 20km；

（5）巡逻艇 23km；

（6）船距 40km。

该雷达在发射功率小于 5W 的情况下，保持了 LPI 能力。方位角波束宽度为 1.2°，这对于导航雷达来说是正常的，因为需要较高的方位分辨力。天线波束形状需要是 cosec^2 的逆形状，这对于海上雷达监视海上交通是必要的，此时重点不在空中目标。空中监视雷达需要 cosec^2 使雷达回波信号的强度不随距离变化。选择 X 波段（I 波段）也是合适的，因为在高频段，如 Ku 波段，海洋衰减会很严重。事实上，可以像以前一样在 FMCW 雷达 GUI 中运行这些参数。本章以"海鹰"导航雷达为化名对该雷达进行评估。

10.3 节列写的指标比较全面，然而某些参数存在误差（如距离分辨率和方位分辨率）。10.4 节讨论距离分辨率。

10.4 距离分辨率

距离单元格的数量为 4096，这意味着这是一个 8192 点距离向 FFT。此外，最小测量距离（最高距离分辨率的比例尺）为 12km。最接近的距离刻度宽度约为 12000/4096 或 3m。那么最高分辨率扫描带宽为

$$\Delta f = \frac{c}{2\Delta R} = \frac{3 \times 10^8}{2 \times 3} = 50 (\text{MHz}) \tag{10.1}$$

最大测量距离为 48km，可得到一个来回的时间为

$$\tau = \frac{2R}{c} = \frac{2 \times 48000}{3 \times 10^8} = 320 (\mu s) \tag{10.2}$$

至少需要约 5τ 或 1.6ms 的扫描时间，以确保距离单元有或多或少相同的距离分辨率。在 FMCW 技术中，距离分辨率随着距离的增加而变差，在最近的距

离上是最好的。如果有至少大约 5τ 的大扫描时间,这种变化将会减弱。在计算 FMCW 扫描时间时会回顾这个问题。

10.5 扫描带宽

计算剩余的扫描带宽:

$$\begin{cases} \{48 & 24 & 12\} \text{km} \\ \{12.5 & 25 & 50\} \text{MHz} \end{cases} \tag{10.3}$$

10.6 雷达工作频率及发射机选择

该雷达工作在 X 波段,选择 10GHz 作为雷达的中心频率,这取决于在感兴趣频率上组件的易得性。该雷达选择了四个通道,四个导航雷达可以同时工作。因此,稳定本地振荡器(STALO)需要在上变频器中提供四个不同的参考频率,参阅随本书提供的 SystemVue 文件,提供的文件中的一个示意图标明 STALO 配置。在选择这些通道中心频率时,应在每个通道的两侧提供足够的保护带。发射机是基于直接数字频率合成技术,其优点是雷达需要的高频灵活性,以及 FMCW 波形需要的高线性度。由于 DDS 在输出端的 DAC,引入了一定的非线性量。

10.7 扫描重复间隔

扫描重复间隔由 SRF 参差确定。扫描重复频率参差给雷达增加了抗干扰能力。扫描重复频率参差是基于一组素数的经验完善。建议使用扫描重复频率参差 25、30、27、31。该雷达有 60(°)/s(10r/min)、120(°)/s(20r/min) 和 240(°)/s(40r/min) 三种扫描模式。因此,有 SRF1、SRF2 和 SRF3 三个扫描重复频率。

中频带宽的确定至关重要,它决定了雷达的噪声带宽。假设最大采样速率为 2MHz,这使得高动态范围的 16 位 ADC 成为可用的首选,采样率为 500ns。因此,对于 8192 点 FFT(4096 个距离单元),扫描时间为 4.096ms。

与非参差盲速对应的频率为

$$1/T_s = 1/4096 \times 10^{-3} = 244(\text{Hz})$$

工作频率为 10GHz,因此波长 $\lambda = 0.03$m。

没有参差的盲速 $= \dfrac{\lambda \times 244}{2} = \dfrac{0.03 \times 244}{2} = 3.6(\text{m/s}) = 7.2(\text{km/h})$

采用 25:30:27:31 的参差度。这意味着盲速会向更高的盲速移动,或者

$$V_{\text{stag\_blind}} = \frac{25+30+27+31}{4} \times V_{\text{unstag\_blind}} = \frac{113}{4} \times 3.6 = 102 \text{m/s}(366\text{km/h})$$

表10.1给出了综合结果。

表10.1 "海鹰"雷达 SRF 规格

SRF	参差率	扫描时间/ms	交错盲速/(m/s)	非交错盲速/(m/s)
SRF1	25	4.096	102(366km/h)	3.6(7.2km/h)
	30	4.9152		
	27	4.4237		
	31	5.079		
SRF2	25	2.048	204(732km/h)	7.2(14.4km/h)
	30	2.4576		
	27	2.2119		
	31	2.5395		
SRF3	25	1.0240	408(816km/h)	14.4(28.8km/h)
	30	1.2288		
	27	1.1060		
	31	1.2697		

该雷达的最大可分析距离为48km,最小可分析距离为15m。

因为该雷达是一种导航雷达,其特点是数据更新速度快,因此与战场监视雷达不同,这种雷达需要更高的转速。这一因素加上极窄的波束宽度,以提高导航雷达对方位精度的要求,使停留时间非常短,脉冲积累有限。正是由于脉冲不足,需要采用脉冲参差代替块参差。在该雷达中,由于电子反对抗(ECCM)采用随机跳频,因此采用脉冲参差扫描权重为1-3 3-1。参差选项(块或脉冲参差)是用户输入。在决定这些扫描时间时,远超最低标准320μs 的扫描时间。因此,跨越距离单元的距离分辨率几乎是相似的。

10.8 中频滤波器带宽的选择

在本章讨论的雷达中,需要确定在I/Q解调之后跟随混频器的低通滤波器的带宽。这些低通滤波器是 IF 滤波器,从某种意义上说它们在展宽处理后传递拍频,如图10.2所示。

由于该雷达有60(°)/s、120(°)/s 和240(°)/s 三种扫描模式,因此采用了三组匹配这些扫描速率的体制,分别称为10r/min、20r/min 和40r/min。下面以10r/min 的情况来处理,其他情况类似。

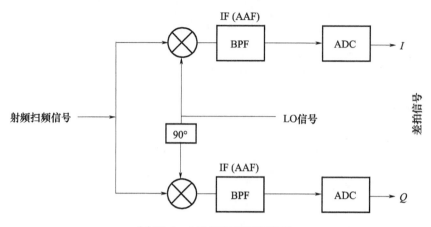

图 10.2 I/Q 解调和展宽处理

该雷达最小距离量程为 15m，最大距离量程为 48000m。三个量程挡及其相应的扫描带宽：

$$\{48\ 24\ 12\}\ \text{km}$$
$$\{12.5\ 25\ 50\}\ \text{MHz}$$

15m 的拍频：

$$f_b = \frac{R2\Delta f}{T_s c} = \frac{15 \times 2 \times 50 \times 10^6}{2.048 \times 10^{-3} \times 3 \times 10^8} = (2.4\text{kHz})$$

48km 的拍频：

$$f_b = \frac{R2\Delta f}{T_s c} = \frac{48000 \times 2 \times 12.5 \times 10^6}{2.048 \times 10^{-3} \times 3 \times 10^8} = 2(\text{MHz})$$

最大拍频信号是 $f_s = 4\text{MHz}$ 采样频率的一半。上述计算中使用的扫描时间是标称的。可以看出，当用户切换距离挡时，扫描带宽在最大范围内发生变化，但拍频不变。需要三组这样的中频滤波器，每一组用于每种机制。当转速翻倍时，驻留时间减半。这意味着，ADC 采样速度需要加倍。同时还考虑了中频放大器的灵敏度时间控制(STC)特性，如图 9.5 所示。在所有情况下，扫描增益开始于所需的最小距离 15m，结束于最大拍频信号。表 10.2 给出了最终结果。

表 10.2 中频滤波器带宽

扫描模式	中频带宽	灵敏度时间控制
10r/min	3kHZ～2MHz	+12dB/八倍频程扫描增益可达 2MHz
20r/min	3kHZ～4MHz	+12dB/八倍频程扫描增益可达 4MHz
40r/min	3kHZ～8MHz	+12dB/八倍频程扫描增益可达 8MHz

注：ADC 采样率分别为 4MHz、8MHz 和 16MHz。

如表10.2所示,中频滤波器的初始低截止频率为3kHz。这种典型的稳定本振相位噪声的偏移量是一个需要考虑的因素。它将限制动态范围,因为噪声基底会向上移动,以匹配该偏移量处的稳定本振相位噪声。在近距离时信号会很强大,需要按照第9章中讨论的那样设计中频滤波器。该雷达最高拍频为8MHz(ADC采样率为16MHz)。另一种方法是更改不同扫描速率体制中的中频滤波器选项。

10.9 雷达杂波与杂波映射

该雷达俯视地面,因此海杂波将非常高[3]。雷达照射时几乎所有的表面都会产生雷达回波,因此在飞机接收的回波中有许多不需要的信号来源。搜索雷达中不需要的信号通常被描述为噪声和杂波。杂波来源有地面、海洋、天气、建筑物、鸟类和昆虫。杂波的定义取决于雷达的功能,如天气探测雷达中天气不是杂波。SystemVue 文件中的图16和图17显示了陆地和海洋杂波的例子。由于飞机的移动速度通常比天气或地面目标快得多,速度敏感雷达可以从雷达指示器中消除不必要的杂波。只探测和处理运动目标的雷达系统是动目标检测雷达。

杂波的基本类型可以概括如下。

(1)表面杂波:地面或海面回波是典型的表面杂波。来自地面的回波通常是静止的;但是,风对树木等物体的影响意味着雷达回波中会引入目标的多普勒频移。

多普勒频移是雷达信号处理中去除多余信号的一种重要方法。杂波从海上返回时一般也有与波浪运动有关的波动。

(2)体杂波:天气或箔条是典型的体杂波。在空气中最重要的问题是天气干扰,这可以从雨或雪产生,并具有显著的多普勒频移。

(3)点杂波:鸟、风车和个别高层建筑是典型的点杂波,在自然界中并不延伸。运动点杂波也称为天使回波。鸟类和昆虫会产生杂波,很难清除,因为其特征非常类似于飞机。

杂波可能会波动,也可能不会波动。由于物理特征通常是静态的,因此地面杂波本质上通常不会波动。另外,天气杂波在风的影响下是可波动的,通常认为是自然波动的。如果所有回波的密度均一,则杂波可定义为均质。在此基础上分析了大多数类型的表面和体积杂波。但是,实际上这种简化并非在所有情况下都有效。非均匀杂波是非均匀的,其中杂波的幅度在每个单元之间变化很大。通常,不均匀的杂物是由建成区域中的高层建筑产生的(color.pdf 文件的图16)。

1. 海杂波

海杂波是海浪波峰的雷达干扰回波,这种杂波也能通过风获得多普勒速度。这意味着,场景变化(随着时间而变化),而地面上的杂波保持不变。因此,在实际应用中海杂波很难在不造成一定检测损失的情况下进行控制。海杂波如 color.pdf 文件中图 17 所示。风要么来自 311°,要么来自相反的方向。(在 PPI 示波器上无法识别多普勒频率是正还是负。)

然而,这一区域杂波的径向速度非常小,MTI 系统非常清楚。

2. 杂波图

此方法属于 PPI 示波器之前的时代,仅当所有其他 MTI 设备均发生故障时才使用此功能。杂波测绘由雷达站点周围杂波区域的图形映射组成;操作员必须记住该杂波图,以使目标仍然可能在杂波区内定位。

3. 杂波图的统计方法

杂波图也可以通过电子方式进行管理。回波值存储为每个方位角和每个距离单元的数据字。仅当数据字发生根本变化时,屏幕上才会显示回波标记。SCOUT 雷达的早期版本(Mk1 版本)不具备 MTI 功能。因此,该雷达依靠杂波图来检测目标。由于杂乱无章,从雷达测距方程获得的测距不能反映真实测距。因此,在任何地面雷达中 MTI/MTD 都是必不可少的。

10.10　功率输出

雷达的功率输出受到严格控制,它应该刚好够到选定的距离挡。从控制 LPI(ECM)和减少二次回波的角度来看这是必要的。根据雷达距离方程做如分配,见表 10.3。

表 10.3　发射功率等级

距离/km	输出功率/dBm
48	30
24	27
12	22
6	15
3	2
1.5	−11

表 10.3 需要在现场试验期间进行微调,需要确保没有第二次的回波。表 10.4 给出了该雷达的最终规格。

表 10.4 "海鹰"雷达参数

详细信息	技术参数
天线增益/dB	32
3dB 天线波束宽度/(°)	1.2(方位角) 20(俯仰角)
扇形扫描速度	(60(°)/s,120(°)/s,240(°)/s)
倾斜度/mil	-200 ~ +400
天线隔离度/dB	>65
频率度/GHz	9.067 ~ 11.16
基于 DDS 的连续波 发射机输出功率	10mW,300mW,5W(max)
调幅噪声	通过中频带宽为 -160dBc
调频噪声	在选定的最大拍频的噪声基底
距离单位	4096
CFAR	单元平均
仪表量程/km	{12,24,48}
主动扫描带宽/MHz	{12.5,25,50}

表 10.1 详细介绍了盲区速度和扫描重复频率参差,表 10.2 则是关于差频(中频带宽)。

为了寻找空中目标(直升机)天线具有 $\cosec^2$ 波束形状。现在研究一些细节,如最小可分辨信号(MDS)和接收器的动态范围。为了做到这一点,有必要确定该雷达的总体系统配置,然后研究细节。一旦细节确定,利用 SystemVue 软件进行仿真。该软件将生成最小可分辨信号和动态范围。整个系统配置如 color.pdf 中图 18 所示。

该系统基于 DDS。DDS 非常适合于雷达信号生成,因为它是一种纯净的信号,谐波可以忽略不计。它还非常适合跳频到不同的频道。在 color.pdf 中图 18 显示了一个单级上变频器,后跟一个零中频下变频器。选择了四个通道,每个通道的带宽为 50MHz,与雷达的最大扫描带宽相对应。在选择这些通道时,必须在两侧提供足够的保护带,还必须使用带有陡峭边缘的预选滤波器(通常是空腔滤波器)。基本频率由 DDS 时钟驱动,在这种情况下为 1GHz。DDS 可以传输的最高频率为 500MHz。需要从这个级别上转换为 X 波段。可以使用次谐波混频器,该混频器仅需一级即可将其上变频至 X 波段。由于传输的波形是锯齿状,因此必须注意确保在任何上变频混频器中都没有差频(射频信号与本振信号相减)。使用差分模式进行混频会反转锯齿形状[1]。如果需要在上变频过程中使用该模式,则必须对其进行更多的反转校正。

在 color.pdf 中图 20 展示了上变频器。在 9.067~11.16GHz 频段测试了四个 50MHz 带宽的信道。雷达信号通过一个 SP4T 开关路由,该开关根据分配给舰艇的频率(如在护航作业期间)进行适当调整,最终通过功率放大器在 X 波段得到 5W 的输出。下变频器为零中频下变频器,如 color.pdf 中所示图 21。在这种情况下,I/Q 解调器还可以兼作展宽处理器。零中频雷达在窄带系统中工作得最好,然而存在一些问题。通过直接混合,其灵敏度是有限的。因此,混频器的闪烁噪声被叠加在输出信号中(多普勒频率与低频噪声的随机分布叠加)。非常微弱的信号和低多普勒频率不能很容易地去除[3]。例如,放大器噪声是 $1/f$ 噪声和平坦(白色)噪声的组合(color.pdf 中的图 19)。白噪声在低频段继续存在,但以 $1/f$ 噪声为主。$1/f$ 噪声在高频下继续存在,但以白噪声为主。两者在转角频率处混合,随机相加,增加 3dB。双极(BJT)输入级(OPA211)放大器一般具有较低的 $1/f$ 噪声,但新一代模拟集成电路工艺大大改善了场效应晶体管(JFET)和互补金属氧化物半导体(CMOS)晶体管。例如,OPA140(JFET)和 OPA376(CMOS)运算放大器的角频率分别为 10Hz 和 50Hz。斩波放大器通过校正偏置电压的变化,几乎消除了 $1/f$ 的噪声。海上目标通常至少 5kn(2.5m/s)。这对于零中频接收来说是足够的,因为对于 10GHz 的目标,预期的多普勒约 170Hz。零中频解调是可以接受的,它比外差信号处理需要更少的分量。

下变频器如 color.pdf 中图 21 所示。这个接收链路包含一个低噪声放大器(LNA),其结构和性能标准将在第 6 章中讨论。信号先经过一个预选滤波器之后传送给低噪声放大器,根据所需的操作频率选择滤波器,它将直接影响接收机的噪声系数。在这种情况下,没有使用 SP4T 开关,这与发射机不同,因为与该配置相关的插入损耗很高。然后信号路经消隐放大器/衰减器组合,以减少脉冲压缩后的距离旁瓣。由于存在傅里叶谐波,消隐减少了非线性。减少的非线性意味着较低的距离旁瓣。然后来到基于适当的自动增益控制(AGC)放大器和定向耦合器的 AGC 系统。这是一个用于向 AGC 放大器提供信号反馈的 3dB 耦合器。在文献[4]中讨论了这种 AGC 的设计过程。然后信号进入熟悉的 SP4T/BPF 系统,其中信号需要通过该雷达特定的带通滤波器。最后,通过中频低通滤波器输出,设计如第 9 章所述。

10.11 性能评估

雷达距离方程基于单脉冲概率检测和虚警。通常使用尽可能低的信噪比来达到期望的作用距离,然后对雷达信号在目标停留时间内进行积累。本书有一个基于 Matlab 的 GUI,见附录 A。

根据雷达距离方程计算出 $5m^2$ 目标(巡逻艇)在 10^{-6} 虚警概率(单个脉冲)探测概率为 5% 时满足探测距离的 SNR。Swirling1 型目标对应的概率分布的信噪比[5]为 8dB(单个脉冲)。10.2 节给出的性能规范中,雷达探测距离在 P_d = 95%,P_{fa} = 10^{-8} 时需要 SNR 为 18dB[5]。这里不足部分由雷达回波在目标驻留时间内的相参/非相参积累来弥补。为此,需要在 GUI 中输入天线转速和天线方向图。其他参数在 GUI 中是不言而喻的。将鼠标指针放在每个参数的标题上会有详细说明。注意,在 GUI 中需要输入 ADC 采样率。

在计算中假设:信噪比为 8dB,波导损耗为 8.9dB,噪声系数为 2.1dB,发射功率为 5W,收发天线增益为 32dB,波长为 0.03m(频率 10GHz),目标 RCS 为[5 10 100]m^2。计算距离向 FFT 输出的信号带宽。选定距离量程[48 24 12]km 的最大拍频除以距离向 FFT(4096 个单元)的大小。这将生成以赫[兹]为单位的距离单元宽度。然后在距离方程的分母处输入这个值作为信号带宽 B 的值。在本例中,B = 4MHz/4096 = 488Hz。中频滤波器的带宽是所选 ADC 采样率的一半。

图 10.3 中的距离与 10.2 节中的距离非常接近。

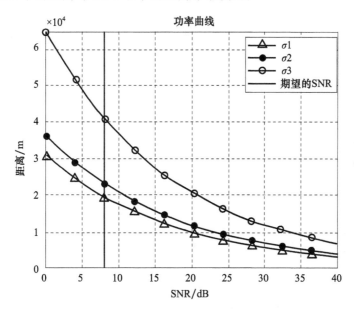

图 10.3 $6 = 5m^2$、$10m^2$ 和 $100m^2$ 目标的功率曲线

$\sigma1 = 5m^2$,$\sigma2 = 10m^2$,$\sigma3 = 100m^2$。Single – pulse SNR = 8dB,ADC 采样率 4MHz,距离 bins = 4096,SRF = 244Hz。Regime:10r/min

这些是给定参数的最大可能取值范围。如果是 40r/min,那么由于中频带宽更宽,实现的距离将会减少。

GUI 的显示窗口中的打印栏提供了剩余的参数,包括所需的中频滤波器带

宽。这个 GUI 提供了所有 10r/min、20r/min 和 40r/min 三种模式的详细信息。对各自 RCS,单个脉冲距离大致如雷达规范中所述。如果存在单个脉冲距离,则可以通过脉冲积累得到 $P_{fa}=10^{-6}$, $P_d=90\%$。单个脉冲距离告诉我们目标就在那里,但是 $P_d=5\%$。这意味着它隐藏在本地杂波之下。因此,需要通过脉冲积累提高 SNR 来匹配 $P_d=90\%$。即使 $P_d=5\%$ 也没有检测到目标,那么要么提高功率,要么提高天线增益,要么减少波导损耗。

雷达是一种射频设备,其性能直接取决于射频通道设计的质量。ADC 之后的信号处理只能略微提高性能(例如,为了更好地向操作员呈现目标,MTI 可以消除杂波影响)。然而,目标必须存在,否则任何信号处理或算法都无法检测到目标。

目前,FMCW 信号波形的距离 – 多普勒耦合仍是一个有待探讨的小问题。预期目标(快速巡逻艇)的最大速度为 60kn(30m/s 或 118km/h)。在最坏的情况下,工作频率为 10GHz 时的多普勒频率

$$f_D = 2V/1 = (2 \times 30)/0.03 = 2(\text{kHz})$$

以一个 48km 的距离量程为例。取 2MHz 的拍频。如果 48km 对应一个 2MHz 的拍频信号,那么距离 – 频率梯度为 0.024m/Hz。因此,由快速移动的直升机引起的2kHz 多普勒频移将导致 48m 的距离误差。这意味着,目标位于(48 ± 0.048)km。监视雷达在最大作用距离内,这只是一个小的误差。同样,在最小档距离为 12km(拍频为 2MHz),距离 – 频率梯度为 0.006m/Hz 时,2kHz 多普勒在 12km 时的距离误差为 12m,也可以忽略不计。

10.12 信号处理

有了目标回波,需要处理这些回波(通过增加信号的 SNR 来清理这些信号,使其与所需的 SNR 对应 $P_{fa}=10^{-6}$, $P_d=90\%$),以减少雷达显示中的杂波。这些功能是在 FPGA 块中的 ADC 后作为雷达数字信号处理的一部分实现的。

ADC 需要 16 位,这将需要一个 FPGA 与两个 ADC,一个为 I 支路,另一个为 Q 支路。DSP 链框图如 color.pdf 中图 14 和图 15 所示,结构类似于战场监视雷达的示意图。

在设计 DSP 之前,需要检查雷达的性能规范。规范规定,最小可探测目标速度为 5kn(2.5m/s)。需要注意的第二个信息是方位角波束宽度为 1.2°,转速为[60 120 288](°)/s。但是,旋转情况下(60(°)/s)的驻留时间为

$$\text{驻留时间} = \frac{\text{beam width}}{\text{rotation rate}} = \frac{1.2}{60} = 20(\text{ms})$$

同样,对于120(°)/s,驻留时间为10ms;对于240(°)/s,驻留时间为5ms。这意味着需要为距离向FFT提供足够的脉冲相参积累,以及为多普勒FFT提供积累。多普勒FFT的大小由所需的多普勒精度决定。在多普勒系统中,最小探测目标速度为2.5m(5kn)或167Hz,则

$$f_D = \frac{2V}{\lambda} = \frac{2 \times 2.5}{0.03} = 167(Hz)$$

计算结果如下:
频率 = 10GHz;
波长 = 0.03m;
最大目标航速(快速巡逻艇) = 60kn(30m/s);
所以最大多普勒 = 2 × 30/0.03 = 2kHz;
最小目标航速 = 5kn(2.5m);
所以最小多普勒 = 2 × 2.5/0.03 = 167(Hz);
多普勒扩展 = (2.5~30)m/s 或 167Hz,最大 2kHz;
多普勒单元数 = 2kHz/167Hz = 12 个或(2^N例)16 个。
这意味着32 点多普勒FFT的单元分辨率为125Hz。
分辨率必须始终高于要求的最小目标多普勒。
现在SRF/2 = 2kHz,或者SRF = 4kHz。
所以扫描时间 = 1/SRF = 1/4kHz = 250μs。
现在距离 = 4096,或者需要8192 点FFT。
所以ADC采样率 = 250μs/8192 = 30ns(或32MHz)。

显然,这太高了。ADC采样速率应该由检测范围决定,而不是由一个驻留时间内可集成的脉冲数决定。因此从不同的角度来处理这个问题。

考虑最低转速为10r/min。扫描时间为60(°)/s或停留时间为1.2°/60° = 20ms。该方案ADC采样速度为4MHz,扫描时间为4.096ms。显然,对于32 点多普勒FFT,停留时间是不够的。

不能再进一步减少扫描时间,因为在40r/min时,扫描时间会变得太低,并会导致距离分辨率错误。48km的往返时间320μs。

因此,将允许多次折叠并采用单元宽度为61Hz的4点多普勒FFT。使得最高的多普勒频率为122Hz(2×61 或 SRF/2Hz)或1.8m/s(3.6kn)。这将有助于5kn的低多普勒检测。最高多普勒是针对以60kn(30m/s)速度移动的目标。这样的目标会折叠16 次以上。这是相当高的,对于如此快速的目标,可以使用雷达跟踪器来确定多普勒,因为雷达的距离是明确的。

信号处理开销还剩下一个扫描时间,一般情况下这应该已经足够。
可以直接将这个参数应用到更高的旋转状态,20r/min 和 40r/min,因为

ADC采样速度增加了1倍,驻留时间减少了一半。这留给读者作为练习。

在多普勒测量中可以减少扫描时间,并在更近的距离工作,这能够得到更高的多普勒FFT,实现高多普勒分辨率。

每次扫描首先要接受8192点距离向FFT。如果只有一个目标,在扫描中只获得一个脉冲。类似地,通过另外三个距离向FFT可以获得另外三个脉冲。距离向FFT的输出要经过IFFT处理,然后根据距离对回波进行排序。每次扫频的距离单元通过串并联转换器转换成一组距离单元,共计4096个。然后将每个距离单元的输出放入FIFO。完成四次扫描后,对每个距离单元输出进行四点多普勒FFT。这个过程称为角频率转换,在第8章中已进行广泛讨论。多普勒FFT的角频率由扫频速率的倒数给出。

对于10r/min的状态,它是$1/T_s = 1/(4.096 \times 10^{-3}) = 244(Hz)$。因此SRF/2 = 122Hz。这相当于1.8m/s(3.6kn)的径向速度。由于进行的是4点的多普勒FFT,得到了两个单元,每个单元的分辨率为1.8/2 = 0.9m/s(1/8kn)。即使需要更高的精度,因为高转速也无法提供。当需要距离和精确的多普勒时,10r/min是最佳模式。多普勒滤波的思想是为了保证无杂波显示。它仅仅优于MTI雷达。为了使杂波最小,必须在多普勒平面上工作。然而,由于脉冲不足,无法获得高分辨率的多普勒性能,这与第9章中战场监视雷达天线旋转较慢的情况不同。该雷达的多普勒性能见表10.5。

表10.5 "海鹰"雷达的多普勒性能

转速/(r/min)	ADC采样率/MHz	最大差拍信号/MHz	标称扫描时间/μs	4点FFT的多普勒单元数	多普勒转角频率(SRF/2)/Hz	多普勒转角速度/m/s	多普勒单元宽度/Hz	多普勒单元宽度/(m/s)
10	4	2	4096	2	122	1.8(3.6kn)	61	0.9(1.8kn)
20	8	4	2048	2	244	3.6(7.2kn)	122	1.8(3.6kn)
40	16	8	1024	2	488	7.2(14.4kn)	244	3.6(7.2kn)

从表10.5中可以推断出,在10r/min模式下,可以跟踪的最大目标速度是1.8m/s(3.6kn)。这是大多数海船的平均速度。然而,航行速度超过这种速度的船舶在多普勒平面上往往会发生折叠。因此,这种模式适用于进港等近距离导航。同时,20r/min模式最适合大多数场合,它的最大目标速度为3.6m/s(7kn)。这种情况能够包括大多数海洋目标。然而,飞行速度为100m/s或360km/h的直升机将在多普勒平面上多次折叠。40r/min模式跟踪目标的最大速度为7.2m/s(14kn)。速度为60kn(30m/s)的目标会折叠四次以上。这不算多,能够很好地应对水翼艇、快速小艇和接应船等目标。在快速变化的场景中这种模式非常有用,因此多普勒在这种雷达中并不是什么大问题。由于目标的多

普勒在距离上是明确的,因此可以利用雷达跟踪器来确定目标的多普勒。

10.13 天　　线

图 10.1 显示了这种类型雷达的天线。由于功率电平比较高(为 5W),采用了波导缝隙天线。FMCW 印制线阵天线如图 10.4 所示。

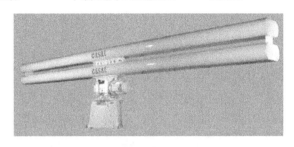

图 10.4　FMCW 印制线阵天线(EASAT)

图 10.4 所示的天线功率最高可达 1W。因此,只要保持平均功率低于 5W,就保持住了 LPI。第 9 章详细介绍了天线,并讨论了其余模块。跟踪问题与战场监视雷达(BFSR)相同。

到此结束对海洋导航雷达的研究。读者可以使用随附的名为 Sea eagle navradar.wsv 的 SystemVue 文件以不同的参数运行模拟。

10.14　使用 SystemVue 设计射频系统的基本准则

读者应熟悉 SystemVue。在网络上有大量关于使用 Keysight Technologies[6]的参考资料。然而,射频系统工程师需要牢记以下基本规则。

(1)在开始任何设计之前,仔细选择频率。杂波和交调的失真应该是最小的。System Vue 中的 What IF® 工具在这方面提供了帮助。

(2)在放大器的输入信号中,始终保持 5dB 的增益裕度。假设所讨论的放大器增益为 12dB,1dB 压缩点为 15dBm。那么必须确保输入信号在任何时候都不超过 2dBm。这满足 5dB 增益裕度要求,因为 5dB 增益裕度限制是 10dBm。如果允许放大器增益为 12dB,那么输出信号将为 14dBm。这仍然是低于 1dB 压缩点 1dBm,从而确保放大器始终保持在线性区域。这些要求虽然很严格,但是一个很好的设计。System Vue 在出现此类错误时会警告用户。

(3)不要在低噪声放大器的输入端使用限幅器,最好使用比较器,限幅器会干扰 MTI 滤波器的功能,现在已经可以使用以高频运行的快速比较器(见第 11 章)。

(4)在可能的情况下,I/Q 解调器应该始终是数字的。

(5)始终保持输入到混频器中的 LO 和 RF 信号差距在 20dB 以上。考虑一个电平 -10 的混频器,其本振馈电电平是 10dBm 信号。因此,其射频馈电不应超过 10dBm。这有助于更好的混频,因为当射频电平较低时,混频桥路上的本振信号开关在二极管的非线性区域工作,保证良好的混频。

(6)如果滤波器中的群时延(GD)变得很关键,则滤波器的带宽必须大于要求的带宽。这可能会对展宽处理器的性能产生负面影响,在频域内具有模糊目标频率的效果。群时延是相位相对于频率的变化率,最好在整个扫描带宽上具有恒定的群时延,因为所有频率都将被平均延迟。但是,变化的群时延会对展宽处理器的性能产生不利影响[1]。

(7)在低噪声放大器输入端获得约 2dB 或更高的噪声系数,这不包括预选滤波器,后者应具有尽可能小的插入损耗(IL)。预选滤波器的插入损耗将增加整体噪声。预选滤波器的带宽越宽,其插入损耗就越低。

(8)尽量减少使用衰减器。这样可以减少损耗。放大一个信号后,立即衰减其中的很大一部分是没有意义的。因此应仔细选择增益放大器。

(9)尝试采用带通采样的 ADC 低中频配置。假设 FMCW 雷达扫描带宽为 100MHz;中频滤波器带宽需要超过 100MHz。这是为了确保扫频的终止频率不是滤波器的终止频率,否则将产生 3dB 的功率损耗。在这种情况下,带通采样的 ADC 采样频率将是滤波器带宽或 400MHz 的 2~4 倍。

(10)确保 ADC 动态范围大于接收机动态范围。允许附加数位用于本底噪声(通常为 1.5 位)和(若使用带通采样)带通采样而产生的额外噪声。例如,接收机的动态范围为 80dB,那么通常情况下需要一个 14 位的 ADC($6.02N + 1.76 = 86.04(dB)$)。如果为 LSB 噪声分配 1.5 位,则仍将有 84.54 位用于适应 80dB 的接收机动态范围。如果使用带通采样,然后使用式(8.20),则需要使用 16 位 ADC 或更高的 ADC 来补偿附加的数位。尝试在 ADC 的输入端使用可变增益放大器(VGA),以便仔细控制 ADC 的功率电平。当没有目标时,VGA 设置静态功率电平。但在存在目标波动的情况下,需要一个 AGC 来控制 ADC 输入功率电平,保证 ADC 不饱和。在任何接收机链路中,最好在链路末端引入衰减器/VGA。这样做可以保持噪声系数。

(11)在设计相参系统时,任何相参系统中都有三个时钟系统:

①稳定本地振荡器(STALO)时钟系统:任何雷达或通信系统中的所有本振频率都只来自一个源,该源是基本的晶体振荡器,通过乘法或混频过程从这个晶体源获得所需的频率。读者可以看到"海鹰"航行雷达的 STALO 系统随附的 System Vue 文件。设计人员应确保 STALO 时钟不与系统中的其他时钟(如 ADC 时钟)以任何方式链接或派生。

②ADC时钟系统：系统中使用的 ADC(如 STALO)仅从一个源获取采样频率，这通常也是一个晶体振荡器。ADC 的晶振完全独立，不为雷达中的任何其他系统提供服务。

③FPGA 时钟系统：FPGA 也有自己的时钟系统，通常为 800MHz 或更高频率。它有自己的时钟源，在任何情况下都不应该与雷达中的任何其他时钟系统相连。这三个时钟系统是相互独立的。任何违反此规范的行为都会导致奇怪的结果，甚至失去脉冲压缩。

（12）在设计阶段，最好只使用同轴元件。由于制造问题，同轴元件不会出现任何外部问题，如噪声或读数错误。如果结果与 SystemVue 仿真结果不能很好地比较，那么存在设计缺陷。如果模拟和现场结果紧密匹配，那么可以放心地假设没有设计问题。如果雷达系统的性能不能根据同轴结果(如杂散和交调产物)测量，那么可以假设是制造缺陷，如劣质 PCB。

参考文献

[1] Jankiraman,M., *Design of Multifrequency CW Radars*,Raleigh,NC:SciTech Publishing,2007.
[2] https://www.thalesgroup.com/sites/default/files/asset/document/scout_mk3 - v01.pdf.
[3] Skolnik,M. I.,*Radar Handbook*,Third Edition,New York:McGraw – Hill,2008.
[4] Whitlow, D., *Design and Operation of Automatic Gain Control Loops for Receivers in Modern Communications Systems*,Tutorial,Norwood,MA:Horizon House Publications,May 2003.
[5] Mahafza,B. R.,and A. Z. Elsherbeni,*Matlab Simulations for Radar Systems Design*,Boca Raton,FL:CRC Pres s,2004.
[6] https://community.keysight.com/thread/25296.

第 11 章
反舰导弹导引头

11.1 引　　言

本章详细介绍了反舰导弹导引头的设计和发展方向,实质上涵盖了导弹技术的两个方面,即导引头本身和微型高度计,它们都是 FMCW 体制。本章以瑞典 RBS15 Mk3 掠海反舰导弹为例进行介绍[1]。

11.2　RBS15 Mk3 导弹系统

RBS15 Mk3(图 11.1)现代化的地地导弹系统,作为一种远程系统,是任何类型舰艇的主要反水面武器。它被设计用于各种场景,如从蓝色水域和沿海地区的反舰战争到对地攻击任务。该导弹由 Saab Dynamics AB(瑞典)和 Diehl BGT Defense(德国)联合生产和销售[1]。

图 11.1　RBS15 Mk3 反舰导弹[1]

由于采用了先进的预发射可编程激活雷达导引头,RBS15 Mk3 可在各种天气条件下实现真正的"一劳永逸"。其任务计划是通过导弹交战计划系统(MEPS)执行的,该系统为操作人员提供了内置的决策支持和高级的齐射触发管理。结合高的系统准备程度,有助于导弹系统对任何威胁做出快速反应。

灵活的弹道,低雷达和红外特征,先进的防御以及执行一系列规避机动的能力,包括必要时的再攻击,使导弹具有非常高的命中率。

11.2.1 主要操作功能

(1) 远距离:具有多个三维航点的极其灵活的轨迹;
(2) 具有全天候能力的先进目标导引头;
(3) 无与伦比的掠海能力;
(4) 高级 ECCM;
(5) 大弹头。

11.2.2 主要技术指标

(1) 长度:4.35m;
(2) 机身直径:0.50m;
(3) 翼展:1.40m;
(4) 质量(飞行中):660kg;
(5) 质量(带助推器):820kg;
(6) 导引头:主动雷达;
(7) 速度:$Ma=0.9$(亚声速);
(8) 距离:大于200km;
(9) 轨迹:多个3D航路点。

RBS15 Mk3 导弹最先进的子系统之一是其主动雷达目标导引头,与红外导引头不同,它不受恶劣天气条件的影响,并且还为导弹提供惊人的准确性。在试射期间,一枚 RBS15 Mk3 导弹设法击中某目标,该目标大小与车胎相仿,并被放置在大目标上。导弹能以最大距离穿过小目标的中心。体现了该导弹在适当条件下的精确定位。

RBS15 Mk3 导弹的前段包括导弹和电子器件,之后是弹头和燃料部分。后段由机翼和涡轮喷气发动机以及两个并联的增压马达组成。该导弹具有十字形翼,可在储存期间缩回。

该导弹长 4.35m,机身直径 0.5m,翼展 1.4m。导弹的发射和飞行质量分别为 820kg 和 660kg。RBS15 Mid 能以 $Ma0.9$ 的亚声速飞行,同时可在 200km 的范围内攻击目标。

11.3 RBS15 Mk3 导弹制导系统

RBS15 导弹制导和控制系统包括惯性导航系统和 GPS 接收器,以及雷达高度计和 Ku 频段雷达目标导引头。RBS15 Mk3 导弹能抵抗敌人的反制措施,能对两个甚至多个导弹编程,以便从不同方向同时击中目标,更好地穿透战舰的防空系统。

该导弹具有低的雷达横截面和红外信号,具有复杂的目标识别和选择能力,对箔条、主动干扰器、诱饵和其他 ECM 具有极强的对抗能力。

RBS15 Mk3 是一种低掠海导弹,可执行不可预测的回避机动。增加了该导弹终端阶段的推力,使其可击败导弹、枪支和近距离武器系统(CIWS)。导弹参与计划系统(MEPS)提供高级用户界面,用于为不同场景生成不同作战计划。

11.4 RBS15 Mk3 SSM 的弹头和推进装置

该导弹可配备优化的重型 HE 爆炸碎片弹头,高效弹头可以穿透任何现代船只的船体。

舰载和卡车上的 RBS15 Mk3 导弹由两个增压电动机启动。该导弹由 Microturbo(赛峰集团公司和 Turbomeca 的子公司)开发的 TR 60-5 可变推力涡轮喷气发动机提供动力。装有三级轴流压缩机的 TR60-5 发动机可提供 350~440daN 的推力。

11.5 导弹高度计

该导弹配备有海平面高度计,用于最后接近目标。关于该导弹的更多信息见附录,本小节无更多信息。

11.6 主动雷达导引头

可用的信息表明该主动雷达导引头工作在 Ku 频段。考虑到这种设计年代久远的导引头可能基于脉冲多普勒技术。

有理由假设正在开发的 RBS15 Mk4 版本将包含 FMCW 导引头,这使得 LPI 具有更高的准确性和更好的追踪性能。

一旦导弹设计者选择 LPI,导弹就不能采用脉冲多普勒技术。脉冲多普勒雷达是一个致命的漏洞。因此,整个轨迹将一直使用 GPS 或 INS 进行规划,直到距目标位置约 6km 为止。只有这样,导弹才会下降到低空并在搜索模式下打开雷达导引头。显然,需要仔细规划弹道,以确保目标的可能位置位于导弹前方。

到此为止,有关该导弹的已知信息都是通过商业渠道获取的。下面推测该技术是如何实现的。

11.7 导引头技术指数(推测)

(1) 14GHz 有源雷达;
(2) 低功率,窄波束;
(3) 双极化,双视;
(4) 快速信号处理器;
(5) 检测/分类软件。

11.8 操作程序

(1) 包括射程和方位在内的粗略目标名称将下载到导弹中。
(2) 导弹向目标发射的大致方向。
(3) 从初始位置和速率更新名称。
(4) 仅使用 GPS 向目标飞行 7km。
(5) 导弹潜至海面以上 600m,切换到掠海测高计。这是搜索模式,导弹激活雷达导引头。
(6) 踪迹搜索会在 300ms 内扫描搜索框。
(7) 采集算法在框中映射所有目标。
(8) 轨道扫描可实现对目标优先级的最佳决策。
(9) RCS 算法的目标超过 $10m^2$,使其可能为船舶/巡逻船。
(10) 导弹俯冲到海面以上 10m,在最后的 4~6km 内接近目标。

11.9 系统性能(推测)

11.9.1 目标检测和识别

目标检测基于雷达回波的高距离分辨率和偏振特性的组合。系统发射水平极化(H)波并同时接收垂直(V)和水平(H)极化回波,距离门大小保持在 3m 左右。这样可以在一个典型的巡逻船(120m × 13m)上放置 40~50 个距离单元。

通过多普勒处理来区分移动目标。

11.9.2 飞行剖面图

导弹飞行剖面如图 11.2 所示。此导弹为掠海导弹，最后阶段在海面上约 10m 的高度飞行。它具有多个三维 GPS 检查点的能力，因此它可以获取用户所需的任何类型的飞行剖面。这些是在启动之前输入的。规划的横向飞行剖面如图 11.3 所示。

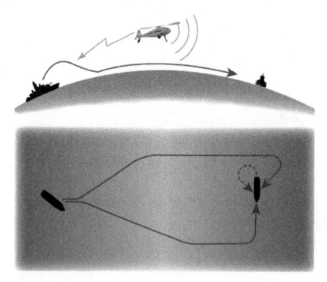

图 11.2　RBS15 Mk3 导弹飞行剖面[1]

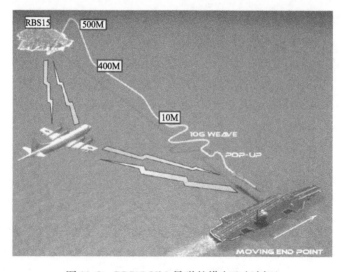

图 11.3　RBS15 Mk3 导弹的横向飞行剖面

$10g$ 机动可以很容易地编程到导弹中。最后一步是弹出窗口。在 RBS15 Mk3 版本中，当导弹到达其顶点时会打开雷达导引头以定位目标。在此情况以及可能的 RBS15 Mk4 FMCW 版本中，出于对 LPI 的考虑，不能这样做，因为目标距离大约是 200km。

脉冲多普勒发射具有其固有的 LPI 风险，因此转而依靠 GPS，用多个三维 GPS 坐标精确地对导弹进行编程，确定其整个轨迹。在距离目标 6~7km 处启动导引头，下降至高度 400m 后进入搜索模式。需要注意的是要使导弹尽可能接近目标，再打开导引头，确保当雷达导引头打开时，目标离得足够近。导引头的任务是识别目标并开始最后的机动轨迹，如迂回行进(图 11.3)。因此，导引头要迅速捕获目标(如在开始之字形机动之前)。否则，完全可以不用导引头，仅依赖 GPS/INS 直至发生撞击。

11.9.3 雷达前端

为了确保 LPI，发射的平均功率不超过 1W。在实际应用中，由于使用了环形器，发射功率大大降低。假设隔离为 20dB，通过 SystemVue 可知，输入 LNA 的增益为 28dB，Pl 点为 18dBm。

如果允许 −5dB 的线性裕度，那么输入信号不应超过 −15dBm，这样输出功率电平将为 13dBm(5dB 小于 +18dBm，Pl 点)。对于一个 20dB 的环形器隔离，不能发射超过 5dBm，对应功率为 3mW。需要确认这个功率是否满足需求，将在 11.9.5 节讨论。如果把扫描带宽设为 50MHz，则有

$$\Delta R = \frac{c}{2\Delta f} = \frac{3 \times 10^8}{2 \times 50 \times 10^6} = 3(\text{m})$$

为了满足更高的发射要求，需要采用调频中断连续波(FMICW)技术。这在导弹制导中很常见，关于 FMICW 将在 11.13 节中讨论。

在多目标环境处理中使用锯齿波更为方便。假设导弹获得目标的工作范围为 6km，共极化和交叉极化通道都需要 2048 个距离元或 4096 点距离维 FFT。假设扫描时间 500μs(SRF = 2kHz)，拍频计算如下：

$$f_b = \frac{\Delta f}{T_s}T_r = \frac{\Delta f}{T_s}\frac{2R}{c} = \frac{50 \times 10^6 \times 2 \times 6000}{500 \times 10^{-6} \times 3 \times 10^8} = 4(\text{MHz})$$

中频 LPF 滤波器的截止频率为 4MHz。因此，ADC 将需要在 8MHz 处采样。由于 LPF 边缘不够陡峭，需要将采样速率提高到 10MHz(2.5 倍)。为了保证足够的动态范围，使用 12 位 ADC。与之前一样，需要清空扫频的两端，以免对旁瓣产生不利影响。这就为傅里叶变换提供了 4096 个采样点。图 11.4 是射频框架的原理示意图。

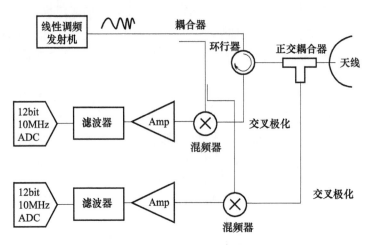

图 11.4 RBS15 Mk3 原理图

在所附的 SystemVue 文件中,模拟的体系结构没有放入图 11.4。为简单起见,只实现了一个通道。发射机和接收机通道有各自的原理图,可以通过环形器连接将它们放到一起,但这会减慢程序运行速度。相反,可以在 13.5GHz 处模拟环形器泄漏,同时伴随 15dBm 的雷达回波。图 11.4 中,13.5GHz 雷达回波信号被约 −60dBm 功率电平的目标多普勒频移。尽管接收功率要低很多,但依旧可根据拍频进行分类,因为环行器泄漏的信号是最低拍频(最近距离),可以滤除掉。

对于 14GHz 的载频,航速 20kn 的船将使雷达回波产生 934Hz 的多普勒频移:

$$f_D = \frac{2V}{\lambda} = \frac{2 \times 10}{0.0214} = 934.5(\text{Hz})$$

式中:V 为目标速度(假设 $\theta = 0°$),单位为 m/s。

对于一个 20kn 的目标速度,$V = 10\text{m/s}$,$\lambda = 0.0214\text{m}$,载波频率 $f = 14\text{GHz}$。

当引入环形器的泄漏时,接收机的噪声系数会略微恶化,导致探测范围下降。

11.9.4 天线与天线扫描

导弹弹体直径为 500mm,因此天线直径最大可达 480mm。如果 $\lambda = 0.0214\text{m}(21.4\text{mm})$,那么在 14GHz 处,3dB 波束宽度为

$$\theta_{3\text{dB}} = \frac{70\lambda}{D} = \frac{70 \times 21.4}{480} = 3(°)$$

由于空间问题和窄波束的需要,在框架上安装卡塞格伦天线非常适合,如图 11.5 所示。

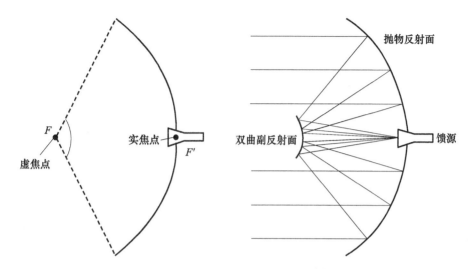

图 11.5　卡塞格伦天线工作原理[2]

卡塞格伦天线很像普通的抛物面天线,但它使用双反射面来产生和聚焦雷达波束。主反射面采用抛物线轮廓,第二个反射面(或称次反射面)采用双曲轮廓。天线馈源位于双曲线的两个焦点之一。发射机的雷达能量从副反射器反射到主反射器,使雷达波束聚焦。目标返回的雷达能量由主反射镜反射,并以会聚光束的形式反射到副反射器。雷达能量由副反射器反射,在天线馈源处收敛。副反射器越大,与主反射器距离越近,越能减少雷达的轴向尺寸。但是,副反射器的存在增大了口径遮挡。虽然小的副反射镜可以减少口径遮挡,但它与主反射镜的距离保持更大。与普通抛物面天线相比,卡塞格伦天线具有以下优点:

(1)更紧凑(虽然天线需要一个二次反射器,但两个反射器之间的总长度仍然小于正常抛物面天线中馈源与反射器之间的长度)。

(2)减少损耗(接收机可以直接安装在馈源附近)。

(3)地面雷达的旁瓣干扰较小。

与抛物面天线相比,卡塞格伦天线有以下缺点。

(1)天线会产生更大的波束遮挡(副反射器和馈源的总尺寸大于抛物线系统中的馈源),如图 11.6 所示。

(2)天线不能很好适用宽带馈源。

如图 11.6 所示,副反射器的遮挡非常严重。卡塞伦天线的辐射图如图 11.7 所示。对于 6in 的反射器,旁瓣增益通常为 16dB。这样可以减少旁瓣杂波。图 11.8 展示了 RBS15 Mk3 导弹的外形。

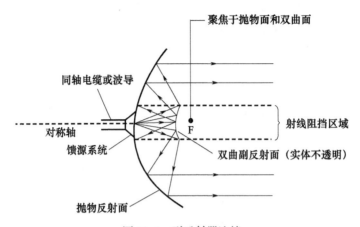

图 11.6　副反射器遮挡

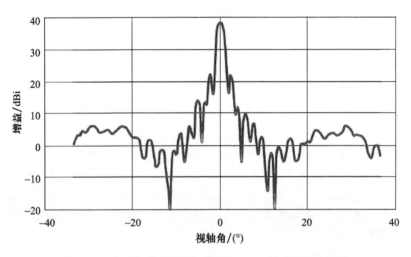

图 11.7　卡塞格伦天线的辐射图(94GHz 处典型的 H 面)

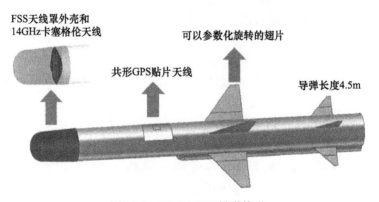

图 11.8　RBS15 Mk3 导弹外形

通过使用扭转的卡塞格伦天线(图11.9),可以避免由副反射面及其安装支杆[2]的遮挡造成的不利影响。副反射面仅反射水平极化波,而让垂直极化波通过。主反射器反射所有波。为此,应在主反射面前面适当位置放置一块板替代双曲线金属反射面(图11.9)。该反射板由λ/4板和相对水平方向成45°角的金属栅组成。喇叭天线辐射出脉冲电平,如左旋圆极化波。该波首先通过45°金属栅和λ/4板,被转换为水平线极化波。该水平极化波被水平的金属栅反射后,再次通过λ/4板。此时栅片的方向是镜像的,看起来像旋转了90°,从而消除了以前的极化变化。又恢复到左旋圆极化波传回到抛物主反射面。

图11.9 极化栅板原理

在金属的主抛物反射面上反射后,将左旋圆极化波变为右旋圆极化波。当第三次通过45°金属栅和λ/4板后,右旋圆极化波变为垂直线极化波。该垂直极化波无损耗地穿过副反射板的水平栅,以垂直偏振射向目标。在接收模式下遵循可逆原则。

极化扭转的卡塞格伦天线不能用于极化目标分析(见11.9.7节),它只有一个极化是可用的,因此在决定使用极化扭转的卡塞格伦天线时需要深思熟虑。

笔形波束的增益为(假设天线效率 $\eta = 0.6$)

$$G = \frac{40000}{\theta_{az} \times \theta_{el}} = \frac{40000}{3 \times 3} = 4444 (36dB)$$

大约在4km的射程上,天线波束覆盖足迹宽度将是200m×1500m,波束覆盖足迹的长度是导弹飞行高度(400m)的函数,如图11.10和图11.11所示。由于是海洋目标,不会因树木或起伏的地形等物体而出现阴影问题。注意的是,该导弹同时也是一枚对地导弹。假设在300ms的搜索时间内进行一次机械扫描,如图11.11所示。

由于导弹正在滑行,它的横向加速能力有限。搜索区域假定为1500m×1500m的正方形。当导弹接近目标时,在某一点(如1km处),其应该进入制导模式。此搜索区域需要大约24°的角度扫描,角扫描速率为80(°)/s。

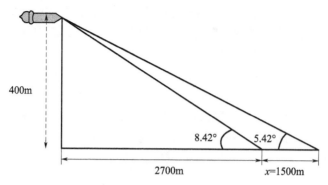

图 11.10　掠海模式的几何图形

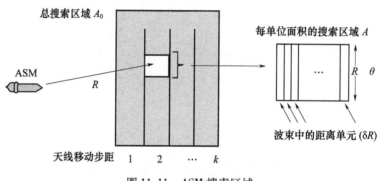

图 11.11　ASM 搜索区域

11.9.5　信号处理

在波束宽度为 3°、角速率为 80(°)/s 的情况下,目标对准时间为 37.5ms。总扫描时间为 500μs(假设采样率为 8MHz)。即每次扫描目标回波次数可达 75 次。这样就可以进行 64 次脉冲积累(均衡 11 次目标回波可将时间分配给信号处理)或 64 点多普勒 FFT。由于 SRF = 2kHz,则多普勒为

$$\delta f_D = \frac{SRF/2}{32} = \frac{2000/2}{32} = 31.25(Hz)$$

31.25Hz 的多普勒灵敏度转换为(载波频率为 14GHz)0.33m/s(或 0.7kn)或小于 1kn。

目标验证可以基于以下内容:在作用距离内划分 30~40 门;64 个时间片;两个正交极化。

这足以识别船舶/巡逻舰。

一旦识别完成,导弹将降至高度 10m,切换到制导模式,并使用掠海高度计来保持高度,并锁定目标。

第 11 章　反舰导弹导引头

可见导弹降至距目标 GPS 位置约 7km 的 400m 高度,即进入搜索模式并进行推扫。一旦确认目标,便会下降至 10m 并进入制导模式。现在仍需确认 3mW 的发射功率是否满足需求。为此,利用附带的 GUI 并插入以下参数来获得导弹的性能特征。

接收机的噪声系数为 5.06dB。从所附的 System Vue 文件 missile.wsv 中获取此值。其余参数如下:

发射天线增益:36dB;
接收天线增益:36dB;
发射功率:0.003W;
噪声系数:5.06dB;
带宽:2kHz;
波长:0.0214m;
波束宽度:3°×3°。

就我们直接的目的而言,其余参数无关紧要,如图 11.12 所示。

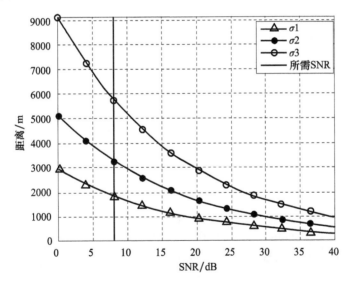

图 11.12　RBS15 Mk3 导弹的噪声限制雷达性能

注:$\sigma 1 = 1m^2, \sigma 2 = 10m^2, \sigma 3 = 100m^2$

从图 11.13 中可看出,对于 $10m^2$ 的目标,探测范围约为 3200m,这足以确保目标检测。如果认为不合适(基于战术情况),可切换至之前讨论过的 FMICW。这需要额外的门控开关,信号处理的其余部分保持不变。也允许发射更大的功率,从而实现更高的目标探测距离。在 11.9.6 节中将弄清楚有限杂波的性能。

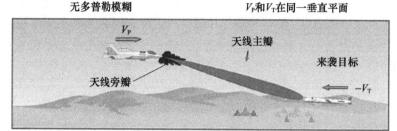

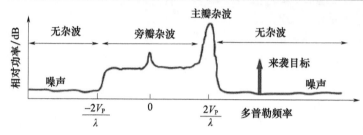

图 11.13　机载杂波剖面[4]

11.9.6　海杂波中的性能

假设感兴趣的是白噪声,其在多普勒中均匀分布。海杂波给处理器带来了另一个明显干扰或有色噪声背景。多普勒是目标相对于 ASM 的径向速度的度量。通常,处理过程是将主杂波的多普勒频移为零多普勒(图 11.13)。因此,反射器返回的多普勒测量值是其相对于主波束杂波中心的闭合径向速度。由于 ASM 径向速度的贡献随着视角而变化,回波的多普勒随着波束内的视角而变化,因此多普勒测量值是目标径向速度和波束内视角的共同影响。SLC 是由 MLC[3]的面积和比它大约 15dB 的海面积组成。但是对于本例,它分布在大约 64 个多普勒单元上,这降低了每个单元的杂波近 15dB。由于天线增益降低,SLC 也下降了至少 30dB。因此,预期 SLC 底线比 MLC 水平低约 30dB 或更多,因此可以忽略。假设散射系数为 -35dB/面积[3],可以估算出低掠角下海杂波的雷达截面积。

使用 3°的波束宽度、6km 的距离以及 -35dB/面积的距离分辨率系数(面积等于 64dB,1500m × 1500m),MLC 的杂波散射截面为 29dB。因此,干扰水平可能接近雷达截面积为 0 ~ 30dBsm 的小目标,这与低多普勒单元的干扰水平相当。尽管这仍然比标准的舰船目标小得多,但表明检测问题应该是在低多普勒单元中和短距离内的有限杂波,而不是在所有距离中的高多普勒单元中的有限杂波。

假设某个简单的杂波模型,必须计算杂波干扰以确定目标检测是否为有限杂波(杂波是否大于或小于噪声。同样,SCR 是否小于 SNR)。假设海杂波散射系数 $\sigma_0 = -35\text{dB}$,并且杂波是杂波系数乘以海上的脉冲面积。

在低掠射角下,SCR 可表示为

$$\text{SCR} = \frac{\sigma_T}{\sigma_0 \cdot \delta R \cdot \theta \cdot R}$$

对于 $\text{RCS} = 10\text{m}^2$,距离为 6km 的目标,可得

$$\text{SCR} = \frac{\sigma_T}{\sigma_0 \cdot \delta R \cdot \theta \cdot R} = \frac{10}{3.16 \times 10^{-4} \times 3 \times (\pi \times 3)/180 \times 6000} = 33.5 = 15(\text{dB})$$

注意,在如此短的距离(仅 6km)内,SCR 远低于预期。这是因为距离分辨率只有 3m,所以进入系统的杂波较少。根据第 5 章的讨论,SwerlingII 目标所需的 $\text{SNR} = 20\text{dB}$。这不是单个脉冲 SNR,而是指定的检测概率和虚警概率下所需的 SNR($P_d = 0.8, P_{fa} = 10^{-10}$)[5]。通过脉冲积累获得 SNR 值,因此该雷达性能不受有限杂波限制。

11.9.7 目标识别

不同的目标类型可以通过其共极化和交叉极化特征的差异来识别。具有多个棱角和附属物的目标有可能在多次反弹之后反射信号,并且产生极化旋转。当存在多个散射体,每个散射体以不同的量偏转极化,因此总的回波有可能成为随机极化(均匀扩散)。这样的信号称为去极化。平滑的目标只反射一次,因此极化不会旋转。可使用极化比来识别目标[6]。为更好地说明,已经为装甲车和旧坦克绘制了相关曲线[6],如图 11.14 所示。

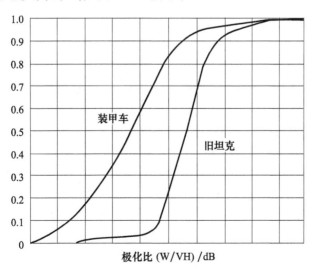

图 11.14　用于识别车辆的极化比(VV/VH)[6]

11.10　寻的制导的基本原理

主动雷达制导头的设计是一项艰巨的任务。然而,导引头正确地将导弹导向目标又是一回事,这需要从整体角度来考察其性能。还需要结合导引头和惯性导航系统考察导弹控制系统及其性能。本节主要介绍寻的制导的概念基础[7]。首先建立一个基本的几何和旋转框架;然后在此框架的基础上提出一种比例导航(PN)制导的概念。简要讨论这个比例导航的机械化系统,它取决于导弹上可用的惯性和目标传感器的类型。制导导弹通常无法直接控制纵向加速度,只能通过产生垂直于导弹体的加速度,按制导律规定的方向进行机动。因此,需要讨论解决这种缺乏控制的指导命令保存技术。随后,研究了实现该寻的制导系统的关键挑战。

导弹制导阶段。在附件文件夹 color.pdf 中图 22 讨论这个问题。武器控制系统首先决定目标是否可攻击,如果可攻击,则计算发射解决方案,初始化、发射导弹并将其加速到飞行速度。惯性制导通常在飞行的助推阶段使用,在此期间导弹被加速到飞行速度并且大致建立飞行路径以拦截目标。中途制导是导弹从外部接收信息,以适应对目标制导的中间飞行阶段(通常使用 GPS)。在中途阶段,导弹必须引导到目标的某个合理接近范围内,并且在实现导引头锁定时(末制导阶段之前)提供一个理想的相对几何体。末制导阶段是最关键的飞行阶段。根据导弹能力和任务,它可以从几十秒下降到拦截前的几秒。末制导阶段的目的是消除在前一阶段累积的残余误差,并最终将拦截器和目标之间的最终距离减小到某个特定水平以下。

11.10.1　寻的分析

在导弹制导阶段通常假设导弹已经冻结目标航向。然而这并不现实,在交战过程的早期,目标定位存在很大的不确定性。目标机动是不可预测的,这使情况更加复杂,并且还存在导航误差和未建模的导弹动力学,这些都会导致目标定位错误。因此,在导弹发射后的中途制导阶段,通过机载导引头捕获预测的目标位置时,目标实际位置将偏离预测位置。图 11.15 说明了这种情况。

图 11.15 中,r 是导弹与预测目标位置之间的 LOS 向量。$I_{rLOS} = r/\|r\|$ 是沿着 LOS 的单位向量;v_T 和 v_M 分别是目标和导弹的速度向量;$v_R = v_T - v_M$ 是相对速度向量,e 是预测目标和真实目标位置之间的位移误差。

相对速度向量 v_R 沿着 LOS 到预测目标位置(捕获时)。实际上由于预测错误,偏离了目标的真实位置,如图 11.15 所示。

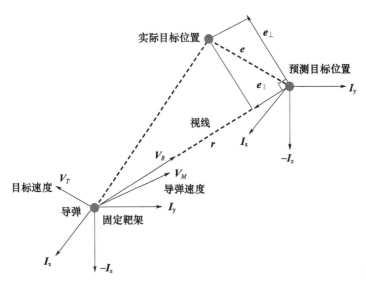

图 11.15 为利于简化移交到末制导的分析,所有有利于导航和
交战模型的误差都被归为移交时目标相对于导弹位置的不确定性[7]

因此,导弹需要采取纠正措施。位移误差定义了这一点。向量 e 可以分成两个分量,一个沿着 LOS($e_{\parallel}$),一个垂直于预测的目标 LOS($e_{\perp}$),可表示为

$$\begin{cases} e_{\parallel} = (e \cdot I_{rLOS}) I_{rLOS} \\ e_{\perp} = I_{rLOS} \times (e \times I_{rLOS}) \end{cases} \quad (11.1)$$

式中:"·"表示两个向量之间的点积(标量),"×"表示两个向量之间的叉积(向量)。从图 11.15 可以看出,由于相对速度向量 v 沿 LOS 方向到达预测目标位置,误差 $e_{\parallel}$ 只会改变拦截时间而不会影响脱靶距离。因此,导弹过渡到末制导后必须消除的脱靶距离仅由位移误差垂直分量 $e_{\perp}$ 确定。

现在需要推导导弹制导律,它决定了导弹对目标的制导方式。控制系统的闭环特性允许导弹(通常称为"追赶者")容忍一定程度的传感器测量不确定性、用于交战模型的假设误差和导弹能力误判[7]。制定制导律的关键输入是使用的目标传感器类型(如雷达和红外传感器)、目标精度和惯性测量单元(IMU)、导弹机动性、目标类型及其模型。

11.10.2 交战运动学

运动学使用的数学符号如下[7]:

$X = n \times m$,标量元素矩阵 $x_{i,j}(i = 1, 2, \cdots, n; j = 1, 2, \cdots, m)$;

$\bar{x} = n \times 1$,标量的向量元素$(x_i, i = 1, 2, \cdots, n)$;

$\|x\| = \sqrt{\sum_{i=1}^{n} x_i^2} = \bar{x}$,欧几里得向量范数;

$\overline{I}_x = \overline{x}/\|\overline{x}\| = n \times 1$, $\overline{x}$ 方向单位向量($\|I_x\| = 1$);

$\delta/\delta t$,相对于固定(惯性)坐标系的时间导数;

d/dt,相对于旋转坐标系的时间导数。

考虑图 11.16 所示的交战模型。

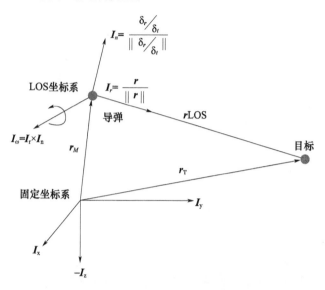

图 11.16 在 LOS 坐标系中,LOS 角速度垂直于 LOS 方向,并且 LOS 围绕 I_ω 旋转[7]

r_M 和 r_T 是导弹拦截器和目标相对于固定参考坐标系的位置向量(用 $\{I_x I_y I_z\}$ 表示)。

定义目标相对于导弹的相对位置向量:

$$r = r_T - r_M \tag{11.2}$$

可将其重写为 $r = RI$,$R = \|r\|$ 为目标导弹射程,I_r 为沿方向单位向量(I_r 为 LOS 单位向量)。对 $r = RI$ 在固定坐标系下求导数,可得

$$v \triangleq \frac{\delta}{\delta t} r = \dot{R} I_r + R \frac{\delta}{\delta t} I_r \tag{11.3}$$

由式(11.3)可知,相对速度由两部分组成: $\dot{R}$ 大小的改变导致 r 的改变; LOS 单位向量的变化率导致的方向变化(旋转)。

将方向的变化定义为

$$n = \frac{\delta}{\delta t} I_r \tag{11.4}$$

将第二个单位向量 I_n 定义在 n 的方向上,即

$$I_n = \frac{\delta I_r / \delta t}{\|\delta I_r / \delta t\|} = \frac{n}{\|n\|} \tag{11.5}$$

为完成 LOS 坐标系的定义，第三个单位向量 I_ω 定义为前两者的叉乘积，即

$$I_\omega = I_r \times I_n \tag{11.6}$$

LOS 坐标系相对于惯性坐标系的角速度为

$$\dot{\boldsymbol{\varphi}} = \dot{\phi}_r I_r + \dot{\phi}_n I_n + \dot{\phi}_\omega I_\omega$$

式中分量为：

$$\begin{cases} \dot{\boldsymbol{\phi}}_r = \dot{\phi}_r I_r \\ \dot{\boldsymbol{\phi}}_n = \dot{\phi}_n I_n \\ \dot{\boldsymbol{\phi}}_\omega = \dot{\phi}_\omega I_\omega \end{cases} \tag{11.7}$$

因此通过式(11.4)，可以重写 LOS 率为

$$n = \frac{\mathrm{d}}{\mathrm{d}t} I_r + \dot{\boldsymbol{\varphi}} \times I_r \tag{11.8}$$

如式(11.8)所示，第一个表达式表示 LOS 单位矢量相对于旋转坐标系的时间导数，$\dot{\boldsymbol{\varphi}}$ 为旋转坐标系相对于惯性坐标系的角速度，式(11.8)的第一个分量是零，LOS 单位向量为常数。因此，LOS 角速度对应的单位向量可简化为

$$n = \dot{\boldsymbol{\varphi}} \times I_r \tag{11.9}$$

$$I_n = \frac{\dot{\boldsymbol{\varphi}} \times I_r}{\|\dot{\boldsymbol{\varphi}} \times I_r\|}$$

式(11.3)可重写为

$$v \equiv \frac{\delta}{\delta t} r = \dot{R} I_r + R(\dot{\boldsymbol{\varphi}} \times I_r) \tag{11.10}$$

典型的制导导弹控制变量是拦截器加速度。因此对式(11.10)求导数。经过变换[7]，得到在 LOS 坐标系下相对加速度的三个方程为

$$\begin{cases} (\boldsymbol{a}_\mathrm{T} - \boldsymbol{a}_\mathrm{M}) \cdot I_r = \ddot{R} - R\dot{\phi}_\omega^2 & (11.11\mathrm{a}) \\ (\boldsymbol{a}_\mathrm{T} - \boldsymbol{a}_\mathrm{M}) \cdot I_n = 2\dot{R}\dot{\phi}_\omega + R\ddot{\phi}_\omega & (11.11\mathrm{b}) \\ (\boldsymbol{a}_\mathrm{T} - \boldsymbol{a}_\mathrm{M}) \cdot I_\omega = R\dot{\phi}_\omega \dot{\phi}_r & (11.11\mathrm{c}) \end{cases}$$

11.10.3 比例导引制导律的发展

为发展(PN)制导策略，研究了式(11.11)实现拦截的充分条件，如下。

(1) LOS 角速度应该是零($\dot{\boldsymbol{\varphi}}_\omega = 0°$)。拦截器必须加速，使 LOS 角速度 $\dot{\boldsymbol{\varphi}}_\omega$ 为零。

(2) 拦截器沿 LOS 加速的能力大于或等于目标沿 LOS 的加速能力($\boldsymbol{a}_\mathrm{M} \cdot I_r \geq \boldsymbol{a}_\mathrm{T} \cdot I_r$)。

(3) 沿 LOS 的初始射程率为负($\dot{R}(0) < 0$)。也就是说，导弹对目标距离 R

是随时间线性(($a_T - a_M$)·I_r =0)或二次方(($a_T - a_M$)·I_r <0)减小,最终到达零点。

那么如何加速使LOS角速度变为零？由式(11.11b)可见,如果$\dot{R}$为负,表示临近速度 $V_c \equiv -\dot{R}$，将临近速度和临近距离作为常数,对式(11.11b)进行拉普拉斯变换,可得

$$(a_T(s) - a_M(s)) \cdot I_n = (sR - 2V_c)\dot{\phi}_\omega(s) \tag{11.12}$$

式中：s 为拉普拉斯变换变量。

将与LOS垂直的拦截器加速度定义为

$$a_M(s) \cdot I_n = \Lambda \dot{\phi}_\omega(s) \tag{11.13}$$

目标加速度(垂直于LOS)到对应LOS角速度的传递函数为

$$\frac{\phi_\omega^g(s)}{a_T(s) g I_n} = \frac{1}{sR - 2V_c + \Lambda} \tag{11.14}$$

如式(11.14)所示,为了确保系统稳定而要求 $\Lambda > V_c$，这就是PN制导律：

$$a_M \cdot I_n = NV_c \dot{\phi}_\omega, N > 2 \tag{11.15}$$

PN要求导弹的加速度垂直于LOS,因此可得

$$\bar{a}_{M_c} = NV_c \dot{\varphi} \times I_r, N > 2 \tag{11.16}$$

式中：a_{M_c} 为导弹垂直于LOS的加速度指令。

实现的(或运动学的)导弹加速度是通过空气动力控制表面和推进器等装置来物理实现的。式(11.16)假设导弹无滞后响应,即假设导弹立即响应并完美实现制导命令。

11.10.4 模拟

现实中情况并非如此,而且在指挥和实现导弹发射目标之间总会有一定的滞后。通过对导弹进行适当的建模来弥补这一差距。在相关文献中有很多关于此方面的重要信息。导引头的测量噪声受闪烁、RCS波动、天线罩畸变和陀螺漂移等因素的影响,被建模为非平稳和相关的。为了克服这种滞后,在导引头计算机中引入适当的LOS角速度测量动力学模型和噪声特性。Bhattacharya等对这个问题进行了详细讨论,并在模拟中取得了非常好的结果,如所附文件夹color. pdf 中图23所示。蓝色的线是运动学模型的LOS角速度,而品红的线是估计LOS角速度值。毫无疑问会有一个滞后,如果没有导引头动力学、噪声建模和融合(黑线),情况会更糟。

11.10.5 视距角速度的提取

传统的PN实现需要临近速度和视距(LOS)角速度来产生制导(加速)命

令。为清楚起见,假设在平面内考虑问题,可将(11.16)写为

$$a_{M_c} = NV_c \dot{\lambda} \qquad (11.17)$$

式中:$\dot{\lambda}$为惯性坐标系的 LOS 角速度。

因此,在三个维度上实施 PN 制导律,就必须在相互垂直于传感器视轴的两个传感器仪器轴上测量 LOS 角速度。从雷达或 GPS 中获得临近速度,$\dot{\lambda}$ 取决于传感器的类型和安装方式。例如,一个空间稳定的传感器安装在一个万向节平台上,以增加传感器的视场和与弹体运动的隔离度。固定在机体上的跟踪系统不需要大的视场,各种空间稳定设计都是可行的[7]。有一种典型的设计是使用两个相互垂直的万向架,以及用于平台稳定和 LOS/LOS 角速度重建的速率陀螺仪(通常情况下,这些系统是依赖于导弹自动驾驶仪保持横滚稳定),这种框架平台在每个轴上都使用伺服电动机来适应导引头指向。因此,将定义一个空间稳定的导引头,由目标传感器(天线/能量收集器和接收器)、万向架(和相关的伺服电动机)、陀螺仪和必要的控制电子设备组成。

所需要的导引头功能如下:

(1)持续跟踪目标;

(2)提供 LOS 角度 λ 或 LOS 角速度 $\dot{\lambda}$ 的测量;

(3)稳定导引头,防止显著的弹体运动(俯仰和偏航率),其可能比要测量的 LOS 角速度大得多;

(4)尽可能地测量临近速度,这对于雷达系统是有可能的。

为了介绍推导 LOS 角速度的方法,可参考图 11.17,其中定义了以下角度量:

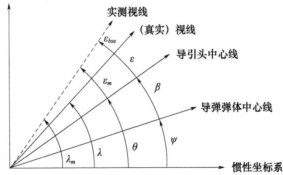

图 11.17 在分析 LOS 重建过程时常用的角度二维定义[7]

ψ—弹体中心线的惯性角;θ—导引头中心线的惯性角;β—万向节角
(导引头视轴与弹体中心线之间的角度);

ε—LOS 和导引头中心线之间的真实跟踪误差;

ε_{bse}—由射频能量的天线罩折射引起对 ε 的扰动;ε_m—测量值;

λ—真正的惯性 LOS 角度;λ_m—测量的或重建的惯性 LOS 角度。

目标的跟踪需要传感器波束连续地指向目标。如所附文件夹 color.pdf 中图 24 所示,接收机测量相对于导引头坐标的跟踪误差 ε_m。测量的跟踪误差由跟踪系统(导引头跟踪环)用于驱动导引头角 θ(通过万向节的伺服电动机扭矩),以使跟踪误差最小,从而将目标保持在视野内。因此,导引头角速率 $\dot{\theta}$ 近似等于惯性 LOS 角速度。LOS 角速度与导引头天线盘角速度的传递函数可以通过以下一阶传递函数近似:

$$\frac{\dot{\theta}}{\dot{\lambda}} = \frac{1}{\tau_s s + 1} \tag{11.18}$$

式中:τ_s 为导引头跟踪环路时间常数。

因此,导引头天线盘角速度是滞后于 LOS 角速度。导引头稳定精度对导弹寻的精度有根本的限制。

color.pdf 中图 25 给出了一种可能的 LOS 角速度估计方案,其中包括导引头、制导计算机、飞行控制系统和机体空气动力学传递函数的简化框图。在 color.pdf 的图 25 中,拉普拉斯算子用 s 表示。为简单起见,飞行控制系统(控制面执行器、空气动力学和自动驾驶仪的组合称呼)是由 $G_{FC}(s)$ 表示的传递函数。制导系统表示为简化的 LOS 角速度制导滤波器,后跟 PN 制导律。组合制导系统传递函数如下式:

$$\frac{a_c}{\dot{\lambda}_m} = \frac{NV_c}{\tau_f s + 1} \tag{11.19}$$

式中:τ_f 为制导滤波器时间常数。

此外,从指令加速度(来自制导律)到导弹体角速度 $\dot{\psi}$ 的传递函数近似于以下空气动力学传递函数:

$$\frac{\dot{\psi}}{a_c} = \frac{\tau_A s + 1}{v_m} \tag{11.20}$$

式中:τ_A 为转向角速度的时间常数;v_m 为导弹速度。

在此方法中,LOS 角速度被嵌入跟踪误差 ε_m。如 color.pdf 的图 25 所示,通过适当地过滤由导引头跟踪环路时间常数缩放的接收机跟踪误差来估计 LOS 角速度。也可以使用其他方法来推导出 LOS 角速度,用于寻的制导。这些通称为 LOS 重建或 LOS 角速度重建。LOS 重建是在惯性坐标系中构造一个测量的 LOS(λ_m)。然后对测量的 LOS 进行过滤(通过适当的制导滤波器),得到用于制导的估测 LOS 角速度。有兴趣的读者可以参见文献[7]。

11.10.6 天线罩设计要求

在大气层内交战时,需要雷达罩保护机载导引头不受外界干扰。大气层外,不一定需要天线罩。天线罩关键要求如下[7]：

（1）用最小的损耗传递能量；

（2）以最小的失真传递能量，特别是角度失真。因为这会产生寄生反馈回路，其对制导性能产生显著的负面影响；

（3）具有最小的空气阻力；

（4）具有令人满意的物理特性，如足够的强度、耐热性（来自空气的快速加热）、高速下耐雨水侵蚀和最小吸水性。

图 11.18 为三种雷达天线罩。对于最小的角度失真，半球形状（如地面雷达中的半球形状）是理想的电磁形状（图 11.18(a)），但其阻力损失过大。从空气动力学的角度来看，图 11.18(b) 所示的天线罩形状更为可取，但其往往具有显著的角度变形特性。切线形状（图 11.18(c)）是典型的折中设计。然而，尽管有一些阻力，一些导弹使用了更钝的圆顶设计。

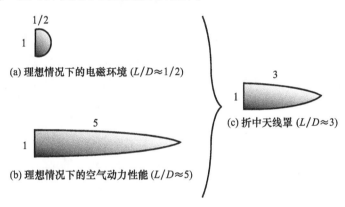

图 11.18　不同形状的天线罩（L/D 为升阻比）[7]

11.11　进一步的研究

寻的制导是任何导弹的设计组成部分。对于雷达设计人员来说，掌握一些（使不详细）关于此主题的知识是极为重要的。有了这些知识，将有利于设计人员对主动雷达导引头进行微调，以优化其性能。有兴趣的读者可参见文献[9-11]及其中的参考文献。

11.12　导弹射击结果

图 11.19 显示了导弹向舰船目标射击的结果。

(a) （b）

图 11.19　海上试验中 RBS15 Mk3 导弹命中目标[1]

11.13　高度计

雷达高度计是一种雷达系统,用来测量雷达单元距地面的高度。雷达是一种系统,该系统发射无线电频谱中的能量,探测接收反射回来的能量。雷达高度计可根据平台划分为星载高度计和机载高度计。星载高度计是海洋学和地球物理应用中常用的工具,用于估算风速、风应力、降雨率和浮游生物的存在。卫星雷达高度计利用地面和水之间的反射率差异监测地球内陆水资源。去"泰坦"星的"卡西尼"号使用雷达高度计的任务,就是调查土星最大的卫星"泰坦"星上无法接近的地表表面。机载高度计用于测量南极东部海冰上的积雪厚度,并作为独立传感器广泛用于飞机、导弹和无人机的地形辅助导航中。

RBS15 Mk3 是一种掠海导弹。它在仅 10m 高度掠过海浪的能力,取决于高度计的准确度,以及导弹的控制面与导弹高度计的地面距离射程的匹配程度。距离分辨率越高,高度计越好,距离分辨率应该在近距离时最佳。根据这些要求,FMCW 高度计是首选的高度计。

由于导弹甚至无人机上没有太多可用空间,因此不能奢求收发天线之间的间隔距离,这也迫使人们转向 FMICW 发射技术。

11.14　调频中断连续波雷达

这是 FMCW 雷达技术的一个特例。原理如附带文件 color.pdf 中图 26 所示。FMCW 雷达连续工作,但 FMICW 雷达像脉冲雷达一样分四步工作。FMICW 雷达的信号处理与 FMCW 雷达相同:一是信号发射;二是将天线从发射机切换到接收机(盲区);三是接收反射信号;四是将天线从接收机切换到发射机。与 FMCW 相比,FMICW 雷达没有隔离问题,可发射更高的功率,并且只使用一个天线。然而,在发射天线关闭期间,发射机中的频率继续产生,并为接收机提供下变频所需的频率。在 color.pdf 的图 26 中,盲区时间为 30ns。这是 PIN 二极管开关的正常开关时间为 30ns,影响高度总计为 4.5m。可以用此值作为高度计中所有高度读数的修正。

FMICW 雷达技术有一定的优缺点。在 FMCW 雷达中,必须解决发射信号泄漏到接收机的问题。然而,在 FMICW 雷达中,和脉冲雷达一样,在接收期间断开发射功率。这就提高了发射机和接收机之间的隔离度。因此,当没有来自发射机的泄漏信号时,可以使接收机更加灵敏,能发射比原来更高的功率。这两种措施都可以增加雷达的探测距离。图 11.20 给出了 FMICM 基本原理图。

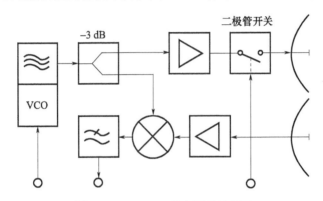

图 11.20 FMICW 基本原理示意图

通过 PIN 二极管开关偏置电路。在发射期间关闭接收机时,会反转 PIN 二极管的控制电压。当控制电压为低电平时才能接收回波信号,从而减少了接收回波信号的时间窗口。这在 color.pdf 的图 27 中以红色显示,回波信号以深蓝色显示。在 color.pdf 的图 27 中可以清楚地看到,回波信号和控制电压之间存在时间差,以灰色显示(通常是非常短的时间)。因此,非相干信号不具有完整的积累回波。这减少了有用的积分能量,因此缩短了雷达的探测距离。近距离的回波信号比远距离的回波信号有更大的缺点。效果类似于脉冲雷达中的灵敏度时间控制(STC)。

FMICW 雷达用于现代 76~77GHz 频段的汽车雷达(自适应巡航控制)、导弹导引头,以及 GPR 和 WPR[1]。

一个主要的问题是开关动作会产生大量的谐波,这将恶化时间旁瓣。但是,精心设计可以克服这个问题。软门控是一种选择[12]。FMICW 的占空比为 50%。与 FMCW 波形相比,这会使功耗降低 3dB,改善后通常会使系统本底噪声降低 3dB 以上。

11.15 调频中断连续波高度计的设计

前面已讨论导弹性能,现在需要设计一个符合要求的高度计。表11.1列出了FMCW高度计规格。

表11.1 FMCW高度计规格

序号	参数	规格
1	基带信号	LFM;100~400MHz
2	带宽	300MHz(max)
3	发射频率	C波段
4	扫频时间	100μs~5ms(可编程设计)
5	IF带宽	2MHz
6	发射功率	1W(max)
7	最大接收功率	−25dBm
8	最小接收功率	−70dBm
9	最小ADC输入	−35dBm
10	最大ADC输入	10dBm

带宽300MHz可达到距离分辨率0.5m,这足以胜任海上掠过的任务。发射功率可根据飞行高度调节。发射功率 Tx_P 随海拔高度的倒数而变化:

$$Tx_P \propto \frac{1}{R}$$

扫描带宽是海拔高度的函数,用于缩小拍频带宽。扫描带宽在低海拔时比在高海拔时大。正如所熟悉的拍频方程:

$$f_b = \frac{2R}{c}\frac{\Delta f}{T_S}$$

由此可以看出,当导弹下降到较低的高度(R 减小)时,扫描带宽 Δf 需要增大来进行补偿,使得拍频 f_b 保持不变。因此,可以缩小IF滤波器带宽来实现。这也会引起接收机灵敏度的增加。

FMICM高度计既可以通过改变上升持续时间而不是扫描带宽,也可以缩小接收机带宽。但是,如果上升持续时间随高度变化,则应改变每个上升周期的采样速率。根据高度,很难使各个基准时钟根据高度对每个上升执行FFT。此外,它还会引起严重的问题,因为在更高的高度上缓慢上升需要更长的时间来跟踪高度。因此,改变上升持续时间不能满足对短搜索时间的要求。在扫描带宽随高度变化的情况下,由于扫描带宽较低,距离分辨率在较高的高度会降低。但是,最高高度的距离分辨率满足对高度误差的要求(如在海拔 10m 的地方并不严格)。

外差式 FMICW 高度计的原理图参见附件文件 color.pdf 中的图 28。

FMICW 高度计通常基于门控开关。门控开关的优势是可以忽略天线隔离问题,能够让高度计制作更加紧凑。同样,由于压缩旁瓣在门控雷达中会很高,因此使用加权(如使用 FFT 进行加权)来减少旁瓣是没有意义的(如果旁瓣很严重,即使加权也无济于事)。意味着不需要使用额外的扫描带宽补偿加权引起的脉冲展宽。

DDS 的采样率为 2GHz,可容易产生高达 1GHz 的信号。选择此频率扩展,使得通带中不存在二次谐波。在该设计中,STALO 频率选择 5.5GHz,其他频率也可。雷达已被配置为外差系统,对来自 STALO 的中间混频器的信号馈电进行控制,以匹配混频器 LO 馈电的电平(13dBm)。在 SystemVue 中模拟 RF,直到 I/Q 解调为止。组件在 SystemVue 文件中被标记(在附件中以 altimeter.wsv 的形式给出)。所有滤波器性能都有详细规定(见 SystemVue 文件)。门控开关的时间周期为 30ns,相当于 4.5m 盲区。在海拔 10m 处,这个 4.5m 的误差可以校准出来,由 11.14 节可知每次读数都需要增加 4.5m。如果需要,可以使用更快的开关。BITE 使用 $3.5\mu s$ 的延迟线(对应于 0.5km)。每个栅极开关(SP4T)的损耗为 2dB。因此,此雷达最高发射 26dBm。这些开关的发送/接收触点是反相的(一个闭合,另一个断开)。第三个触点用于 BITE,而最后一个触点空闲。

接收机功率输出仅通过 AGC 进行控制。AGC 中有三个控制点可供 μP 使用。它们是两个衰减器和一个 VGA。同样,LUT 需要准备 AGC 什么时候开始工作以及达到什么电平。在 ADC 之前还有一个 VGA(ADC 驱动器),用于最终调整 ADC 功率。AGC 控制接收功率电平的动态变化,以便为 ADC 提供恒定的功率电平。尽管如此,ADC 之前的 VGA 也有助于应对出现意外强目标回波的情况。例如,在表 11.2 中的区域 1,需要突然将接收机增益降低到 10dB,就是通过此 VGA 来实现的。AGC 仅用于控制雷达回波的动态波动。展宽处理之后的 BPF 是专门设计的,这是一个 AAF。它具有陡峭的截止频率,因此拍频信号的二次谐波不会进入 FFT。它们在带宽上的增益变化为 12dB/八倍频程,从而起到 STC 的作用。ADC 驱动器是可变的,由 μP 控制。这对于精确控制阈值十分必要,该阈值遵循距离向 FFT。DDS 的扫描带宽随 μP 而变化,以便将差拍信号包含在 BPF 的带宽内。

发射机和接收机中的所有滤波器都有一个保护带,这是为了满足 3dB 的下降,滤波器的两边都是 10MHz。

ADC 是标准的 14 位 ADC。发射机中的功率放大器是 2W 放大器(33dBm)。即使如此,天线之后的输出功率也只有 26dBm。也可以使用 1W 放大器(30dBm)。

表 11.2 高度计的搜索模式

范围	区域 1	区域 2	区域 3	区域 4	区域 5
高度/m	0~100	101~200	201~300	301~400	401~500
Δf/MHz	300	150	100	75	60
扫频时间/ms	1				
分辨率/m	0.5	1	1.5	2	2.5
发射功率/dBm	10	16	30	30	30
接收增益/dB	10	35	35	35	35
差频信号扩展/MHz	0.5~2	0.5~2	0.5~2	0.5~2	0.5~2

所有信号源都连接到一个晶振源(STALO 时钟)。

使用数字 I/Q 解调器进行带通采样,能获得更干净的信号和更好的 I/Q 解调。

11.16 测量策略

测量策略基于高度分布[13]。导弹飞行高度为 0~500m,因此可将 500m 高度划分为五段,每段 100m,依次称为区域 1 到区域 5。接下来决定距离分辨率。显然,掠海模式需要最佳分辨率。假设要求 0.5m 精度,扫描带宽为 300MHz。然后,选择 100μs 的扫描时间(作为示例),将其设为 10dBm 的低功率电平,并测量随之而来的拍频信号,这些拍频信号在 0.5~2MHz 的带宽内。最大拍频由最高海拔决定。然而,较低的 0.5MHz 拍频产生了一个问题,必须做出决定使最低的中频频率为 0.5MHz,因为在 500kHz 的偏移量下,STALO 的调频噪声是无关紧要的。换句话说,最低海拔只有 10m。由于盲区,加上 4.5m 的高度误差,因此需要在接收机信号路径中永久性地加入大约 100ns 的玻璃光纤延迟线。这相当于 15m 的距离。因此,所有的读数都是(15m+…)。对于 10m 的实际飞行高度,计算的距离将为 15+4.5+5.5=25(m)。即 25m 对应 10m 的飞行高度,差频信号计算为 500kHz。需要进行多于两次的测量(共三次)。如果三次测量(差频信号)都在 0.5~2MHz 频谱范围内,并且高度测量在 0~100m 之间,导弹肯定在区域 1 中。如果不在区域 1,就需要按照表 11.2 用新的扫描带宽检查下一个更高的区域,并重复此操作。如在区域 2 中,扫描带宽为 150MHz,预期的差频信号将在 0.5~2MHz 带宽范围内产生 101~200m 的高度。如果还是没有,以此类推直到区域5。重要的是每个区域的连续高度测量值应该是相同的,因为导弹没有改变高度(每次测量只需要几毫秒)。表11.2总结了该过程并仅用于说明。中频滤波器带宽将从500kHz(相当于25m)扩展到2MHz。它必须是BPF而不是LPF,因为需要取消DC分量。读者可以根据自己需要来修改表11.2。在搜索模式中确认三次回波后,高度计就会知道导弹高度并进入跟踪模式,随之显示高度。发射机功率和接收机增益可以补偿随高度变化的动态范围。根据LNA的性能和接收机的本底噪声确定接收机的最大和最小灵敏度。读者可参阅System Vue文件altimeter.wsv,以获取有关原理图和仿真上的一些见解。

11.17 雷达控制器

雷达由 μP 控制。μP 测量 I/Q 通道的输出,并执行以下操作。

(1) μP 控制决定信号的功率。如果超出常值,会以1dBm为基础调整AGC系统。LUT以1dBm为基础逐渐增加。通常,AGC是自动执行此操作。如果失败则 μP 会适当地调整发射机功率。

(2)打开雷达后,发射机的功率逐渐增大(表11.2)。如果接收端输入信号恰好接近最大值(在本例中为 -25dBm),无论何种原因,也要依靠输入端的比较器(LTC5564)来保护雷达。比较器(快速反应,仅需7ns),通过光耦合器向 μP 发送逻辑信号。使得 μP 在10dBm的基础上快速断电。此后,功率再慢慢增大。

(3) μP 也执行以下功能:
①控制扫描带宽,以确保拍频信号在IF滤波器带宽内。
②调节功率控制1(通过DC控制本振馈电功率)和功率控制2(发射机功率)。
③使用栅极开关发射100 μs,然后静默模式20ms。这是一种ECCM测量。
④基于LUT控制AGC。
⑤调整I/Q通道中的ADC驱动器,以确保20dB的正确阈值。在确定ADC输入信号的功率水平时,需要考虑距离向FFT信号处理增益。其思想是在DSP阶段之后的阈值处,SNR应该是20dB。这适用于,$P_d = 80\%$,$P_{fa} = 10^{-10}$ 下的Swerling 2目标。

(4)接收信号功率水平应为 -70 ~ -25dBm,接收机应在此范围调谐。

11.18 信号处理

信号处理是高度计设计的关键,设计者应考虑以下因素。

(1) 编写算法以获取所有高度测量值的平均值。这在每个高度计中都是必需的。

(2) 不需要测量回波的多普勒。只对没有距离 – 多普勒耦合效应的高度感兴趣。由于导弹速度非常高,距离 – 多普勒耦合问题可能很严重,因此必须对多普勒进行补偿,以减少耦合误差。或最好使用分段的 LFMCW 波形。应在没有多普勒耦合效应的情况下测量距离(见第 2 章)。

(3) 重要的是使用距离维 FFT 计算差频信号。命令雷达控制器控制扫描带宽使差频信号包含在 BPF 带通内。建议以粗略 FFT 和精细 FFT 两个级别执行距离维 FFT。在粗略 FFT 期间,仅执行 512 点 FFT 并寻求最大拍频信号。然后以该差频信号的中心频率的 ±20% 来进行对该信号的 2048 点 FFT。净信号处理增益将是 $10\lg512 + 10\lg2048 = 60(dB)$,从而使高度测量更加精确。

(4) 如果导弹飞越树梢,那么测量的高度可能是树梢的高度。这个结果是我们不想要的,需要对测量的 FFT 进行波谱校正。例如,地面反射是宽波谱,而来自树木的波谱是毛刺状,可以利用这种差异。

(5) 通过分辨地面波谱确定精确距离测量的前沿。

(6) 使用卡尔曼滤波器进行距离估计[14],因为可能存在无法衡量的情况。在这种情况下,卡尔曼滤波能确保测量的连续性。雷达高度计的测量是有噪声的,需要加以控制。利用卡尔曼滤波技术可获取距离的最优估计。卡尔曼滤波器是一种递归预测滤波器,它使用状态空间技术和递归算法。它估计动态系统的状态,并使用与状态相关的测量值更新估计值。

11.19 微型雷达高度计

到目前为止已经考虑过 C 波段高度计。目前,有许多商业上的高度计经适当加固后,可用于导弹。智能微波传感器(德国不伦瑞克,德国)开发和销售微型雷达高度计在 ISM 频段工作型号为 UMRR – 0A,如图 11.21 所示。

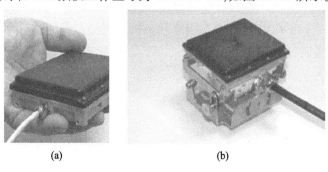

(a)　　　　　　　　　(b)

图 11.21　微型雷达高度计[15]

微型雷达高度计是目前市场上最先进的高度计之一,它是 24GHz 雷达传感器的代表,向地面发射低功率微波波束并捕获其覆盖范围内的所有回波。依据雷达原理,其可在高更新率下精确稳定地直接测量地面高度。该高度计公布的信息总结如下。

(1) 微型雷达高度计是目前可用的最小尺寸的高度计,110cm×99cm×29mm。

(2) 微型雷达高度计是市场上最轻量级的雷达高度计,标准外壳质量仅为 350g,集成版质量仅为 160g。

(3) 7~32V 直流电仅消耗 3.7W,是市场上功率最低的高度计。

(4) 微型雷达高度计源于汽车设计,非常坚固,工作温度为 -40~85°C,可承受最高级别的冲击和振动。

(5) 竞争对手需要两个型号,覆盖 0.5~100m 和 5m 至最大高度。微型雷达高度计只用一个单元即覆盖 0.5~500m,且天线系统是集成的。

(6) 虽然大多数高度计一次测量需要 100ms,但微型雷达高度计一次测量仅需 17ms,非常适合地形测绘。

1. 功能

微型雷达高度计的主要功能如下。

(1) 确定地面的真实高度。

(2) 对飞机姿态不敏感:支持颠簸,-20°-+20°;支持滚动,-20°-+20°。

(3) 适用于高的前进和垂直升降速度。

(4) 具有内置测试(BIT)和车载诊断功能。

(5) 非常轻巧。

(6) 可在恶劣天气和视觉条件下工作。

2. 规格

1) 性能

(1) 海拔高度:0.5~500m;

(2) 典型值:2%(高海拔)或 0.25m(低海拔);

(3) 更新速率:60Hz(更新时间差小于 17ms);

(4) 支持俯仰和横滚角度:-20°~20°。

2) 外形

(1) 质量:350g(标准版),160g(集成版);

(2) 尺寸:110mm×99mm×29mm;

(3) 外壳:坚固,符合 IP67 标准的防水外壳(标准版)。

3) 环境

(1) 环境温度:-40~85°C;

(2) 冲击/振动:100g/14g;

（3）压力/运输高度：0~10000m。

4）一般参数

（1）频段：24.0~24.25GHz；

（2）发射功率：16dBm；

（3）直流电源：7~32V。

11.20　25GHz 高度计

示例文件名为 SystemVue 中的 25GHz_altimeter.wsv。读者对其进行研究。此文件位于附带的软件中。

参 考 文 献

[1] http://saab.com/naval/weapon_systerns/anti‐submarine‐and‐anti‐surface warfare/RBS15_mk3_surface_to_surface_missile/.

[2] https://basicsaboutaerodynamicsandavionics.wordpress.com/2016/08/11/radar‐fundamentals‐part‐ii/.

[3] Genova,J. J.,*Coherent Seeker Guided Anti‐Ship Missile Performance Analysis*,Naval Research Laboratory Report,Washington,D. C.,January 2005.

[4] O'Donnell,R. M.,*Radar Systems Engineering*,*Lecture 14*,*Airborne Pulse‐Doppler Radar*,IEEE New Hampshire Section,IEEE AES Society,2010.

[5] Mahafza,B. R.,*MATLAB Simulations for Radar Systems Design*,Boca Raton,FL：CRC Press,2004.

[6] Jankiraman,M.,*Design of Multi‐Frequency CW Radars*,Raleigh,NC：SciTech Publishing,2007.

[7] Palumbo,N. F.,et al.,"Basic Principles of Homing Guidance," *Johns Hopkins APL Technical Digest*,Vol. 29,No. 1,2010.

[8] Bhattacharya,A. K.,et al.,"Modeling of RF Seeker Dynamics and Noise Characteristics for Estimator Design in Homing Guidance Applications," 2008 IEEE Region 10 Colloquium and the Third ICIIS,Kharagpur,India,December 8‐10,2008. Paper ID.：347.

[9] Sheneydor,N. A.,*Missile Guidance and Pursuit：Kinematics*,*Dynamics*,*and Control*,Oxford,UK：Woodhead Publishing,1998.

[10] Siouris,G. M.,*Missile Guidance and Control Systems*,New York：Springer,2004.

[11] Fleeman,E. L.,*Missile Design and Systems Engineering*,Reston,VA：American Institute of Aeronautics and Astronautics,2012.

[12] Pace,P. E.,*Detecting and Classifying Low Probability of Intercept Radar*,Norwood,MA：Artech House,2009.

[13] Choi,J.‐H. et al.,"Design of FMCW Radar Altimeter for Wide‐Range and Low Measure‐

ment Error," *IEEE Transactions on Instrumentation and Measurement*, Vol. 64, No. 12, December 2015.
[14] Jose, A. L., et al., "The Design of a Kalman Filter for Range Estimation in UAV Using FMCW Radar Altimeter," 2016 *International Conference on Research Advances in Integrated Navigation Systems (RAINS)*, IEEE Conference, Bangalore, India.
[15] http://www.smartmicro.de/fileadmin/user_upload/Documents/Airborne/Micro_Radar_Altimeter_Product_Brochure.pdf.

附录 A

调频连续波雷达"设计师"——GUI

基于雷达测距方程在 MATLAB 上运行的 GUI,节省了许多重复的计算,对于 FMCW 雷达设计是必不可少的。用户在 Matlab 命令行上输入 ui_start,弹出 GUI(图 A.1)。如果将光标停留在标题上,则输入的详细信息将作为工具提示进行说明。已针对三个目标制作了 GUI。用户可以修改代码用于更多目标。并且,用户可以增加测距挡的数量,所需的天线转速和脉冲错位的数量。

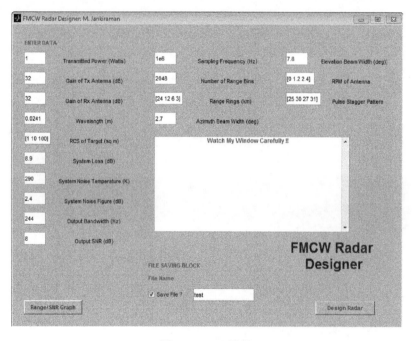

图 A.1 GUI 界面

输入完成后,按 Range/SNR Graph 键,显示所选三个目标的距离/SNR 图。现有的默认条目如图 A.2 所示。注意:除非输入要保存结果的文件名称,然后单击"保存文件"复选框;否则,GUI 将不会运行。这是一个.MAT 文件。例如,已将详细信息保存在"测试"文件中。绿色垂直线是用户在 GUI 中输入的单个脉冲 SNR。

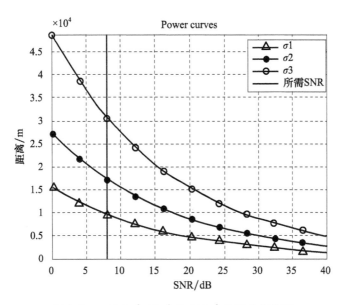

图 A.2 σ 为 $1m^2$、$10m^2$ 和 $100m^2$ 目标的曲线图

按下"设计雷达"按钮,GUI 计算出雷达参数,并显示天线在不同转速下的参数。图 A.3 中就是转速为 0r/min 的情况。信息显示如下:

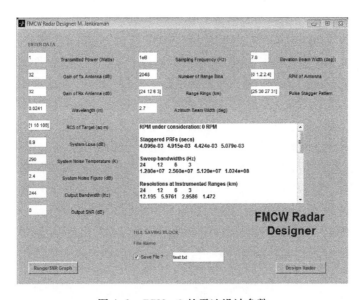

图 A.3 RPM=0 的雷达设计参数

(1) 正在考虑的转速:0r/min;
(2) 交错的 f_{PRF}/s:$4.096×10^{-3}$、$4.915×10^{-3}$、$4.424×10^{-3}$、$5.079×10^{-3}$;

(3)扫描带宽(Hz):

24 12 6 3

1.280×10^7 2.560×10^7 5.120×10^7 1.024×10^8

(4)仪器量程下的分辨率(km):

24 12 6 3

12.195 5.9761 2.9586 1.472

(5)4.5m 时的分辨率:

24 12 6 3

11.7188 5.85938 2.92969 1.46484

(6)最大差频(Hz):

24 12 6 3

5.000×10^5 5.000×10^5 5.000×10^5 5.000×10^5

(7)不交替盲速(m/s):2.6225。

(8)交替盲速(m/s):74.0852。

(9)CPI 的数量:无限大。

(10)ADC 采样率(Hz):1.000×10^6。

(11)按任意键继续。

图 A.3 显示了交替 PRF 的扫描时间以及不同距离量程上的扫描带宽,同时还显示了不同量程下的距离分辨率。注意到这是最大量程,因此显示的分辨率是最坏情况下的距离分辨率,因为在 FMCW 雷达中,分辨率是随着距离的减小而提高的。4.5m 分辨率表明,在每个测距量程上这都是最佳的距离分辨率,因为 4.5m 是此雷达的最小距离。如果最小距离是另一个值,则必须对程序进行相应的更改。该雷达的设计原理是,随着测距量程的变化,IF 滤波器是保持不变的,带宽和最大差频(采样频率的一半)也是相同的。在此示例中,由于 ADC 采样率为 1MHz,所以最大差频信号为 500kHz。非交替盲速为 2.6225m/s(9.4km/h)。这是非常低的,需要用脉冲交替来校正它,产生了 74m/s(266.7km/h)的交替盲速。如果这还不够,则需要使用更高的 PRF 或更多数量的脉冲交替。由于 RPM=0,天线阵列正跟踪目标。这意味着无限数量的 CPI(无停留时间问题)。

如果现在按任意键,GUI 会在屏幕上打印出下一个所需 RPM 的详细信息。如果需要,可以将它们打印成不同的颜色。目前,仅选择了三种颜色,每个 RPM 一种颜色。

文本文件以.mat 文件的形式保存在本地目录中(图 A.4)。当在命令行加载.mat 文件时,将有 B1、B2 和 B3 三个变量,每个 RPM 都有一个。例如,若在命令行上键入 B1,RPM=0 的整个详细信息就会打印在命令窗口上,等等。

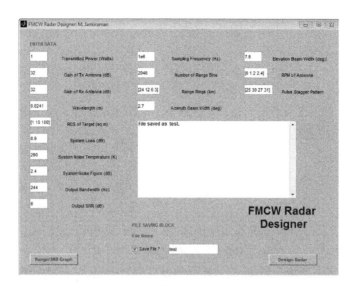

图 A.4　当前目录中保存的文件为 test.mat

附录 B
雷达中信噪比计算

B.1 引　言

信噪比是工程学中众所周知的主题,在雷达中这个看似微不足道的问题却变得复杂,文献[1-6]对此问题进行的深入研究。

然而,对于先进隐身雷达,迫切需要在 MTI/MTD FMCW 雷达的背景下检查其各个方面,MTI/MTD FMCW 雷达在该领域有其自身的独特问题。本附录目的就在于此。下面对相参积累和非相参积累展开研究,将其与线性调频脉冲雷达中的积分累进行比较,并通过举例来处理示例问题。然后重新讨论雷达中的动态范围问题,因为它与 ADC SNR 和接收通道 SNR 密切相关。接着研究 ADC 参数,这些值的计算以及滤波和 FFT 如何影响雷达 SNR 的提高。通过检查带通采样期间 ADC 性能的影响得出结论,与流行的奈奎斯特采样相比,提出不同的观点。

SNR 计算有基于相参积累的和基于非相参积累的两种类型,对其分别在 B.2 节和 B.3 节中进行了讨论：

B.2 相参积累

有两个不同的术语：

$$\mathrm{SNR}_{\mathrm{CI}} = n_{\mathrm{P}} \mathrm{SNR}_1$$

式中：$\mathrm{SNR}_{\mathrm{CI}}$ 为相参信噪比增益；SNR_1 为通常从雷达距离方程获得的单个脉冲 SNR,且有

$$\mathrm{SNR}_1 = \frac{P_{\mathrm{CW}} G_{\mathrm{T}} G_{\mathrm{R}} \lambda^2 \sigma_{\mathrm{T}}}{(4\pi)^3 LkTF_{\mathrm{R}} B_{\mathrm{Ro}} (\mathrm{SRF}) R_{\mathrm{max}}^4} \quad (\text{B.1})$$

其中：SRF 为扫描重复频率；B_{Ro} 为接收机输出带宽

SNR_1 通常是从雷达测距方程获得的。如果希望使用单个脉冲检测到单个目标,检测到的概率 $P_{\mathrm{d}} = 50\%$,虚警率 $P_{\mathrm{fa}} = 10^{-8}$,则得到 SNR 的值为 14dB[1]。将 14dB 代入雷达距离方程式,以确定预期距离和目标 RCS 条件下所需的发射功率电平。现在,需要确定从哪里获得该值。

通常有如下三点：
(1) 中频抗混叠滤波器(AAF)的输出(RF 链的末端)；
(2) 距离向 FFT 的输出(位于展宽处理器匹配滤波器的输出处,MTI 雷达)；
(3) 转角后多普勒 FFT 的输出(MTD 雷达)。

如果要在距离向 FFT 的输出中使用此值,在距离方程的分母中的带宽 B 为 f_{bmax}/实际 FFT 或距离单元点数。如果要在中频抗混叠滤波器的输出中使用此值,则 B = 中频带宽。

B.3 非相参积累

在这种情况下,目标回波值被传送到平方律检测器(包络检波)。该技术适用于以下三种情况：
(1) 该雷达是一个简单的脉冲雷达；
(2) 当输出是线性调频脉冲雷达的声表面波脉冲压缩滤波器的输出；
(3) 当输出是 FMCW 雷达距离向 FFT 的输出。

在以上情况下,目标波动都是无关紧要的,因为这样的波动会反映在振幅和相位上；但是在非相参处理阶段忽略该相位,仅考虑振幅。这意味着,在非相参积累期间 Swerling 案例之间的性能没有差异。

同样,这里有两个术语：

$$\mathrm{SNR}_{\mathrm{NCI}} = \mathrm{SNR}_1 \times I(n_{\mathrm{P}}) \tag{B.2}$$

式中：$I(n_{\mathrm{P}})$ 为积累改进因子。

对于改进因子,Peebles[2] 给出经验方程：

$$[I(n_{\mathrm{P}})]_{\mathrm{dB}} = 6.79(1 + 0.235 P_{\mathrm{D}})\left(1 + \frac{\log(1/P_{\mathrm{fa}})}{46.6}\right)\log n_{\mathrm{P}} \cdot \tag{B.3}$$

$$(1 - 0.140 \log n_{\mathrm{P}} + 0.018310 (\log n_{\mathrm{P}})^2)$$

Curry 给出了这两个术语之间的另一种逆关系[1]：

$$\mathrm{SNR}_1 = \frac{\mathrm{SNR}_{\mathrm{NCI}}}{2 n_{\mathrm{P}}} + \sqrt{\frac{\mathrm{SNR}_{\mathrm{NCI}}^2}{4 n_{\mathrm{P}}^2} + \frac{\mathrm{SNR}_{\mathrm{NCI}}}{n_{\mathrm{P}}}} \tag{B.4}$$

式(B.2)和式(B.4)不是导数关系,式(B.4)可改写为

$$\mathrm{SNR}_{\mathrm{NCI}} = n_{\mathrm{P}} \mathrm{SNR}_1 - 集成损失 \tag{B.5}$$

这里的含义是,非相参积累与相参积累类似,但有一些损失。积累损失的计算方法有两种[1]：

$$L_{\mathrm{NCI}} = 10 \lg(\sqrt{n_{\mathrm{P}}}) - 5.5 \mathrm{dB} \tag{B.6}$$

$$L_{\mathrm{NCI}} = \frac{1 + \mathrm{SNR}_1}{\mathrm{SNR}_1} \tag{B.7}$$

B.4 动目标指示雷达

该模式不实现多普勒 FFT,直接对距离向 FFT 的输出进行非相参积累(图 B.1)。

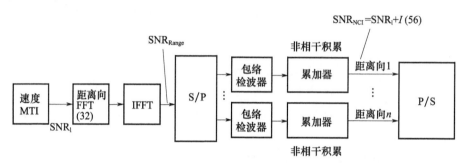

图 B.1 MTI 雷达框图

从中频抗混叠滤波器输出的 n_P 次扫描中可以获得 n_P 个脉冲,其信噪比可以通过将中频抗混叠滤波器带宽代入雷达距离方程的分母计算得出:

根据雷达距离方程(抗混叠滤波器的输出),假设 $P_d = 50\%$ 且 $P_{fa} = 10^{-6}$ 时单个脉冲信噪比为 13dB。

假设每次停留时间总共有 56 个脉冲(允许为 MTI 充电脉冲)。距离向 FFT 大小为 32。这意味扫描为 $n_P = 32$。

脉冲信噪比可表示为

$$\mathrm{SNR}_{\mathrm{Range}} = n_P \times \mathrm{SNR}_1 = 10\lg n_P + \mathrm{SNR}_1 = 10\lg 32 + \mathrm{SNR}_1$$

式中:$\mathrm{SNR}_{\mathrm{Range}}$ 为距离向 FFT 输出处的 SNR。

SNR 由于相参积累而有所提升。如果仅存在一个目标,则只有一个距离门的输入端有信号。之后,对该信号进行包络线检波。此情况下,$\mathrm{SNR}_{\mathrm{NCI}} = \mathrm{SNR}_{\mathrm{Range}} + I(56)$,其中,$I()$ 为改进因子。

此例中:

$\mathrm{SNR}_{\mathrm{Range}} = 10\lg 32 + \mathrm{SNR}_1 = 28(\mathrm{dB})$(距离向 FFT 引起的相干积分)

$\mathrm{SNR}_{\mathrm{NCI}} = \mathrm{SNR}_{\mathrm{Range}} + I(56) = 28 + 12 = 40(\mathrm{dB})$(距离向 FFT 后的非相干积分)

因为有 56 次扫描,则需要使用 $I(56)$,在距离向 FFT 的输出处产生 56 个输出脉冲。

因此,在累加器的输出处,MTI 模式下,天线每旋转一圈,将获得 40dB 的 SNR(假设雷达以 1(°)/s 的速率步进)。

如果不对脉冲进行相参求和,则可用下式求 $\mathrm{SNR}_{\mathrm{NCI}}$:

$$\mathrm{SNR}_{\mathrm{NCI}} = \mathrm{SNR}_1 + I(n_{P_{\mathrm{NON-COH}}}) \tag{B.8}$$

在这种情况下,$n_{P_{\text{COH}}} = n_{P_{\text{NON-COH}}}$。

另外,如果用相参求和,就需要计算表达式 $n_{P_{\text{COH}}} \times \text{SNR}_1$。这种情况最好由下式计算:

$$\text{SNR}_{\text{NCI}} = 10\lg n_{P_{\text{COH}}} + \text{SNR}_1 - L_{\text{NCI}} \tag{B.9}$$

改进因子只适用于非相参积累。

B.5 动目标显示雷达与线性调频脉冲雷达相比

上述信号处理直接适用于线性调频脉冲雷达,除了没有距离向 FFT 的情况。压缩脉冲在时域中以压缩脉冲的形式直接从声表面波压缩滤波器中发出。

该脉冲通过 S/P 多路分配器分配到各距离单元中。在 MTD 版本中(图 B.2),与 FMCW 雷达一样,由于多普勒 FFT 必须保留相位信息,所以需要用快速卷积过程替换声表面波压缩滤波器。

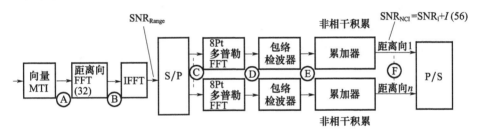

图 B.2 MTD 雷达框图

B.6 动目标检测雷达

假设 $\text{SNR}_A = 13\text{dB}$。针对一个脉冲,在 LPRF 状态下,$P_d = 50\%$,$P_{\text{fa}} = 10^{-6}$,一个停留时间内的脉冲数(允许 MTI 充电)为 56。距离向 FFT 大小为 32。56 次脉冲意味着 56 次扫描。每个扫描驱动一个 32 点的距离向 FFT。因此,每次扫描后,从距离向 FFT 得到一个输出。这就是差频信号(假设只有一个目标)。

信噪比 SNR_B 可表示为

$$\text{SNR}_B = 10\lg N_{\text{Range}} + \text{SNR}_A = 10\lg 32 + 13 = 15 + 13 = 28(\text{dB})$$

每次扫描后,得到一个 15dB 的信噪比的信号,其放大归因于距离向 FFT 的处理增益,则

$$\text{SNR}_C = \text{SNR}_B$$
$$\text{SNR}_D = 10\lg N_{\text{Doppler}} + \text{SNR}_C = 10\lg 8 + 28 = 9 + 28 = 37(\text{dB})$$

每 8 个脉冲,即 $\mod(8)$ 或总共 $56/8 = 7$ 个 SNR_D 脉冲后,得到一个 SNR_D。

9dB 的信号放大归因于多普勒 FFT 的处理增益。

由于包络检测，信号现在变得非相参。在一个驻留时间内共 56 个脉冲中，有 7 个脉冲在累加器中进行非相参积累。因此，非相参增益由下式计算：

$$\text{SNR}_E = \text{SNR}_D (忽略在包络检波器上的损失)$$
$$\text{SNR}_F = \text{SNR}_E + I(7)$$

式中：$I(7)$ 为 7 个脉冲的改进因子，由 Mahafza[1] 得到。需要注意由于包络检波，SNR_E 现在是非相参的。

可以得到

$$\text{SNR}_F = \text{SNR}_E + I(7) = 37 + 8.4 = 45.4(\text{dB}) \tag{B.10}$$

例 B.1 假设 $n_{P_{\text{COH}}}$ 扫描 $= 69.7$，驻留时间为 $71.4\text{ms}/(°)$（扫描速度 $= 14(°)/\text{s}$）

扫描时间 1.024ms。12 次扫描用于 MTI 充电

扣除 12 次扫描以进行 MTI 充电，有 57.7 次扫描用于信号处理。

这意味着，需要在每个距离脉冲上进行多普勒 FFT。丢弃 1/7 脉冲以获得 2 的偶数倍，使 56 次扫描可用于信号处理。

可以通过一个 56 点 FFT（不是 2 的幂）或 7 次 8 点 FFT 来实现，则有

$$\text{SNR}_{\text{Doppler}} = 8 \times \text{SNR}_{\text{Range}}$$
$$\text{SNR}_{\text{Doppler}} = 10\lg 8 + \text{SNR}_{\text{Range}} = 10\lg 8 + 28 = 37(\text{dB})$$

包络检波器输出脉冲数 $= 56/8 = 7$。则有

$$n_{P_{\text{NON-COH}}} = 7$$
$$\text{SNR}_{\text{NCI}} = 10\lg n_{P_{\text{NON-COH}}} + \text{SNR}_{\text{Doppler}} - L_{\text{NCI}}$$
$$L_{\text{NCI}} = \frac{1 + \text{SNR}_{\text{Doppler}}}{\text{SNR}_{\text{Doppler}}} = \frac{1 + 5011.9}{5011.9} = 1 = 0$$
$$(\text{SNR})_{\text{NCI}} = 10\lg n_{P_{\text{NON-COH}}} + \text{SNR}_{\text{Doppler}} - L_{\text{NCI}} = 10\lg 7 + 37 - 0 = 45.5(\text{dB})$$

因此，在 MTD 模式下，天线每旋转 1°，在累加器的输出处均获得 45.5dB 的信噪比。此结果类似于式（B.10）的 SNR_F，但与使用 L_{NCI} 计算得出的结果不同。

很容易看出，在 MTI 模式下输出信噪比为 40dB，而在 MTD 模式下为 45.5dB。

例 B.2 考虑如图 B.3 所示的 MTD 雷达。

在扫描模式下，总的扫描接收数为 69，MTI 从中消耗了 12 个和 1 个用于距离向 FFT。从剩余的 56 次扫描中，可以执行 7 次 8 点 FFT。

示例计算：

对于 14(°)/s 的旋转，1° 有 71.4ms。对于 2MHz 的差频，一个扫描周期为 1.024ms。因此扫描总数为，1° = 71.4ms/1.024ms = 69.7 次扫描。

MTI：使用了 4 脉冲对消器，它具有 3 个扫描延时，随后是 4 级 MTI 交错。

因此,充电所需的总扫描 MTI = 3 × 4 = 12 次扫描。

FFT:距离向 FFT 所需的时间是一次扫描。

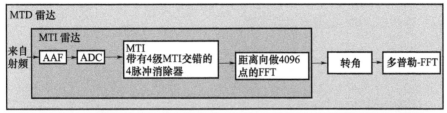

模拟防混叠滤波器处的中频带宽	ADC采样速度	每秒扫描次数	MTI所需的扫描次数	距离快速傅里叶变换的需要	7次8点多普勒快速傅里叶变换所需的扫描次数
非扫描模式	500kHz	1Msps	Unlimited	12	1	56
7(°)/s扫描模式	1KHz	2Msps	69	12	1	56
14(°)/s扫描模式	2KHz	4Msps	69	12	1	56

图 B.3　MTD 雷达

B.7　战场监视雷达分析

参考第9章讨论的雷达,并根据新知识重新检查它。

B.7.1　作为动目标指示的战场监视雷达

对于5%的P_d和10^{-8}的P_{fa},选择8dB的SNR_1。作为 MTI 的示例,在停留时间内积累了56个脉冲。512点的FFT数据大小为1K。

该值在56个脉冲上的改进因子为11.21dB,则有

$$SNR_{NCI} = SNR_1 + 10\lg1024 + I(n_P) = 8 + 30 + 11.21 = 49.21(dB)$$

式中:$I(n_p)$为积累改进因子。

对于 SW1 目标,此信噪比水平能产生98%的P_d和10^{-8}的P_{fa}[1]。

B.7.2　作为动目标探测的战场监视雷达

对于5%的P_d和10^{-8}的P_{fa},选择了8dB的SNR_1。作为 MTD 的示例,在停留时间内积累了7组8个脉冲。距离向 FFT 大小为1K,则有

$$SNR_1 = 8dB, L_{NCI} = 0.09(dB)$$

$$SNR_{Range} = 10\lg1024 + 8 = 38(dB)$$

$$SNR_{Doppler} = 8 \times SNR_{Range} = 10\lg8 + 38 = 46(dB)$$

$$SNR_{NCI} = 7 \times SNR_{Doppler} - L_{NCI} = 10\lg 7 + 46 - 0.09 = 54.4 (dB)$$

对于目标 SR1,此信噪比下仍会产生 98% 的 P_d 和 10^{-8} 的 P_{fa}。但是,使用 MTD 只有 6dB 的优势。因此,MTD 模式并不能证明硬件的高质量。如果需要知道目标多普勒,MTD 就变得非常重要。

B.8 动态范围复查

讨论的 SNR 提升(相参和非相参积累,脉冲压缩)也扩大了雷达的动态范围。在现代雷达中,这些 SNR 提升出现在数字领域。因此,整个动态范围不受 ADC 的限制。

ADI 公司的 AD9255 规格:14 位,125MSPS,量程 2V,650MHz 模拟带宽。假设它用 120MHz 对一个以 115MHz 为中心、带宽为 30MHz 的信号进行采样。在 120MHz 时,ADC 的 SNR 如图 B.4 所示。

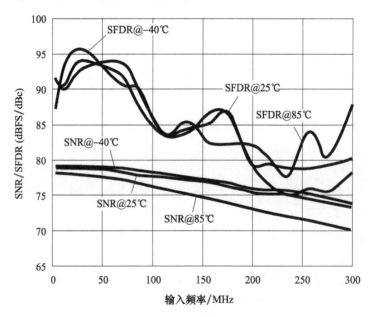

图 B.4 AD9255-125 单音 SNR/SFDR 与输入频率和温度的关系(2V(峰-峰值)满量程)[3]

在 120MHz 时,ADC 的 SNR 为 -77dB,表示有效位数(ENOB)为 12.4[4]。对于 50Ω 系统,2V(峰-峰值)相当于 10dBm。

为了实现相参积累带来的 SNR 提升,热噪声功率必须比 ADC 的量化本底噪声高 3~5dB。

在图 B.5 中,对于 12 位 ADC 的量化本底噪声 $SNR = 6.02N + 1.76 = 74 (dB)$。

需要注意的是，多个 FFT 不会影响平均本底噪声，只会使每个频点中包含的幅度的随机变化趋于平滑。但在该方程式中忽略了量化噪声（尽管如图 B.5 所示）。这用于无噪声的、理想的 ADC。之后在 B.9.1 节的分析中再将噪声考虑在内。

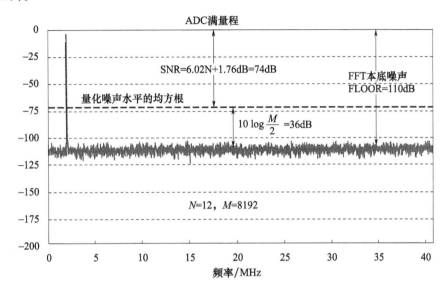

图 B.5　理想 12 位 ADC 的 FFT 输出[4]

注：输入 2.111MHz，f_s=82MSPS，五点 FFT 的平均值，M=8192。

当执行 8K 距离向 FFT 时，本底噪声将降低 36dB（4K 距离档）。这是 FFT 处理增益[6]所致。换句话说，动态范围提高了 36dB。现在系统动态范围为 110dB。在任何 FMCW 处理中，可以通过以下方法提高动态范围。

(1) 展宽处理，这意味着 BT 可提高动态范围；

(2) 距离向 FFT；

(3) 多普勒 FFT（如果是 MTD 雷达）。

图 B.5 涉及复平面上的 I 通道。注意，对于 M 点 FFT，I 信道的 FFT 处理增益由 $10\lg(M/2)$ 给出。Q 通道也是如此。这意味着，由于处理的是复数，因此 FFT 处理增益总体上增加了 $\lg M$。后面将聚焦于复平面。其中 FFT 处理增益由 $10\lg M$ 定义。这是由于在 FFT 之后输入信号的峰值功率保持不变，但 FFT 的本底噪声降低了 MdB。换句话说，获得了相参积累结果，将输入信噪比提高 M 或 $\text{SNR}_{\text{out}} = M \times \text{SNR}_{\text{in}}$（式(5.71)）。

任何 FMCW MTD 雷达都有三项主要的信号处理操作，依据假设按顺序列出：

(1) 展宽处理：假设 $T_s = 500\mu s$，$\Delta f = 30\text{MHz}$；FFT 点数为 15000；

(2) 距离向 FFT:假设 32 点 FFT;

(3) 多普勒 FFT:假设 32 点 FFT。

上述三种 FFT 的增益分别如下：

(1) $10\lg15000 = 42\text{dB}$

(2) $10\lg32 = 15\text{dB}$ ⎫
(3) $10\lg32 = 15\text{dB}$ ⎬ FFT 点数为 32

以上总计为 72dB。将其添加到 AD9255 的 77dB 中。总计 $77 + 72 = 149\text{dB}$（图 B.6）。

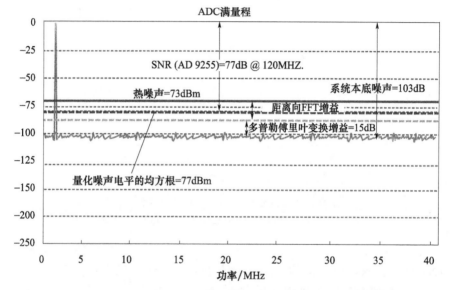

图 B.6 理想 14 位 ADC 的 FFT 输出（输入 2.111MHz，$f_s = 125\text{MSPS}$）

如果这是数字雷达，那么在此动态范围内具有巨大优势。为了利用这一优点，需要在 RF 电平上进行带通采样。在这种情况下，就不需要考虑 RF 通道的问题（例如，有限的动态范围，AGC 问题和相位失真问题）。但是，确实需要 LNA。LNA 的目的是使输入信号的功率电平与 ADC 匹配，并降低接收机的噪声系数。在某些结构中，如果能够控制 ADC 的高噪声（通常为 50dB），甚至可以避免这种情况。读者可参见第 9 章中的文献。

为了使相参积累起作用，需要确保热噪声比 ADC 量化噪声高 3~5dB。这通过调整 LNA 增益来达到。图 B.6 中的量化噪声为 -77dBm。调整 LNA 增益以确保在 ADC 输入处的热噪声（本底噪声）为 -73dBm（4dB 以下）。此后，所有增益都与本底噪声有关。因此，雷达整体动态范围将从 143dB 降至 139dB。如果典型的 ADC 将 2V(p−t−p) 信号（在 50Ω 负载下为 10dBm）作为最大信号,则考虑到 LNA 增益及其 P_1 点,这就成为雷达可以处理的最大信号。假设 LNA 的 P_1 点为 +10dBm,其增益为 20dB,则进入 LNA 的最大输入信号将为 -10dBm。参考图 B.6,注意到热噪声为 -73dBm。这意味着 LNA 输入的本底噪声将为 -63dBm(73dB 动态范围)或更高。假设多普勒 FFT 输出处的阈值信噪比为 20dB,对于 $P_d = 100\%$, $P_{fa} = 10^{-8}$ 的 SW1 目标,检波器的阈值为 -83dBm(噪声本底为 -103dBm)。这意味着,在 LNA 输入处,MDS 为 -73dBm(倒推,-83 + 30 - 20 = -73dBm)。

从图 B.6 中还注意到以下内容:
(1)热噪声为 -73dBm;
(2)系统本底噪声为 -103dBm;
(3)量化噪声显示为 -77dBm。

图 B.3 中 120MHz 欠采样的动态范围为 77dB。这考虑了由于带通采样而引起的额外噪声。意味着,在欠采样期间有两个噪声源在起作用:第一个 $10\lg\left(\dfrac{f_S}{2f_H}\right)$ 中的最后一项给出,转载如下以供参考;第二个来源是 ADC 常见的量化噪声。由于图 B.5 中的最大信号为 0dBm,该 ADC 的量化噪声为 -77dBm。

定义 ADC 在带通采样时的 SNR 可表示为

$$\mathrm{SNR}_{\mathrm{ADC}} = 6.02 \times N + 1.76 + 10\lg\left(\dfrac{f_S}{2f_H}\right)$$

式中:N 为 ADC 的位数,f_S 为采样频率,f_H 为带通信号的最高频率。

如果将 ADC9255 的采样频率设为 120MHz,并将带通中频滤波器的高截止频率设为 130MHz,那么对于 14 位 ADC,最后一项将得出

$$10\lg\left(\dfrac{f_S}{2f_H}\right) = 10\lg\left(\dfrac{120 \times 10^6}{2 \times 130 \times 10^6}\right) = -3.3(\mathrm{dB})$$

14 位芯片的动态范围理想情况下为 86dB,式(B.14),在图 B.3 中已降至 77dB,动态范围的总下降为 9dB。显然,剩余 5.7dB 是量化噪声和其他噪声产生的。如果 ADC 9255 具有(按照规范)0.61LSB(RMS)噪声位,并假设是奈奎斯特采样,则该信号为 13.4 位,则:

$$\mathrm{SNR} = 6.02N + 1.76 = 6.02 \times 13.4 + 1.76 = 82.4(\mathrm{dB})$$

量化导致的动态范围损失约为 4dB,接近先前估计的 5.7dB。

雷达系统具有 2kHz 的 PRF 和 30MHz 带宽的 500μs 扫描时间,在数据记录之前执行带通采样、数字展宽处理、距离向 FFT(32)和多普勒 FFT(32)。假设雷达的 CPI 为 32 次扫描。

这些处理步骤具有以下效果(图 B.6)。见表 B.1,尽管 ADC 具有 77dB 的动态范围,但雷达系统的瞬时动态范围为 145dB。

表 B.1 接收机的动态范围

参数	信号功率	噪声功率	动态范围
ADC	0	−73dBm	77dB
脉冲压缩 $B_\tau = 15000$	42dB	0	42dB
距离向 FFT, N_{COH} 脉冲数 = 32	0	−15dB	15dB
多普勒 FFT, N_{COH} 脉冲数 = 32	0	−15dB	15dB
热噪声校正	0	0	−4dB
总计	42dBm	−103dBm	145dB

  图 B.6 的研究非常有启发性。展宽处理产生的增益为 42dB，但未在图 B.6 中显示。原因是图 B.6 旨在揭示滤波（FFT，相参积累）降低本底噪声。滤波包括距离和多普勒 FFT。此例中，本底噪声各降低 15dB。换句话说，雷达的动态范围比之前是 77dB（来自 ADC）增加了 30dB。但是，ADC 带通采样之后的第一个操作是数字域中的展宽处理，且在距离向 FFT 之前。在图 B.6 中未显示原因是，展宽处理不会像 FFT 或滤波器那样降低本底噪声，而是由于脉冲压缩而增加了信号增益。因此，它仅在表 B.1 中的"信号功率"标题下输入。然而 FFT 处理增益在噪声功率中显示。这就是滤波器的作用。滤波器可以降低本底噪声（它使一部分噪声通过，这部分噪声落在滤波器的通带之内，其余噪声被抑制），或通过其他方式降低噪声，从而将信号信噪比大大提高。因此滤波器会增大信噪比。在普通滤波器中，尽管也有此过程，但由于与 FFT 相比带宽较大，因此并不明显，而 FFT 采用非常窄的带宽（FFT 单元宽度），从而获得了可观的信噪比增益。这在 FFT 中被描述为 FFT 增益。归根结底，FFT 就是一组极窄带的滤波器。

  最后讨论带通采样问题。频率从 100MHz 扩展至 130MHz。在 120MHz 下采样，这是 $4 \times B$。在 30MHz 带宽下，处于第四奈奎斯特区。抽样是奇数抽样。因此，不存在第 7 章中讨论的扫描反转。因此只需在 120MHz 采样，并在 I/Q 乘法器（因为这是数字 I/Q 解调，没有混频器）后放置一个带通滤波器，带宽从 100MHz 扩展到 130MHz 加上 40% 的保护频带。如第 9 章所述，该滤波器还应具有 12dB/八倍频程的倾斜增益。它的作用是放大远拍信号，而不是近拍信号（如脉冲雷达中的 STC）。

B.9　ADC 9255

  检查所选择的 ADC AD 9255 的参数计算过程，对雷达设计至关重要。这个练习是用来举例说明的,用黑体来表示。

瞬时带宽 B:**30MHz**

温度:**29K**

所需的 SFDR:**70dB**

线性裕量:**5dB**

ADC 采样频率:**120MHz**

ADC 输入时的本底噪声:**−65dBm**

位数:**14**

满量程范围:**2.048V**

输入阻抗:**50Ω**

自身 ADC 噪声电平(规格):**0.61LSB(RMS)**

FSR:**PINMax = 10dBm**

系统 NF:**2.4dB**

导致的噪声水平:

$$\begin{aligned} \text{NL} &= 10\lg(kTB) + 30 + \text{NF} \\ &= 10\lg(1.38\times10^{-23}\times298\times30\times10^{6}) + 30 + 2.4 \\ &= -97(\text{dBm}) \end{aligned} \quad (\text{B.11})$$

LNA 输入的本底噪声:−97dBm。

LSB 权重:

$$\text{LSB 权重} = \frac{\text{满量程范围}}{2^N} = \frac{2.048}{2^{14}} = 125(\mu\text{V}) \quad (\text{B.12})$$

制造商给出的指定 ADC 噪声水平为 0.61LSB,这会导致下式所示噪声:

$$10\lg\left(\frac{(0.61V)^2}{R}\right) + 30 = 10\lg\left(\frac{(0.61\times125\times10^{-6})^2}{50}\right) + 30 = -69(\text{dBm}) \quad (\text{B.13})$$

这是 ADC 输出处的量化噪声。

在 ADC 输入端测得的本底噪声为 −65dBm(热本底噪声)。

这等于一个噪声 LSB 位:

$$\text{LSB 噪声} = \frac{\sqrt{10^{(NL-30/10)}\times R}}{\text{LSB}} = \frac{\sqrt{10^{(-65-30/10)}\times50}}{125\times10^{-6}} = 1(\text{bit})$$

0.61 为量化噪声,其余为热噪声,共 1 位。有用的动态范围只剩下 13 位。实际上,如果使用式(B.14),可以得到 80dB 的动态范围。

ADC 输入处的增量噪声下限由 −69 − (−65) = −4(dB) 给出,热本底噪声比 ADC 量化噪声低 4dB。这就是需要相参积累才能发挥作用的原因。类似分析见图 B.5。

确定 ADC 的理论 SNR。这是 ADC 动态范围的另一个说法,因为 ADC 的 SNR 与其动态范围是同义的。这是理论上的 SNR,没有量化噪声。因此,所有的 ADC 位都发挥作用。

ADC 的理论 SNR 为

$$\text{SNR} = 6.02N + 1.76 = 6.02 \times 14 + 1.76 = 86(\text{dB}) \quad (\text{B}.14)$$

ADC 的实际 SNR 为

$$\text{SNR}_{\text{ADC}} = \text{FSR}(\text{dBm}) - 0.61\text{LSB}(\text{dBm}) = 10 - (-69) = 79\text{dB} \quad (\text{B}.15)$$

因此,由于 LSB 噪声,损失了 7dB 的理想动态范围。

需要注意式(B.14)中的结果是基于奈奎斯特采样。但是,带通采样或欠采样才是我们感兴趣的,因为以 120MHz 采样,并且信号从 180MHz 扩展到 210MHz。在这种情况下,需要检查 ADC 的规格表,特别是图 B.3,并注意在 120MHz 时,动态范围实际上是 77dB,而不是式(B.14)给出的 79dB。考虑到给出的带通采样(量化噪声除外)会引起系统的额外噪声。因此,应选择 77dB 作为动态范围。

B.9.1 ADC 输入 -65dBm 的实测本底噪声

考虑线性裕度为 5dB,产生动态范围:

$$10 - (-65) - 5 = 70\text{dB}(\text{允许 5 - dB 线性范围}) \quad (\text{B}.16)$$

根据图 B.3,对于奈奎斯特采样,动态范围为 77dB,而式(B.15)为 79dB。实际上具有 7dB 的线性裕度,而不是所需的 5dB。

ADC 的噪声图[5],并使用 $\text{SNR}_{\text{ADC}} = 77\text{dB}$,可得

$$\begin{aligned} F_{\text{ADC}} &= \text{FSR}(\text{dBm}) + 174\text{dBm} - \text{SNR}_{\text{ADC}} - 10\lg B \\ &= 10 + 174 - 77 - 10\lg(120 \times 10^6) \\ &= 10 + 174 - 77 - 80.79 = 24.21(\text{dB}) \end{aligned} \quad (\text{B}.17)$$

注意:由于欠采样,SNR_{ADC} 取 77dB 而不是 79dB。其中,$T = 290\text{K}$ 时,$kTB = 174\text{dBm/Hz}$。

参考文献

[1] Mahafza, B. R., and A. Z. Elsherbeni, *MATLAB Simulations for Radar Systems Design*, Boca Raton, FL: Chapman &Hall/CRC, 2004.

[2] Peebles, P. Z., *Radar Principles*, New York: Wiley Interscience, 1998.

[3] Analog Devices, *AD 9255*, Data Sheet, 2009 - 2013.

[4] Analog Devices, *Understand SIN AD, ENOB, SNR, THD, THD + N, and SFDR so You Don't Get Lost in the Noise Floor*, Tutorial, MT - 003, 2009.

[5] Analog Devices, *ADC Noise Figure – An Often Misunderstood and Misinterpreted Specification*, Tutorial, MT-006, 2009.

[6] Titus, J., "Where Does FFT Process Gain Come From?" *Aerospace*, 2011, https://www.designnews.com/aerospace/where-does-fft-process-gain come/100022666833951.

附录 C

抗混叠滤波器

■ C.1 引　　言

抗混叠滤波器（AAF）是在信号采样之前用于限制信号带宽以近似满足采样定理的滤波器。

该定理表明，当奈奎斯特频率以上频率的功率为零时，可以从其样本中对信号进行明确的解释，因此实际 AAF 通常不能完全满足该定理。

可实现的 AAF 通常会允许一些混叠发生，确实发生的混叠的数量取决于减少混叠和保持信号直到奈奎斯特频率和输入信号的频率成分之间的设计权衡。

通常，AAF 是低通滤波器（LPF），但这不是必需的。奈奎斯特-香农采样定理的推广，允许其他带限通带信号的采样替代基带信号。

对于带宽受限又不以零为中心的信号，带通滤波器可用作 AAF。为确保输入信号的频率成分有限，在采样器和 ADC 之前添加一个低通滤波器（通过低频而衰减高频的滤波器）。该滤波器是 AAF，通过衰减较高频率（大于奈奎斯特频率），就可以防止混叠分量被采样。因为这个阶段（在采样器和 ADC 之前）还处于模拟域中，所以 AAF 是模拟滤波器。

理想的 AAF 通过所有适当的输入频率（低于 f_1）并切断所有不需要的频率（高于 f_1）（图 C.1（a））。这种滤波器在物理上是不可实现的。实际上，滤波器的外观如图 C.1（b）所示。它们通过所有小于 f_1 的频率，并切断所有大于 f_2 的频

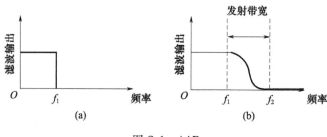

图 C.1　AAF

率。f_1 和 f_2 之间的区域称为过渡带，包含输入频率的逐渐衰减。虽然只想传递频率小于 f_1 的信号，但过渡频段中的信号仍然可能导致混叠。因此，实际上采样频率应大于过渡带中最高频率的 2 倍。

因此，这是最大输入频率 f_1 的 2 倍以上。这就是采样率超过最大输入频率两倍的原因。

这些滤波器的设计在很大程度上取决于使用的信号处理。

一旦从采样的角度设计滤波器，就会产生建立时间的次要问题。因此，AAF 设计的目标包括：从样本的角度设计抗混叠滤波器以及从建立时间的角度设计抗混叠滤波器带宽校正，这个过程是迭代的。

C.2 带宽问题

AAF 频率响应如图 C.2 所示。在 I/Q 通道中的 I/Q 混频器之后，抗混叠滤波器带宽的一半构成低通滤波器的带通，如图 C.3 所示。

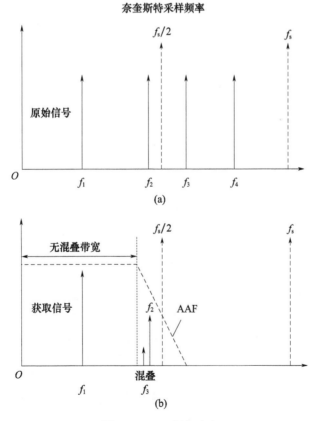

图 C.2　AAF 频率响应

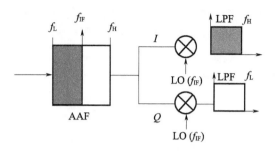

图 C.3　带宽问题，模拟解调

带宽(BW)应该尽可能小，以便尽可能地在误警报之间获得尽可能多的时间，定义为

$$T_{FA} = \frac{1}{P_{FA} \cdot B_{IF}}$$

例如，$BW = 300\text{kHz}$，$T_{FA} = 9\text{h} = 32400\text{s}$，则有

$$P_{FA} = \frac{1}{BW \times T_{FA}} = \frac{1}{300000 \times 32400} = 1 \times 10^{-10}$$

在 FMCW 雷达中，AAF 带宽严格定义为最大差频信号频率的 2 倍。如果最大差频信号为 2MHz，则 AAF 带宽应为 4MHz，依此类推。

在 I/Q 混频器之后，I/Q 调制器应具有低通滤波器，其带宽等于最大差频信号(在这种情况下，I/Q 信道上各 2MHz)。

通常在 FMCW 雷达中，I/Q 调制器是展宽处理器，ADC 包含低通滤波器。

总之，有以下三种情况：

(1) 当 I/Q 解调器是模拟解调器并且是展宽处理器时，AAF 带宽将为 4MHz (2×最大差频信号)。解调器输出将穿过两个带宽各为 2MHz 的低通滤波器。这些低通滤波器以 12dB/八倍频程的增益变化为 STC(图 C.3)。

(2) 当展宽处理器正好是另一个混频器时，输出是差频信号，应该要数字化。在这种情况下，AAF 是一个 2MHz 带宽的低通滤波器，其可变增益是 12dB/八倍频程，并充当灵敏度时间控制(STC)。然后才是频谱分析仪。

(3) 当展宽处理器作为数字 I/Q 解调器存在于数字域中时，是最优选的。在这种情况下，前一级是低中频级，如 70MHz 信号，带宽等于 2×最大差频信号。70MHz 信号将通过 AAF，带宽等于 2 倍的最大差频信号，然后送到 ADC。该信号经过奈奎斯特或带通采样，并提供给 I/Q 数字解调器级，在此阶段使用 70MHz 信号作为 LO 馈电进行展宽处理。解调器的每个 I 和 Q 支路都有混频器(乘法器)，接着是带宽等于最大差频信号(2MHz)的低通滤波器。低通滤波器将以 12dB/八倍频程的可变增益作为灵敏度时间控制。这种情况类似于上面的情况(1)，不过这是在数字域中。接下来是数字下变频器(DDC)，采样速率降低到 FPGA 处理器可以接受的水平。

这涉及 AAF 带宽问题。但是如何解决时间问题?

图 C.4 为战场监视雷达 HPRF 情况的波形。最小消隐时间约为 $25.6\mu s$。

图 C.4　FMCW 雷达的消隐

AAF 应该在小于该时间间隔内稳定下来,否则将会影响下一波形扫描。此模式下的最高差频信号为 2MHz(参见 BFSR 设计)。I/Q 混频器之后的低通滤波器应具有 2MHz 的带宽,并且在 12dB/八倍频程下具有可变的增益以充当灵敏度时间控制。

如果使用 I/Q 解调器作为展宽处理器,AAF(ADC 之前)应该具有 4MHz 的带宽。

这种滤波器的建立时间约为 $7.5\mu s$:

$$BW = 4MHz$$

$$时间常数 = \frac{1}{BW} = \frac{1}{4e^6} = 0.25(\mu s)$$

$$稳定时间 \approx 3 \times 0.25e^{-6} = 7.5(\mu s)$$

AAF 建立时间远小于 $25.6\mu s$,才是正确的。

这个问题在高脉冲重复频率下会很严重,在设计导弹制导和引信等 HPRF 雷达时必须牢记这一点。

作者简介

　　Mohinder Jankiraman 于 1971 年毕业于印度 Jamnagar 的海军电气学校,获得学士学位。随后,在印度海军担任电气官员多年。1982 年,被借调从事军事电子研究工作,参加了印度的一些军事研究项目,并在印度获得了多项技术开发奖。其研究涉及多个学科主要为雷达信号处理和通信系统领域,Mohinder Jawkiraman 因开发水雷的工作被授予国防研究与发展组织(DRDO)1985 年度科学家奖。他于 1995 年从印度海军退役,并在 1997 年入职荷兰代尔夫特理工大学的国际传播与雷达(IRCTR)研究中心。1999 年,他以优异的成绩获得技术设计硕士学位,并于 2000 年 9 月在丹麦奥尔堡大学获得博士学位。之后他在 Summitek Instruments 工作了大约一年,担任无源互调测量(PIM)分析设计和开发的高级射频工程师。2002 年 6 月,他在丹麦奥尔堡大学担任助理研究教授。在此期间,他在欧洲委员会的基于 OFDM 的通信系统和手机系统领域开展了广泛的工作。他于 2003 年 6 月到美国,担任得克萨斯州 Dall 雷达和无线通信技术顾问。之后他到印度,成为 Hero 集团雷达发展顾问。他 2011 年入职班加罗尔的 Larsen&Toubro,负责设计 FMCW 雷达。他于 2016 年离开 Larsen & Toubro 公司,此后一直在芝加哥、伊利诺伊和印度工作。同时,他也是 IEEE(美国)的高级成员和 IE(India)的研究员。

缩略词汇总

英文	中文
Frequency – Modulated Continuous Wave, FMCW	调频连续波
radio detection and ranging, Radar	无线电探测和测距
low probability of interception, LPI	低截获概率
ground – penetrating radar, GPR	探地雷达
wall – penetrating radar, WPR	穿墙雷达
low probability of identification, LPID	低识别概率
effective radiated power, ERP	有效辐射功率
linear frequency modulation, LFM	线性调频
pulse repetition interval, PRI	脉冲重复间隔
own doppler nullifier, ODN	多普勒效应自消失器
signal – to – clutter ratio, SCR	信杂比
stabilized local oscillator, STALO	稳定本地振荡器
minimum discernible signal, MDS	最小可分辨信号
junction field – effect transistor, JFET	场效应晶体管
Complementary metal oxide semiconductor, CMOS	互补金属氧化物半导体
variable gain amplifier, VGA	可变增益放大器
sensitivity time control, STC	灵敏度时间控制